普通高等教育土建学科专业"十一五"规划教材
全国高职高专教育土建类专业教学指导委员会规划推荐教材

建筑给水排水工程

（供热通风与空调工程技术专业适用）

本教材编审委员会组织编写
蔡可键　主　编
刘晓勤　副主编
贺俊杰　主　审

中国建筑工业出版社

图书在版编目（CIP）数据

建筑给水排水工程/蔡可键主编．—北京：中国建筑工业出版社，2005

普通高等教育土建学科专业“十一五”规划教材

全国高职高专教育土建类专业教学指导委员会规划推荐教材．供热通风与空调工程技术专业适用

ISBN 978 - 7 - 112 - 06919 - 4

Ⅰ．建…　Ⅱ．蔡…　Ⅲ．①建筑—给水工程—高等学校：技术学校—教材②建筑—排水工程—高等学校：技术学校—教材　Ⅳ．TU82

中国版本图书馆 CIP 数据核字（2005）第 092175 号

普通高等教育土建学科专业“十一五”规划教材

全国高职高专教育土建类专业教学指导委员会规划推荐教材

建筑给水排水工程

（供热通风与空调工程技术专业适用）

本教材编审委员会组织编写

蔡可键　主　编

刘晓勤　副主编

贺俊杰　主　审

*

中国建筑工业出版社出版、发行（北京西郊百万庄）

各地新华书店、建筑书店经销

北京建筑工业印刷厂印刷

*

开本：787×1092毫米　1/16　印张：14½　字数：350千字

2005年8月第一版　　2015年11月第十一次印刷

定价：**26.00**元

ISBN 978-7-112-06919-4

(21021)

本社网址：http://www.cabp.com.cn

网上书店：http://www.china-building.com.cn

本书为全国高职高专教育土建类专业教学指导委员会规划推荐教材，根据建设部颁布的本课程教学大纲而编写，适用于高职供热通风与空调工程技术专业。

本书共8章，包括：绪论，管材、器材及卫生器具，建筑给水系统，建筑消防给水系统，建筑排水系统，建筑热水供应，小区给排水，水景、绿化喷灌及游泳池给排水系统。各章后均配有思考题与习题。

* * *

责任编辑：齐庆梅　朱首明

责任设计：赵　力

责任校对：刘　梅

本教材编审委员会名单

序　言

全国高职高专教育土建类专业教学指导委员会建筑设备类专业指导分委员会（原名高等学校土建学科教学指导委员会高等职业教育专业委员会水暖电类专业指导小组）是建设部受教育部委托，并由建设部聘任和管理的专家机构。其主要工作任务是，研究建筑设备类高职高专教育的专业发展方向、专业设置和教育教学改革，按照以能力为本位的教学指导思想，围绕职业岗位范围、知识结构、能力结构、业务规格和素质要求，组织制定并及时修订各专业培养目标、专业教育标准和专业培养方案；组织编写主干课程的教学大纲，以指导全国高职高专院校规范建筑设备类专业办学，达到专业基本标准要求；研究建筑设备类高职高专教材建设，组织教材编审工作；制定专业教育评估标准，协调配合专业教育评估工作的开展；组织开展教学研究活动，构建理论与实践紧密结合的教学内容体系，构筑“校企合作、产学研结合”的人才培养模式，为我国建设事业的健康发展提供智力支持。

在建设部人事教育司和全国高职高专教育土建类专业教学指导委员会的领导下，2002年以来，全国高职高专教育土建类专业教学指导委员会建筑设备类专业指导分委员会的工作取得了多项成果，编制了建筑设备类高职高专教育指导性专业目录；制定了“供热通风与空调工程技术”、“建筑电气工程技术”、“给水排水工程技术”等专业的教育标准、人才培养方案、主干课程教学大纲、教材编审原则，深入研究了建筑设备类专业人才培养模式。

为适应高职高专教育人才培养模式，使毕业生成为具备本专业必需的文化基础、专业理论知识和专业技能、能胜任建筑设备类专业设计、施工、监理、运行及物业设施管理的高等技术应用性人才，全国高职高专教育土建类专业教学指导委员会建筑设备类专业指导分委员会，在总结近几年高职高专教育教学改革与实践经验的基础上，通过开发新课程，整合原有课程，更新课程内容，构建了新的课程体系，并于2004年启动了“供热通风与空调工程技术”、“建筑电气工程技术”、“给水排水工程技术”三个专业主干课程的教材编写工作。

这套教材的编写坚持贯彻以全面素质为基础，以能力为本位，以实用为主导的指导思想。注意反映国内外最新技术和研究成果，突出高等职业教育的特点，并及时与我国最新技术标准和行业规范相结合，充分体现其先进性、创新性、适用性。它是我国近年来工程技术应用研究和教学工作实践的科学总结，本套教材的使用将会进一步推动建筑设备类专业的建设与发展。

“供热通风与空调工程技术”、“建筑电气工程技术”、“给水排水工程技术”三个专业教材的编写工作得到了教育部、建设部相关部门的支持，在全国高职高专教育土建类专业教学指导委员会的领导下，聘请全国高职高专院校本专业享有盛誉、多年从事“供热通风与空调工程技术”、“建筑电气工程技术”、“给水排水工程技术”专业教学、科研、设计的副教授以上的专家担任主编和主审，同时吸收工程一线具有丰富实践经验的高级工程师及优秀中青年教师参加编写。可以说，该系列教材的出版凝聚了全国各高职高专院校“供热通风与空调工程技术”、“建筑电气工程技术”、“给水排水工程技术”三个专业同行的心血，也是他们多年来教学工作的结晶和精诚协作的体现。

各门教材的主编和主审在教材编写过程中认真负责，工作严谨，值此教材出版之际，全国高职高专教育土建类专业教学指导委员会建筑设备类专业指导分委员会谨向他们致以崇高的敬意。此外，对大力支持这套教材出版的中国建筑工业出版社表示衷心的感谢，向在编写、审稿、出版过程中给予关心和帮助的单位和同仁致以诚挚的谢意。衷心希望“供热通风与空调工程技术”、“建筑电气工程技术”、“给水排水工程技术”这三个专业教材的面世，能够受到各高职高专院校和从事本专业工程技术人员的欢迎，能够对高职高专教学改革以及高职高专教育的发展起到积极的推动作用。

全国高职高专教育土建类专业教学指导委员会
建筑设备类专业指导分委员会
2004年9月

前　　言

本书是全国高职高专教育土建类专业教学指导委员会规划推荐教材，是根据《高等职业教育供热通风与空调工程技术专业教育标准和培养方案及主干课程教学大纲》中的要求而编写的。

现代建筑实际上是建筑与结构、建筑设备和建筑装饰工程三者的综合体。随着社会的进步和人们生活水平的提高，人们对建筑物的要求，已从对建筑的基本使用功能要求转向对外形美观的追求和对建筑物内建筑设备的完善、舒适与智能化的追求。目前，建筑设备的现代化程度，已成为建筑物的建筑质量和现代化水平的重要标志。建筑给水排水工程是建筑设备工程的一个组成部分，是以给人们提供卫生舒适、经济实用、安全可靠的生活与工作环境为目的，以合理利用与节约水资源为约束条件，研究和解决关于建筑给水、热水和饮水供应、消防给水、建筑排水、建筑中水、小区给水排水和游泳池等特殊设施的给水排水问题的一门学科。近十年来，随着科技的进步和建筑给排水工程技术人员的不断创新与实践，建筑给水排水工程在理论与工程实践上取得了一些重大科技成果，有了明显的技术进步，并在2003年4月颁布了新的建筑给水排水设计规范，为建筑给水排水工程的进一步发展创造了良好条件。

本书在编写过程中，我们依据了《建筑给排水设计规范》（GB50015－2003）和《全国民用建筑工程设计技术措施——给水排水》，结合高职高专学生的定位和培养方案，力求体现基本理论知识够用，技术上注重实际的原则。

本教材是按供热通风与空调工程技术专业培养方案的要求编写的，由于该专业学生无市政给水排水工程知识，所以在教材编写过程中除突出建筑给水排水的特色外，适当强化了小区给水排水工程部分的内容，以使学生能更好地掌握小区给水排水系统。

本书由宁波工程学院蔡可键主编。其中第一章、第五章由新疆建设职业技术学院刘晓勤编写；第二章、第七章由黑龙江建筑职业技术学院吕君编写；第三章（第一节～第六节和第八节～第十节）由沈阳建筑大学职业技术学院张绍萍编写；第三章（第七节）由宁波工程学院王海波编写；第四章由浙江建筑职业技术学院郭卫琳编写；第六章和第八章由宁波工程学院蔡可键编写。最后由蔡可键对全书进行了统稿。

全书由内蒙古建筑职业技术学院贺俊杰教授主审。

本书从主要参考书目和文献中采用了很多十分经典的素材和文字材料，本书编者对这些著作的作者们表示诚挚的感谢。

由于编者水平有限，书中缺点和错误之处在所难免，恳请广大读者批评指正。

目　录

第一章 绪 论

第一节 市政给水系统概述

给水工程的基本任务是从水源取水，经过净化后供给城镇居民、工矿企业、交通运输等部门在生活、生产、消防中用水，满足他们对水质、水量、水压等方面的一定要求。给水工程分市政给水和建筑给水两大部分，建筑给水又包括居住小区给水和建筑内部给水两部分。给水工程根据对水的使用目的不同，可分为生活给水、消防给水、生产给水三大系统。根据供水对象对水质、水压的要求不同，又可分为分质给水系统和分压给水系统。

一、市政给水系统的组成

市政给水系统一般采用生活、生产、消防合一的统一给水系统，以生活饮用水水质标准供水；一般由水源、取水构筑物、净水构筑物、输配水管网、加压设备和起调节作用的水池、水塔或高地水池等组成。

给水水源有两种，一种是地下水源，一种是地面水源。图 1-1 所示为以地下水作为水源的给水系统。

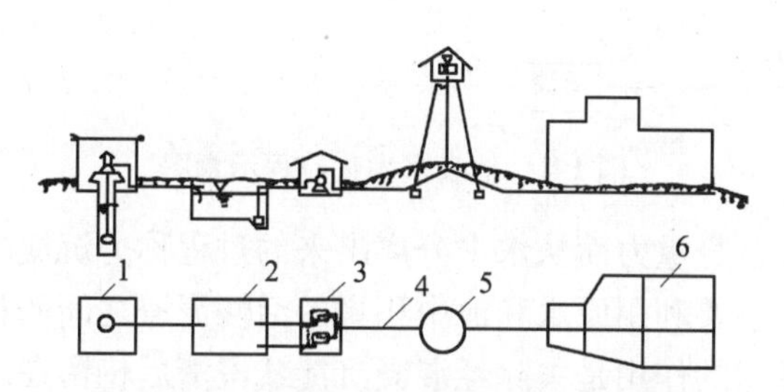

图 1-1 以地下水作为水源的给水系统

1—管井群；2—集水池；3—泵站；4—输水管网；5—水塔；6—配水管网

地下水是指潜水、承压地下水和泉水等。这类水一般受污染少，水质比较清洁，水温比较稳定。以地下水作为水源的给水系统一般由井群、集水池、泵站、输水管网、水塔、配水管网等组成。井群由若干个管井组成，是市政给水系统中广泛采用的地下水取水构筑物。通常用凿井机械开凿至含水层，用井管保护井壁，由深井泵或深井潜水泵进行取水。图 1-2 所示为管井的构造图，管井由井室、井管、过滤器和沉砂管组成。输水管网是指将取水构筑物取集的原水引送至水处理构筑物的原水输水管道及其附属构筑物，以及将净化处理后的清水引送至配水管网的清水输水管道及其附属构筑物。配水管网是指将输水管网送来的清水再转输到各用户中去的管网。

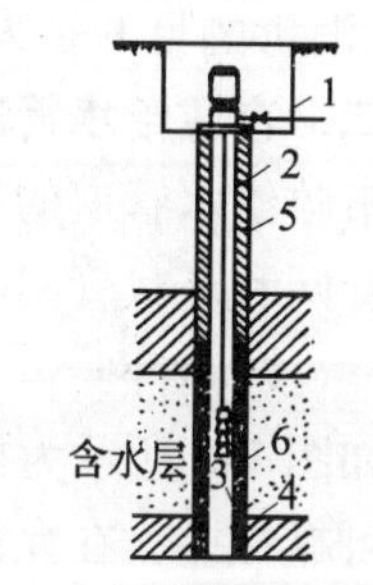

图 1-2 管井构造图

1—井室；2—井管壁；
3—过滤器；4—沉砂管；
5—黏土封闭物；
6—人工填砾

图1-3所示为以地表水作为水源的给水系统。地表水是指江河、湖泊、水库里的水。这类水一般易受污染，含杂质较多，但水量较充沛。采用地表水作为水源的给水系统一般由取水构筑物、一级泵站、净水构筑物、清水池、二级泵站、输水管线、水塔和配水管网组成。常规地表水净化流程示意图如图1-4所示。

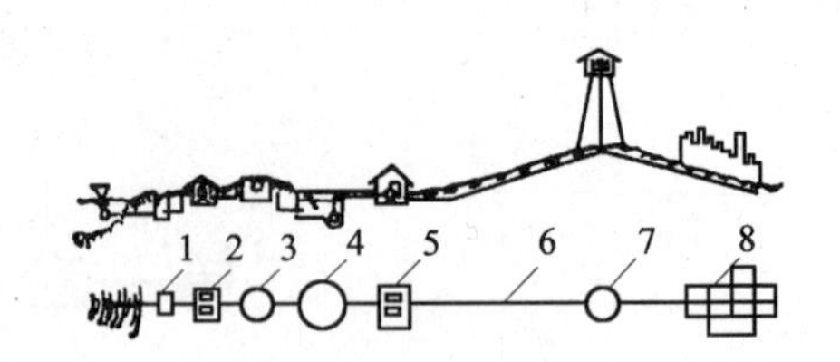

图1-3　以地表水作为水源的给水系统
1—取水构筑物；2— 一级泵站；3—净水构筑物；4—清水池；5—二级泵站；6—输水管线；7—水塔；8—配水管网

混凝是现代净水工艺的基础，水的混凝过程主要有加药、混合、絮凝反应三个阶段。加药的目的在于减弱或消除原水中胶体颗粒的电位，从而使胶体颗粒间的相互接触吸附成为可能。所投加的药剂称为混凝剂，目前常用的混凝剂有硫酸铝、三氯化铁、聚合铝等。混合的目的是使药剂快速均匀地分散到水中，使胶体颗粒的表面性质发生改变，为胶体颗粒间的相互接触吸附创造条件。絮凝反应在反应池内进行，其作用是使胶体颗粒相互接触吸附，由小颗粒逐渐凝聚成大颗粒，凝聚成人肉眼可见的凝状体（矾花），为沉淀处理创造条件。

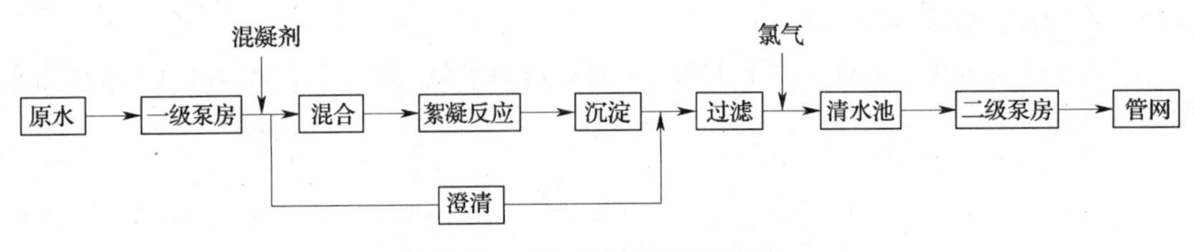

图1-4　地表水净化流程示意图

水中固体颗粒依靠自身重力而从水中分离出来的过程称为沉淀。澄清的作用相当于絮凝反应和沉淀的综合，主要利用原水和池中积聚的活性泥渣之间的相互接触，发生接触絮凝而使水得以澄清。过滤的作用是去除经混凝沉淀或澄清后仍留在水中的细小杂质颗粒及部分细菌。消毒是保证水质的最后一关，消毒的方法有物理与化学两种；物理消毒是采用加热、紫外线和超声波等方法，化学消毒是在水中加入消毒能力强的物质（比如加氯等），消毒的目的是为了消灭致病微生物。

二、市政给水管道的布置

市政给水管道的布置应注重供水的可靠性和技术经济的合理性，其布置方式一般分为枝状管网和环状管网。

1．枝状管网

如图1-5所示为枝状给水管网，其特点是管路的长度比较短，系统单向供水，供水的安全可靠性差，在允许短时间停水的给水场合可布置成枝状管网。

2．环状管网

给水干管布置成若干个闭合环流管路的称为环状给水管网。如图1-6所示。环状管网管路长度比枝状管网长，管网中所用的阀门也较多，因此基建投资大。但环状给水管网是双向供水，供水安全可靠。

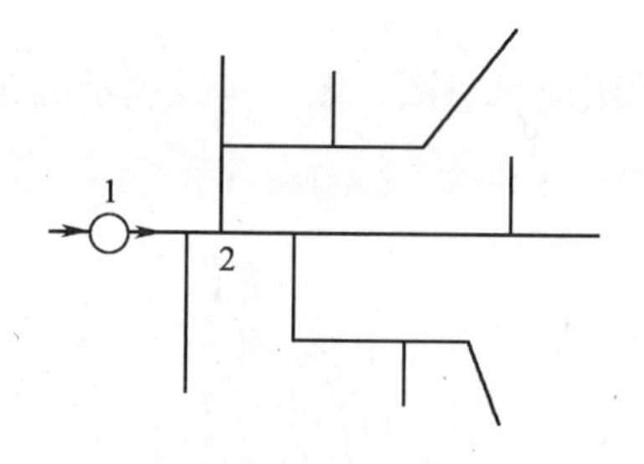

图 1-5　枝状给水管网

1—水厂；2—管道

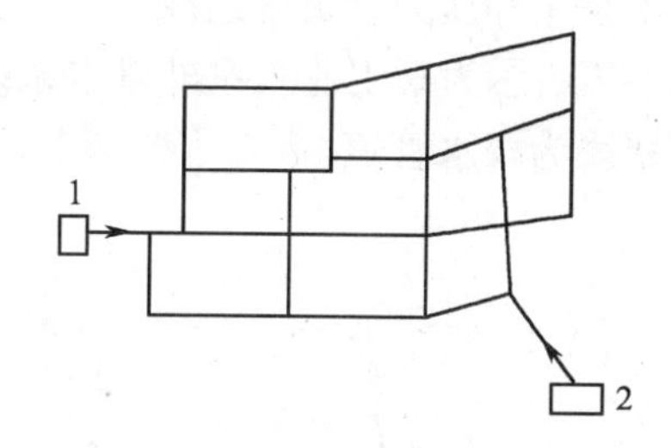

图 1-6　环状给水管网

1—水厂；2—高位水池

无论是枝状管网还是环状管网，供水干管都宜布置在用水量大，供水保证率要求高的建筑物附近，沿道路布置在绿地或人行道下面与建筑物平行敷设，以便于施工、管理和维护。

第二节　市政排水系统概述

市政排水系统的基本任务是将城市的各种污废水和雨水有组织地进行排除和处理，以保证环境卫生和防止水体被污染。

一、排水体制

城市排水体制是城市污废水和雨雪水收集和排放方式的相关制度。城市排水体制一般分为分流制和合流制两种形式。

1. 分流制排水系统

将生活污水、生产废水和雨雪水用不同的排水系统分别排除的方式称为分流制排水系统。其中汇集和处理生活污水和工业废水的系统，称为污水排水系统；汇集和排除雨雪水的系统，称为雨水排水系统。

2. 合流制排水系统

将生活污水、生产废水和雨雪水用同一个排水系统进行排除的方式称为合流制排水系统。

合流制管线单一，可以节省管道造价，有利于施工。但是由于管道断面尺寸大，晴天和雨天流入管网和污水处理厂的水量和水质变化较大，使污水处理的情况变得复杂化，运行管理较复杂。

对于分流制排水系统，污水管道管径较小，管网中的水量和水质变化不大，便于运行管理。但由于埋设两条管线，总造价较高，施工相对较复杂。

二、排水系统的组成

我国对新建小区要求采用分流制排水系统，因此下面主要介绍分流制排水系统的组成。

1. 污水排水系统的组成

污水排水系统主要由建筑物内部排水系统及设备、厂区及居住区室外污水管道、泵站、污水处理厂（站）、排水口等组成。

2. 雨雪水排除系统的组成

雨雪水的水质，除了初期雨水之外，接近地面水的性质，因而不经过处理就可以直接排入天然水体中去。一般由房屋雨水排除设备及雨水管道、厂区及居住区雨水管道及雨水口、雨水泵站和压力管道等组成。

图 1-7 所示为某工业区室外排水系统总平面的组成示意图，图中实线表示的是污水管道，点划线为雨水管道。

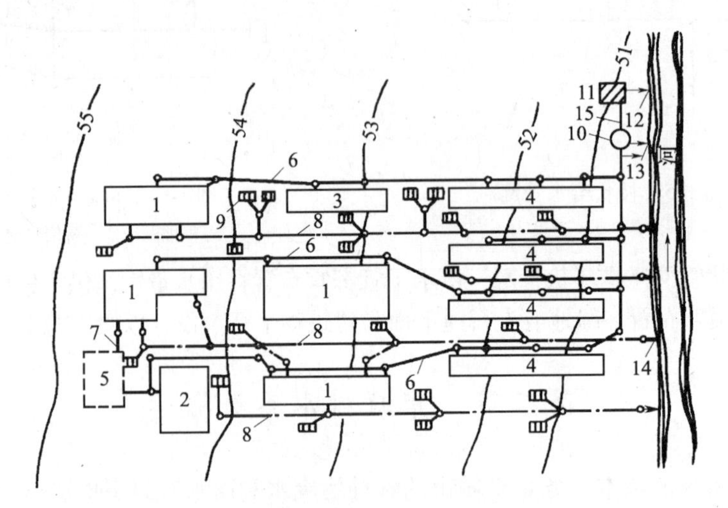

图 1-7 室外排水系统总平面示意图

1—生产车间；2—办公楼；3—值班宿舍；4—职工宿舍；5—废水局部处理车间；6—污水管；7—废水管；8—雨水管；9—雨水口；10—污水泵站；11—废水处理站；12—出水口；13—事故出水口；14—出水口

典型的城市污水处理流程如图 1-8 所示。其中污水经格栅、曝气沉砂池进入初次沉淀池的处理一般称为污水的一级处理；经生物处理、二次沉淀池、消毒等过程的处理称为污水的二级处理。

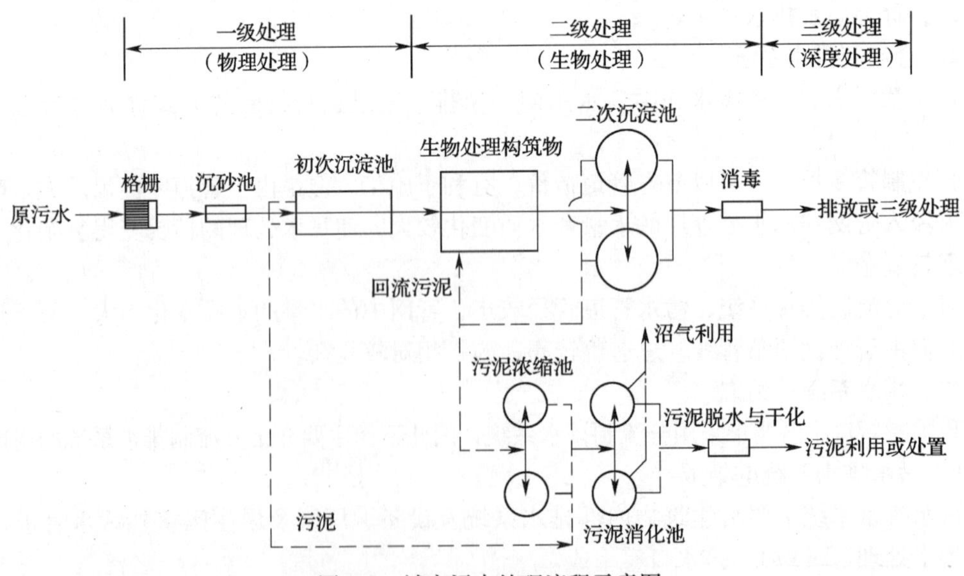

图 1-8 城市污水处理流程示意图

三、排水系统的布置与敷设

市政排水管道的布置应根据城市的总体规划、地形标高、建筑和道路的平面布局、城市排水管线的位置、污水处理厂（站）的位置等因素来确定。总的原则为：管线短、埋深小、尽量自流排出。

排水管道系统的布置与敷设一般应满足以下要求：

（1）排水管道宜沿道路和建筑物的周边呈平行布置，路线最短，应尽量减少转弯，减少相互间及与其他管线、河流及铁路间的交叉。检查井间的管线应为直线。

（2）干管应靠近主要排水建筑物，并布置在连接支管较多的一侧。

（3）管道应尽量布置在道路边侧的慢车道、人行道下面，管道与铁路、道路交叉时，应尽量垂直于路的中心线。

（4）排水管道平面排列及标高设计与其他管道发生冲突时，应按小管径的管道让大管径的管道、可弯的管道让不能弯的管道、新设的管道让已建的管道、临时性的管道让永久性的管道、有压力的管道让自流的管道的规定处理。

（5）排水管道及合流制管道与生活给水管道交叉时，应敷设在给水管道下面。

（6）管道不得因机械振动而被损坏，也不得因气温低而使管内水流冻结。管道损坏时，管内污水不得冲刷或侵蚀建筑物以及构筑物的基础和污染生活饮用水水管。

（7）施工安装和检修管道时，不得互相影响。

第三节　建筑给排水工程概述

一、建筑给排水工程的任务

建筑给水工程的任务就是经济合理地将城镇给水管网或自备水源给水管网的水引入室内，经配水管送至生活、生产和消防用水设备，并满足各用水点对水量、水压和水质的要求。

建筑排水工程的任务就是将建筑物内部产生的污废水，以及降落在屋面上的雨雪水，通过建筑排水系统排到市政排水管道中去。

二、建筑给排水系统的组成和内容

建筑给排水工程包含建筑内部给水系统、消防给水系统、建筑内部污废水排水系统、建筑热水和饮水供应系统、建筑中水系统、屋面雨水排水系统、小区给排水系统以及特殊构筑物（如泳池、水景等）给排水系统等。

1．建筑内部给水系统

建筑给水系统的作用是将市政给水管道中的水引入建筑物内部各用水点，因此其由管道、各类阀门、配水龙头、水池、增压设备等部分组成。

2．建筑消防给水系统

建筑物发生火灾时，根据建筑物的性质、燃烧物的特点，可以通过水、泡沫、干粉、气体等作为灭火剂来灭火。一般建筑常用水来灭火，因此建筑内需设消防给水系统，保证在建筑物发生火灾时能将水送达着火点以进行有效的灭火。建筑消防给水系统包含建筑消火栓给水系统、自动喷水灭火系统、水幕消防系统等，其由消防给水管道、各类阀门、消火栓、喷嘴、贮水池、增压设备及其他灭火设备等组成。

3．建筑内部污废水和屋面雨水排水系统

排水系统的作用是将建筑内部产生的污废水通过污废水收集器收集后，由建筑内部的排水管排出建筑物。同样，屋面雨水通过屋面雨水斗及雨水管道排至建筑物外部，保证建筑内部的正常使用功能。

4. 建筑热水和饮水供应系统

随着人们生活水平的提高，部分建筑（如宾馆、住院楼等）需要提供热水，有的建筑还需要提供饮水供应，这时就需将冷水加热到一定温度，然后经过可靠的安全的技术措施输配到建筑内各用水点。建筑热水供应系统由冷水加热设施、输配水设施和安全控制设施三部分组成。

5. 建筑小区给排水系统

城镇居民的住宅建筑群按用地分级控制规模可以分为居住组团、居住小区和居住区三级。此外，城镇中工业和其他民用建筑群，如中小企业厂区、大专院校、医院、宾馆、机关单位的庭院等，与居住小区、居住组团的规模结构相似，可以将这类小区与居住小区、居住组团一样看待。因此，小区给排水管道是建筑内部给排水管道和市政给排水管道的过渡管段。小区给排水系统还包含浇洒小区绿地等公共设施的给排水系统和污废水局部处理设施。

6. 建筑中水系统

建筑中水系统是将建筑或建筑小区内使用后的生活污、废水经适当处理后用于建筑或建筑小区作为杂用水的供水系统。其由中水原水系统、中水处理系统、中水输配管道系统等组成。设有中水系统的建筑排水系统一般采用污废水分流的排水体制，中水的原水一般为杂排水和雨水。

三、建筑给排水工程技术的发展

建筑给排水是给排水工程的重要组成部分，建筑给排水设施的完善程度，是衡量经济发展和人民生活水平及质量的重要标志之一。随着我国改革开放和国民经济的持续发展，高层建筑的大量兴建，人民生活水平的不断提高，国外技术的引进和我国给排水工程技术人员的科技攻关，建筑给排水在节水型卫生设备、管材、增压设备、小型污水局部处理系统、中水技术、热水加热设备、建筑灭火等方面取得了一些科技成果，有了明显的技术进步，使得建筑给排水工程获得了快速的发展。

1. 节水技术的发展

由于我国水资源短缺，节水技术是我国近年科技攻关的重点。目前我国的卫生器具给水配件已应用了陶瓷阀芯技术，光电、红外感应控制节水技术，同时也应用了液压式冲洗水箱配件，水池水位控制阀，延时自闭冲洗阀，节水型大便器及冲洗水箱等节水设备。此外，在缺水型城市，大力推行了建筑中水技术和雨水利用技术，并取得了良好的效果。

2. 增压设施的技术发展

增压设施是建筑给排水中发展最快的装置之一，常用的增压设备有水泵、气压给水设备和变频调速给水设备等。用于建筑给水的水泵有卧式、立式泵、管道泵和潜水泵等，水泵正向高效、低噪方向发展。为配合变频调速给水设备和可编程逻辑控制给水设备，水泵的发展也逐步由通用性向专用性发展、各种特色泵（如多出口泵、特制立式多吸泵和不锈钢泵等）相继研发成功。此外，泵的启停控制也取得了很大的进展，泵控制型智能马达控制器可消除泵及系统的启动脉冲，可以可靠地启停水泵。气压给水设备在 20 世纪 80

年代末取得了快速的发展，已形成补气式和隔膜式两大系列，并在变压式气压给水设备的基础上，研制成功了定压式气压给水设备。变频调速给水设备自20世纪90年代后期以来得到了快速的应用，目前已有恒压变量、双恒压变量、变压变量、多点控制变量和变频式气压给水设备等形式。今后随着超导磁通量材料的应用，电机体积越来越小，建筑给水泵趋向小型化和管道化，电控部分也向着微型化、智能化发展。变频调速泵机组是增压设备今后发展的主流方向。

3. 管材与连接技术的发展

随着科技的进步，新型管材不断研发成功，有硬聚氯乙烯管（PVC）、聚丙烯管（PP）、改性聚丙烯管（PP-R）、交联聚乙烯管（PEX）、聚丁烯管（PB）、铝塑复合管（PAP）等。目前给水塑料管的应用已达到成熟阶段。钢塑复合管在解决钢管和塑料的离层问题、端部密封问题和管件连接问题等方面有了重大突破。金属管方面，薄壁铜管和薄壁不锈钢管在材质、接口方式、固定支架设置、伸缩器选用等方面有了较快发展，在高层建筑、尤其在热水管道上得到了普遍的应用。新型管材的应用，使得传统的镀锌钢管逐渐淡出生活给水管道。

建筑排水硬聚氯乙烯管（U-PVC），在解决管道伸缩，耐温抗老化、防火等问题后，得到了广泛的应用，现已淘汰了传统的排水铸铁管。柔性接口排水铸铁管其有一定的耐压能力和良好的抗震性能，20世纪90年代末又研制成功了不锈钢卡箍式接口排水铸铁管，其在具备上述优点的基础上又有良好的易施工性和接口的美观牢固性，在高层和超高层建筑中得以广泛应用。

在管道的连接形式上，卡箍式管道接头由于其不破坏管道的防腐层、施工快速简便、方便的维修、承压能力高等优点，近年得到了迅速发展和广泛应用。

4. 热水供应技术的发展

热水供应技术的发展主要体现在燃油燃气中央热水机组的应用上，由于采用了一次换热，使得换热效率得以较大提高。同时，间接式热水加热设备的加热方式也由稳流理论发展到紊流加热理论，使得各种新型间接加热设备如导流型容积式水加热器、半容积式水加热器、半即热式水加热器、新颖快速式水加热器等加热设备不断问世。此外，我国的太阳能热水器的应用也获得了快速发展，目前我国的家庭型太阳能热水器销量达到了世界第一，并建设了几个太阳能热水利用示范工程，为绿色能源的利用奠定了良好的基础。

5. 建筑消防灭火技术的发展

目前我国的建筑消防正处于以消火栓给水系统为主向以自动喷水灭火系统为主，临时高压消防给水系统向稳高压消防给水系统发展，卤代烷灭火系统向CO_2灭火系统、细水雾灭火系统及卤代烷的替代物（七氟丙烷等）灭火系统方向发展。

6. 特殊构筑物给排水技术的发展

游泳池给排水技术发展了整体式滤水系统，其集传统的水循环处理和配水、回水系统于一体，保证了泳池的结构。同时，制波和制浪技术也得到了应用。

生活水平的提高，使得水景工程得以快速发展。新颖喷头和新颖喷水造型设计在不断拓新变化，喷泉控制已有程序控制、音乐控制、多媒体技术的触摸控制等多种形式。

思 考 题 与 习 题

1. 室内外给排水工程的基本任务是什么？
2. 室外给水系统由哪几部分组成？枝状管网和环状管网各有何特点？
3. 排水体制有几种？各有何特点？建筑内部排水体制如何确定？
4. 市政排水排除系统由哪几部分组成？
5. 何谓居住小区？居住小区排水体制如何确定？居住小区管道平面排列冲突时，常用顺序是什么？
6. 建筑内部给排水系统是如何分类的，分为哪几类？建筑内部给排水系统有哪几部分组成？

第二章　管材、器材及卫生器具

第一节　管材、管件及连接方式

一、给水管材、管件及连接方式

建筑内部给水常用管材有塑料管、复合管、钢管、给水铸铁管、铜管等。

1. 塑料管

塑料管是合成树脂加添加剂经熔融成型加工而成的制品。添加剂有增塑剂、稳定剂、填充剂、润滑剂、着色剂、紫外线吸收剂和改性剂等。

常用塑料管有：硬聚氯乙烯管（PVC-U）、高密度聚乙烯管（PE-HD）、交联聚乙烯管（PE-X）、无规共聚聚丙烯管（PP-R）、聚丁烯管（PB）、工程塑料丙烯晴—丁二烯—苯乙烯共聚物（ABS）管等。

塑料管的原料组成决定了塑料管的特性。塑料管的主要优点有化学性能稳定、耐腐蚀、管壁光滑、水头损失小、重量轻、加工安装方便。其主要缺点是强度较低，膨胀系数较大，易受温度影响。

常用塑料管的物理性能、连接方式见表2-1。表2-2为无规共聚聚丙烯（PP-R）管的规格，PP-R管规格用管系列S，公称外径 D_n ×公称壁厚 e_n 表示，管系列S与公称压力相对应。

常用塑料管及复合给水管的物理性能、连接方式表　　表2-1

项目＼管材	PVC-U	PE-X	PP-R	PB	ABS	PAP（XPAP）	钢塑复合管
材基名称	硬聚氯乙烯	交联聚乙烯	无规共聚聚丙烯	聚丁烯	丙烯氰—丁二烯—苯乙烯	聚乙烯或交联聚乙烯与铝管复合	聚氯乙烯或聚乙烯衬里钢管
密度（kg/m³）	1.5×10^3	0.95×10^3	0.9×10^3	0.93×10^3	1.02×10^3		7.85×10^3
长期使用温度（℃）	≤45	≤90	≤70	≤90	≤60	≤60	≤50
工作压力（MPa）	1.6	1.6（冷水） 1.0（热水）	2.0（冷水） 1.0（热水）	1.6~2.5（冷水） 1.0（热水）	1.6	2.0~3.0	2.5
热膨胀系数［mm/(m·℃)］	0.07	0.15	0.11	0.13	0.11	0.025	0.014
导热率［W/(m·℃)］	0.16	0.41	0.24	0.22	0.26	0.45	接近钢管

续表

项目 \ 管材	PVC-U	PE-X	PP-R	PB	ABS	PAP (XPAP)	钢塑复合管
管道规格外径 (mm)	20 ~ 315	14 ~ 63	20 ~ 110	20 ~ 63	15 ~ 300	14 ~ 32	15 ~ 150
寿命（年）	50	50	50	50	50		30
连接方式	承插粘接或胶圈连接	采用铜接头的夹紧式、卡套式连接	热熔式连接	热熔式、夹紧式连接	承插粘接或胶圈连接	夹紧式铜接头连接	螺纹、法兰、卡箍式连接

无规共聚聚丙烯（PP-R）管规格（$D_n \times e_n$） **表 2-2**

S5（1.25MPa）	S4（1.6MPa）	S3.2（2.0MPa）	S2.5（2.5MPa）
20 × 1.9	20 × 2.3	20 × 2.8	20 × 3.4
25 × 2.3	25 × 2.8	25 × 3.5	25 × 4.2
32 × 3.0	32 × 3.6	32 × 4.4	32 × 5.4
40 × 3.7	40 × 4.5	40 × 5.5	40 × 6.7
50 × 4.6	50 × 5.6	50 × 6.9	50 × 8.4
63 × 5.8	63 × 7.1	63 × 8.1	63 × 10.5
75 × 6.9	75 × 8.4	75 × 10.1	75 × 12.5
90 × 8.2	90 × 10.1	90 × 12.3	90 × 15.0
110 × 10.0	110 × 14.6	160 × 20.7	110 × 18.0

选用塑料管时，应注意 PVC-U、PP-R、ABS 管刚性较好，可明装；PE-X、PB 管为“柔性管”，易暗敷。此外，也应注意塑料管的使用温度及耐热性能，一般 PVC-U、ABS、PE、PAP 管仅能用于冷水管，而 PE-X、PP-R、PB、XPAP 管则可用于热水管。

2. 复合管

复合管是金属与塑料混合型管材，常用的有钢塑复合管和铝塑复合管两种。

钢塑复合管是由镀锌钢管内壁衬置一定厚度的 PE 塑料而成，因而同时具有钢管和塑料管材的优越性。管材规格为 $\Phi15 \sim \Phi150$。使用水温为 50℃ 以下，多用作建筑给水冷水管。

铝塑复合管是中间为一层焊接铝合金，内外各一层聚乙烯，经胶合粘结而成的管子，具有聚乙烯塑料管耐腐蚀性好和金属管耐压高的优点。铝塑复合管按聚乙烯材料不同分为适用于热水的交联聚乙烯铝塑复合管（XPAP）和适用于冷水的高密度聚乙烯铝塑复合管（PAP）。铝塑复合管规格为 $\Phi14 \sim \Phi32$，采用夹紧式铜配件连接，主要用于建筑内配水支管。

3. 钢管

钢管有焊接钢管和无缝钢管两种。焊接钢管又分为镀锌钢管和非镀锌钢管。

钢管具有强度高、承受流体的压力大、抗震性好，容易加工和安装等优点，但抗腐蚀性能差。镀锌钢管由于在管道内外镀锌，使其耐腐蚀性能增强，但对水质仍有影响。因此，现在冷浸镀锌管已被淘汰，热浸镀锌管也限制场合使用。表2-3为低压流体输送用焊接钢管和镀锌焊接钢管规格。

低压流体输送用焊接钢管、镀锌焊接钢管规格（摘自GB 3092—87、3091—87） 表2-3

公称直径 DN		外径	普通钢管		加厚钢管	
（mm）	（in）	（mm）	壁厚（mm）	理论重量（kg/m）	壁厚（mm）	理论重量（kg/m）
15	1/2	21.3	2.75	1.26	3.25	1.45
20	3/4	26.8	2.75	1.63	3.50	2.01
25	1	33.5	3.25	2.42	4.00	2.91
32	$1\frac{1}{4}$	42.3	3.25	3.13	4.00	3.78
40	$1\frac{1}{2}$	48.0	3.50	3.84	4.25	4.58
50	2	60.0	3.50	4.88	4.50	6.16
65	$2\frac{1}{2}$	75.5	3.75	6.64	4.50	7.88
80	3	88.5	4.00	8.34	4.75	9.81
100	4	114.0	4.00	10.85	5.00	13.44
125	5	140.0	4.50	15.04	5.50	18.24
150	6	165.0	4.50	17.81	5.50	21.63

钢管连接方法有：螺纹连接、法兰连接、焊接连接、卡箍连接。螺纹连接配件见图2-1所示。

4. 铜管

铜管具有高强度、高可塑性等优点，同时经久耐用、水质卫生、水力条件好、热胀冷缩系数小、抗高温环境，适合输送热水。铜管管材及其配件齐全，主要规格有 $\Phi15\sim\Phi160$。连接方式有焊接、螺纹和沟槽卡压连接

5. 给水铸铁管

给水铸铁管与钢管相比具有耐腐蚀、使用寿命长等优点，其缺点是管壁厚、重量大，多用于管径 $DN\geqslant75$mm 的给水管道中，尤其适用埋地敷设。我国生产的给水铸铁管有低压（0～0.5MPa）、普压（≤0.7MPa）和高压（≤1.0MPa）三种，为灰口铸铁管。建筑给水管道一般采用普压给水铸铁管。

离心球墨给水铸铁管是市政和居住小区目前常采用的新型给水管材，其用离心铸造工艺生产，材质为球墨铸铁。它具有铁的本质，钢

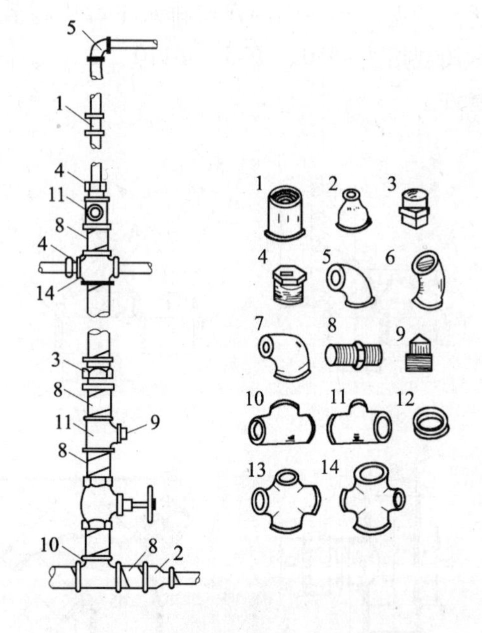

图2-1 钢管螺纹连接及管件

1—管箍；2—异径管箍；3—活接头；4—补心；5—90°弯；6—45°弯；7—异径；8—内管箍；9—管塞；10—等径三通；11—异径三通；12—根母；13—等径四通；14—异径四通

的性能，强度高、韧性好、耐腐蚀，是传统铸铁管和普通钢管的更新换代产品。此外，离心球墨铸铁管机械性能好，在内外镀锌处理后，内壁再衬水泥浆，外涂刷沥青防腐且涂层粘附牢固，并采用T型承插式柔性接口，胶圈密封，安装方便。表2-4为K9级T型接口离心球墨铸铁管规格，其标准有效长度为6m。

T型接口离心球墨铸铁管 **表2-4**

公称直径 *DN*（mm）	外径（mm）	壁厚（mm）	每米重量（kg/m）	总重量近似值（kg）
100	118	6	14.9	94
150	170	6	21.9	138
200	222	3.0	30.1	191

给水铸铁管连接方法有：承插连接和法兰连接两种。承插连接可采用石棉水泥接口、胶圈接口、铅接口、膨胀水泥接口。在经常拆卸的部位应采用法兰接连，但法兰连接只用于明敷管道。离心球墨铸铁管采用的承插连接方式为胶圈接口。

二、排水管材、管件及连接方式

建筑内部的排水管道一般采用硬聚氯乙烯（UPVC）排水管，对于高层建筑常采用柔性接口排水铸铁管，室外埋地排水管常采用埋地UPVC排水管和混凝土管。

1. 硬聚氯乙烯（UPVC）排水塑料管

UPVC管具有耐腐蚀、重量轻、施工安装方便、水流阻力小、造价低廉、外表美观等优点，近几年在国内建筑排水工程中得到普遍应用。UPVC排水管规格用公称外径表示，常用规格为Φ50、Φ75、Φ110、Φ160，采用粘接连接。图2-2所示为UPVC排水塑料管管件。

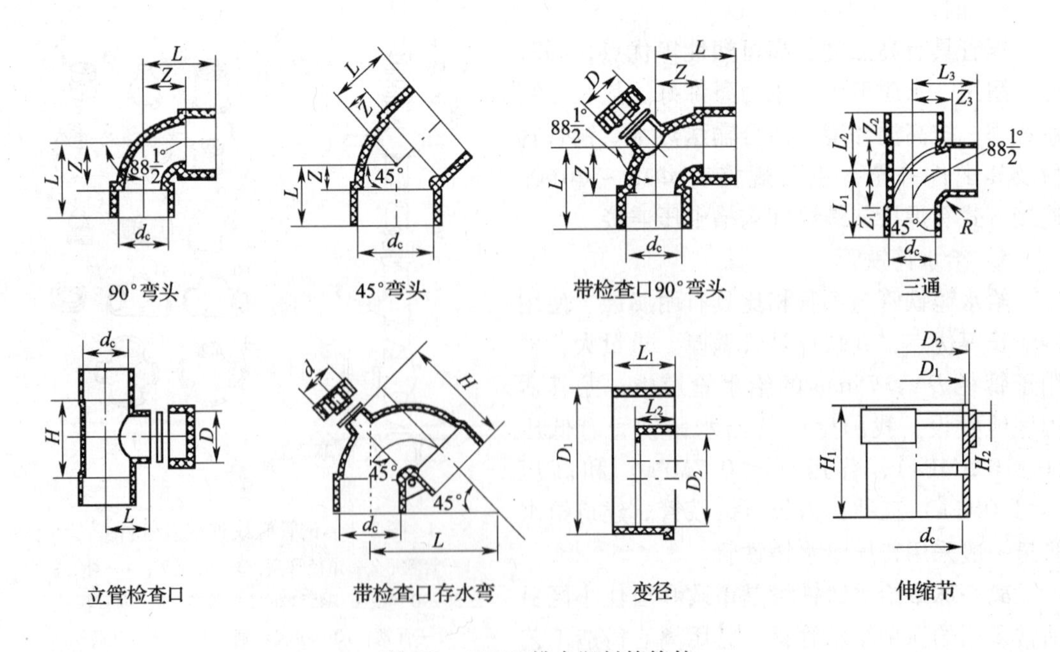

图2-2 UPVC排水塑料管管件

2. 柔性接口排水铸铁管

高层建筑以及地震区建筑排水管宜采用柔性接口排水铸铁管，其具有良好的曲挠性和伸缩性，可适应建筑楼层间变位导致的轴向位移和横向曲挠变形，防止管道裂缝、折断。图 2-3 所示为 RK-A 型柔性接口排水铸铁管，接口采用法兰压盖和螺栓将橡胶密封圈压紧，柔性接口排水铸铁管管件有立管检查口、三通、45°弯头、90°弯头、45°和 30°通气管、四通、P 形和 S 形存水弯等，如图 2-4。

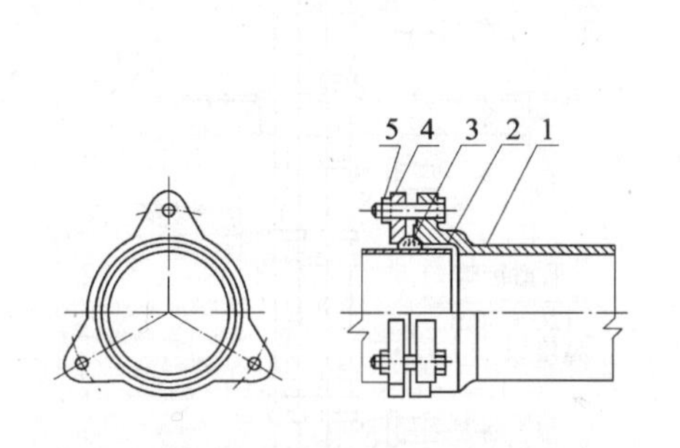

图 2-3　RK-A 型柔性接口排水铸铁管接口
1—承口端；2—插口端；3—橡胶密封圈；
4—法兰压盖；5—螺栓

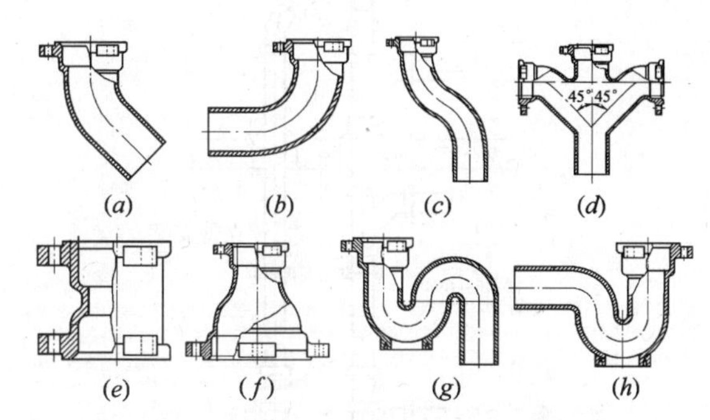

图 2-4　柔性接口排水铸铁管部分管件
（a）45°弯头；（b）90°弯头；（c）乙字管；
（d）四通；（e）管箍；（f）异径管箍；
（g）S 形存水弯；（h）P 形存水弯

图 2-5 所示为卡箍式柔性接口排水铸铁管，卡箍式排水铸铁管是一种新型建筑排水管材，为无承口管道和配件，采用卡箍和橡胶密封圈连接。其具有重量轻、接口抗振性能好、安装施工方便、外观美观（不带承口）的优点。

图 2-6 所示为柔性接口排水铸铁管部分管件连接安装图。

三、管道的支吊架

室内给排水管道由于自重、温度及外力作用下会产生变形和位移而受到损坏。为此，在水平管道和垂直管道上每隔一定距离应设支架或吊架，将管道位置予以固定。根据支架对管道的制约情况，可分为固定支架和活动支架。

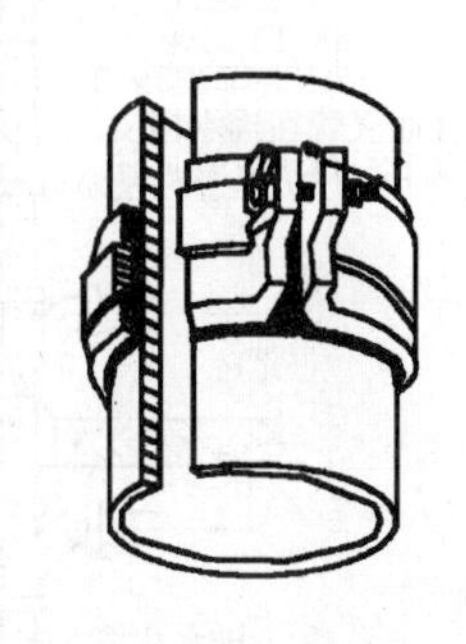

图 2-5　卡箍式柔性接口
排水铸铁管接口

1. 固定支架与活动支架

（1）固定支架：在固定支架上，管道被牢牢地固定住，不能有任何位移，管道只能在两个固定支架间膨胀。因此，固定支架不仅承受管道、附件、管内介质及保温结构的重量，同时还承受管道因温度、压力的影响而产生的轴向伸缩推力和变形的应力，并将这些力传到支撑结构上去，所以固定支架必须有足够的强度。

（2）活动支架：对管道起支撑作用并允许管道有位移的支架称为活动支架。

2. 吊架、托钩与立管卡

吊架由吊杆、吊环及升降螺栓等部件组成，如图 2-7（*c*）所示。

托钩用于室内横支管等较小管径管道的固定，规格为 *DN*15 ~ 20mm。

立管卡分单、双立管卡两种，分别用于单根立管、并行的两根立管的固定，如图 2-7（*a*）所示。

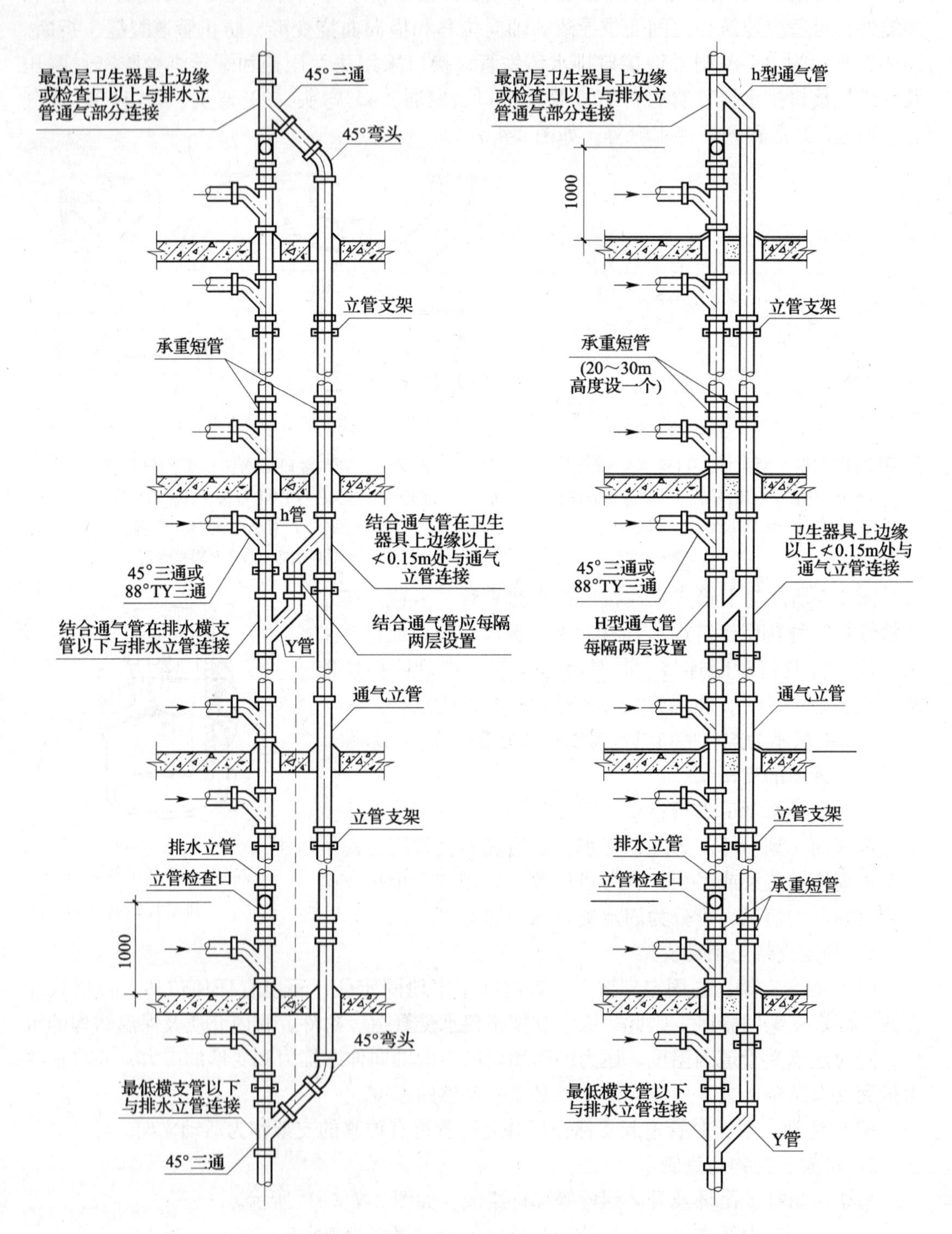

图 2-6　柔性接口排水铸铁管的安装

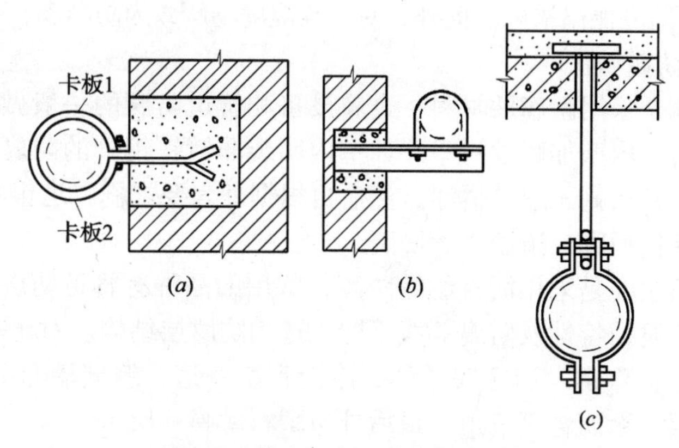

图2-7　管卡、卡环式支架和吊架

（a）管卡；（b）卡环式支架；（c）吊架

3. 管道支吊架安装最大间距

为了使管道不产生变形而受到损坏，不同的管道对支吊架的最大安装间距有一定要求，表2-5、表2-6分别为钢管、塑料管和铜管支吊架最大间距。

钢管、铜管支架最大间距（m）　　表2-5

管材	公称直径（mm）	15	20	25	32	40	50	70	80	100	125	150
钢管	保温管	2	2.5	2.5	2.5	3	3	4	4	4.5	6	7
	不保温管	2.5	3	3.25	4	4.5	5	6	6	6.5	7	8
	立管	层高≤5m，每层安装1个，层高>5m，每层不得少于2个。										
铜管	立管	1.8	2.4	2.4	3.0	3.0	3.0	3.5	3.5	3.5	3.5	4.0
	横管	1.2	1.8	1.8	2.4	2.4	2.4	3.0	3.0	3.0	3.0	3.5

塑料管支架最大间距（m）　　表2-6

管材	外径 De（mm）	20	25	32	40	50	63	75	90	110
PVC-U管	立管	1.0	1.1	1.2	1.4	1.6	1.8	2.1	2.4	2.6
	横管	0.6	0.65	0.7	0.9	1.0	1.2	1.3	1.45	1.6
PP-R（冷水）	立管	1.0	1.2	1.50	1.70	1.80	2.00	2.00	2.10	2.50
	横管	0.65	0.80	0.95	1.10	1.25	1.40	1.50	1.60	1.90
PP-R（热水）	立管	0.9	1.0	1.2	1.4	1.6	1.7	1.7	1.8	2.0
	横管	0.5	0.6	0.7	0.8	0.9	1.0	1.1	1.2	1.5

四、管道的防腐与保温

管道外部直接与大气或土壤接触，将产生化学腐蚀和电化学腐蚀。为了避免和减少这种腐蚀，延长管道的使用寿命，对与空气接触的管道外部，可涂刷防腐涂料，对埋地的管道可设置绝缘防腐层。

热水供应系统中，为减少热量损失，需要在其外部设置保温层。同样，生活给水管在结冻的场所敷设也应有防冻保温措施。此外，对于高湿度场所，为防结露，也需设置保温层。

1. 防腐材料及防腐做法

防腐的根本措施是采用耐腐蚀材料。金属设备和管道防腐的一般做法是在外壁涂刷、包扎、填充防腐材料，内壁加耐蚀衬里。如室内明装非镀锌钢管的防腐处理工序一般为：首先除锈、除污尘，其次刷二道防锈漆，然后再根据外表要求刷二道银粉漆或调和漆。对于明装铸铁管一般除锈后刷二道沥青漆防腐。

埋地钢管的防腐主要是采用沥青绝缘防腐，常用的品种有管道防腐沥青、冷底子油、沥青胶等。根据土壤腐蚀特性及防腐等级不同，选用防腐层结构。对于一般性土壤采用普通级防腐，其工序为：除锈、刷冷底子油、涂沥青第一道，缠玻璃布一层、涂沥青第二道、再缠玻璃布一层、涂沥青第三道、最后外包塑料薄膜一层。

2. 保温材料及保温做法

保温做法为：（1）除锈；（2）涂刷防锈漆；（3）安装保温层；（4）安装保护层；（5）涂刷表面包漆。

保温材料应为轻质、疏松、多孔、纤维材料，分为有机、无机两大类，常用的保温材料有岩棉、超细玻璃棉、硬聚氨脂、橡塑泡棉及憎水珍珠岩等，用于管道保温的常做成管壳（套）。保温层施工方法有涂抹法、预制块法、捆扎法、充填法等。目前使用最多的为捆扎法。对于外保护层，目前常采用外包镀锌铁皮或铝皮或塑料扎带等方式。

保温层厚度应通过计算确定。对于热水管、回水管、热媒水管常采用岩棉、超细玻璃棉、硬聚氨脂、橡塑泡棉等材料保温，其保温层厚度可参照表2-7采用。蒸汽管用憎水珍珠岩管壳保温时，也可参照表2-7。对于水加热器、热水分水集水器、开水器等设备采用岩棉制品、硬聚氨脂发泡塑料保温时，其厚度可为35mm。

热水、供回水管、热媒水管保温厚度表 **表2-7**

管径 DN（mm）	热水供回水管				热媒水、蒸汽凝结水		蒸汽管		
	15、20	25~50	65~100	>100	≤50	>50	≤40	50~65	≥80
保温层厚度（mm）	20	30	40	50	40	50	50	60	70

第二节　器　　材

一、给水配水附件

给水配水附件用于调节和分配水流，通常指为各类卫生洁具或受水器分配或调节水流的各式水龙头。常用配水附件见图2-8，其种类有：

1. 配水龙头

（1）球形阀式配水龙头。一般装设在洗脸盆、污水盆、盥洗槽上。

（2）旋塞式配水龙头。该水龙头旋转90°时完全开启，可在短时间内获得较大流量。

2. 盥洗龙头

这种龙头设在洗脸盆上供冷水（或热水）用。有莲蓬头式、角式、喇叭式、长脖式等多种式。

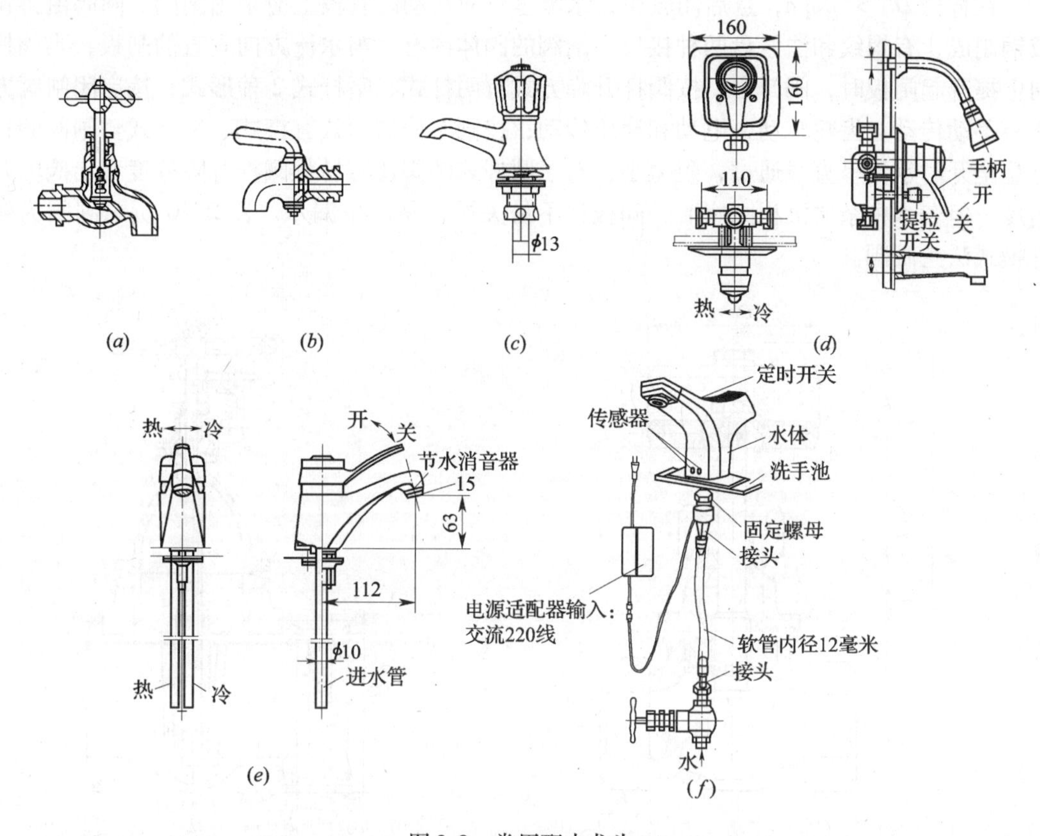

图 2-8　常用配水龙头

(*a*) 球形阀式配水龙头；(*b*) 旋塞式配水龙头；(*c*) 洗脸盆龙头；
(*d*) 单柄浴盆水龙头；(*e*) 单柄洗脸盆水龙头；(*f*) 自动水龙头

3．混合配水龙头

用以调节冷热水的温度，供盥洗、洗涤、沐浴等使用。这种水龙头样式繁多，质地优良，可结合实际选用。

除上述配水龙头外，还有化验盆鹅颈水龙头、小便器水龙头、皮带水龙头、电子自控水龙头等。

二、给水控制附件

控制附件用来调节水量和水压，关断水流，控制水流方向和水位的各式阀门。按照阀体结构形式和功能有截止阀、闸阀、止回阀、减压阀、压力平衡阀、安全阀、排气阀、温控阀、电磁阀、浮球阀等。在选用阀门时需要考虑管径大小、接口方式、水流特点及启闭要求等因素。

1．截止阀 J

在管径 $DN \leqslant 50$mm、且经常启闭、水流呈单向流动的管道上宜选用截止阀。该种阀门密封性较闸阀好，用于调节管道内水流的压力。截止阀阀体可由铸铁、铜、塑料等材料制成，主要有直通式、角式、直流式 3 种构造形成，有内外螺纹、法兰接口。图 2-9 为直通式截止阀构造示意图。

2．闸阀 Z

在直径 $DN>50\text{mm}$，且启闭较少，水流呈双向流动的管段上应采用闸阀。闸阀由铸铁或铜制成，有螺纹和法兰盘两种接口。闸阀的阀体内有一与水流方向垂直的闸板，当阀杆向上提升起闸板时，阀开启。按阀杆升降方式有明杆式、暗杆式2种形式；按启闭闸阀方式有手动传动、齿轮转动、电动和液压传动；按阀芯构造形式有楔式、平行式。闸阀的特点是全开时水流呈直线通过，阻力小，对于明杆式闸阀还容易从阀杆升降程度看出阀的开启度。但若水中杂质沉积阀座时，阀板将不易关严，易产生漏水。图2-10所示闸阀为明杆楔式法兰闸阀。

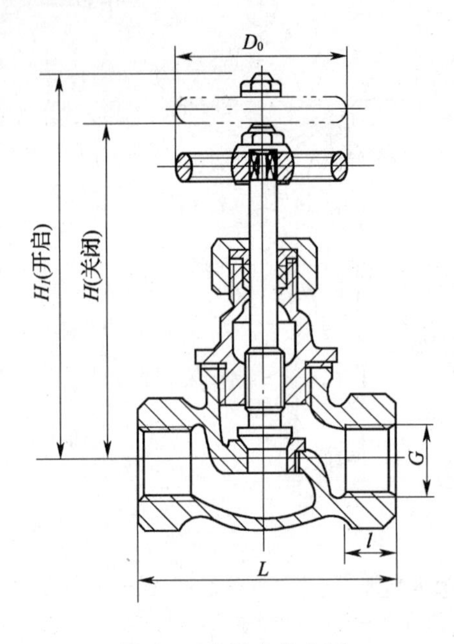

图2-9　直通式截止阀

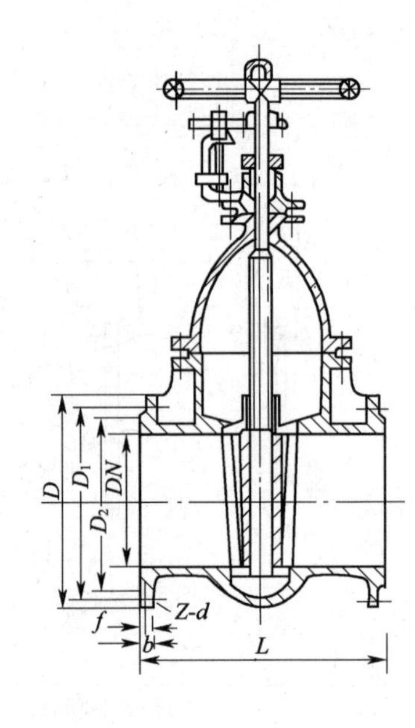

图2-10　明杆楔式法兰闸阀

3. 碟阀D

图2-11所示为蝶阀构造，具有开启方便，结构紧凑、占用面积小的特点，适宜在设备安装空间较小时采用。

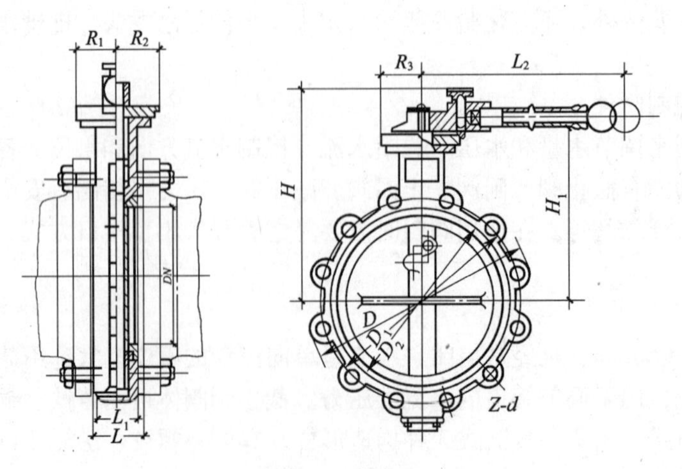

图2-11　蝶阀

4. 球阀 Q

图 2-12 所示为球阀构造，按阀体材料有铸铁、炭钢、铜、塑料等。其特点是启闭灵活，可用于要求启闭迅速的场合。

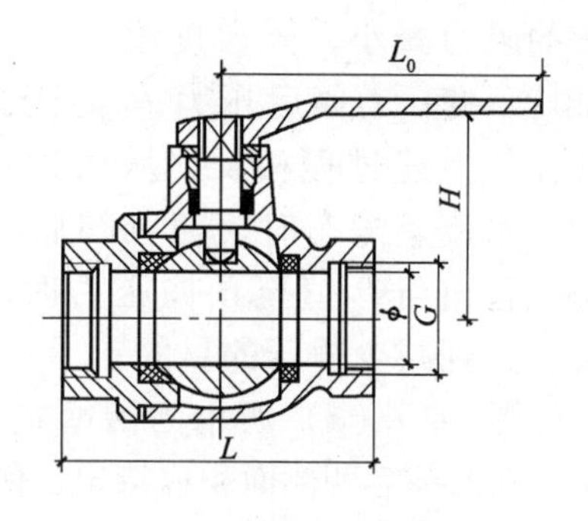

图 2-12 球阀

5. 止回阀 H

止回阀用于阻止水流的反向流动，装设在需要防止水倒流的管段上。按构造不同分为旋启式、升降式、蝶式、梭式和球式等；按震动和消声等级不同可以分为消声式、普通式；按阀瓣的动作不同可分为缓闭式、速闭式；按连接方式不同可以分为螺纹式、法兰式。详见构造图 2-13。

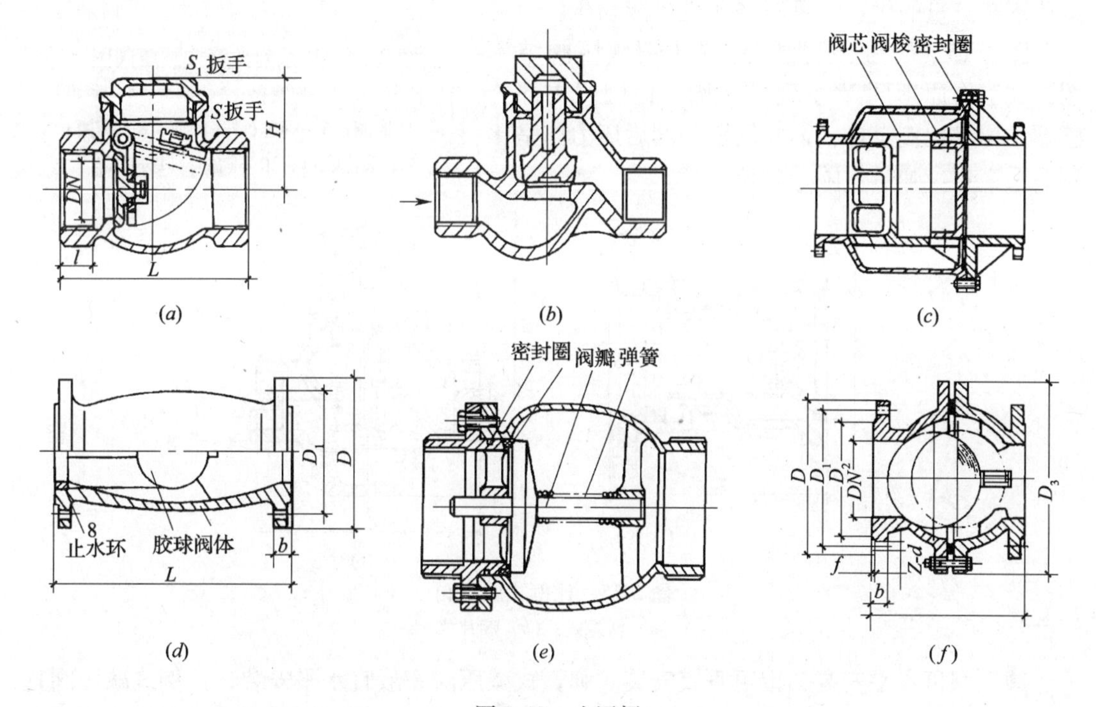

图 2-13 止回阀

(a) 旋启式；(b) 升降式；(c) 梭式；(d) 球式；(e) 消声式；(f) 浮球式

6. 减压阀 Y

减压阀是一种广泛应用于高层建筑生活给水系统和消防给水系统管道上的减压装置。采用减压阀可以节省系统的分区水泵或减压水箱，还可以均衡一个区域内各分支管段上的供水压力。目前国内生产的减压阀主要有两种类型——弹簧式减压阀和比例式减压阀。

图 2-14 所示为 Y 系列弹簧式减压阀结构图。由阀芯内部的反馈孔及膜片组成反馈机构，阀后压力 P_2 经反馈孔引入膜片下部空腔内。由于受膜片上部弹簧张力与膜片下部阀后反馈压力形成的平衡条件影响，阀瓣与阀座之间形成相应的开启度。水流呈动态时，若阀后压力 P_2 低于预调压力值，经反馈使膜片下部张力小于弹簧压力，膜片及

其联动的阀瓣下移，开启度增大，流体通过阀瓣的阻力减小，开启度增大至预调压力值时将维持不变；若阀后压力 P_2 高于预调压力值，其动作与上述过程相反，从而达到减小动压的目的。水流呈静态时，随着阀后压力 P_2 增加，阀瓣上移，当 P_2 值至预调压力时，阀瓣与阀座闭合，达到减少静压的目的。

图 2-15（*a*）所示为活塞式比例减压阀结构图，活塞前后两侧面积成特定比例，利用活塞前后水流通过的截面不同而改变水流的压强。活塞式比例减压阀具有结构简单、工作平稳、密封性能好、减压不减流量的优点，可减静压也可减动压。

图 2-15（*b*）所示为膜片式比例减压阀结构图，其工作原理同 Y 系列减压阀，但阀门内部传感器结构呈比例设计，因此阀前和阀后压力亦呈比例关系变化，弹簧仅限于微调。

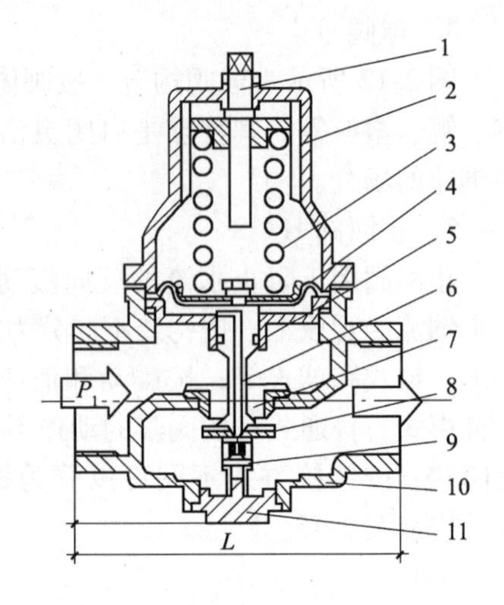

图 2-14　Y 系列弹簧式减压阀图

1—调节杆；2—弹簧罩；3—弹簧；4—薄膜；5—O 形圈；6—阀芯；7—阀座；8—阀瓣；9—限位螺母；10—阀体；11—底盖

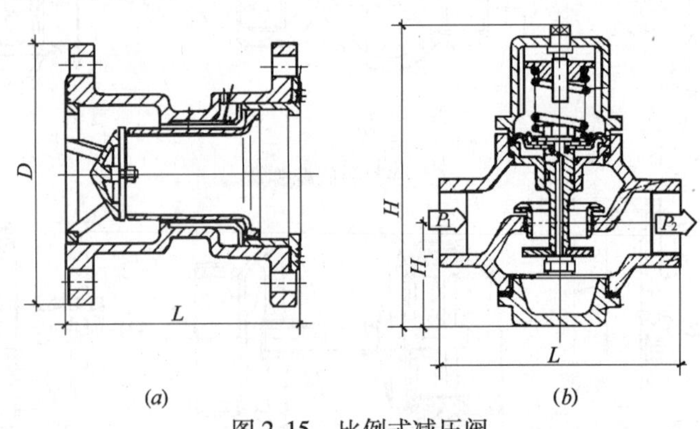

图 2-15　比例式减压阀

（*a*）活塞式；（*b*）膜片式

减压阀可水平安装，也可垂直安装。弹簧式减压阀一般宜水平安装，比例式减压阀宜垂直安装。减压阀前后均应安装压力表及检修阀门，减压阀前端还应装设过滤器，以防杂物堵塞减压阀。图 2-16 为减压阀单阀水平安装图。

7. 安全阀 A

安全阀是保证系统和设备安全运行的阀门，用于需超压保护的设备容器及管路上，能自动放泄压力。安全阀按构造分为杠杆式、弹簧式和脉冲式。图 2-17 为弹簧式和杠杆式安全阀。

8. 自动温度调节装置

自动温度调节装置有直接式自动调温装置和电动式自动调温装置。

直接式自动调温装置是由温包感温元件和调节阀组成。温包内装有低沸点液体，插在加热器热水管道出口或热水管道中，根据温度的变化而产生的压力变化，由其毛细导管传至调节阀，使阀门开启度不同以调节热媒的供应量，一般温度控制精度小于2℃，见图 2-18。

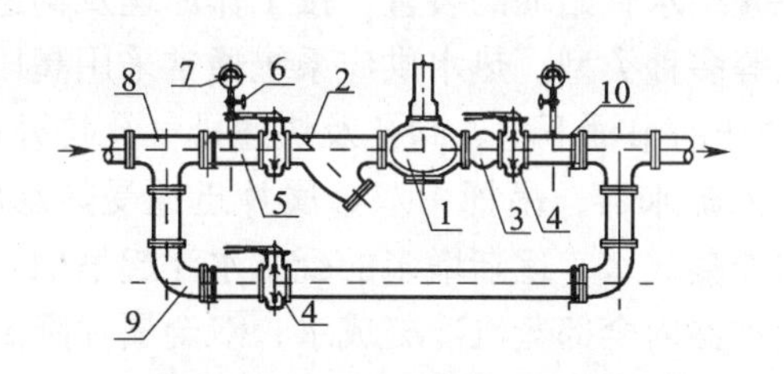

图 2-16 减压阀单阀水平安装图

1—减压阀；2—过滤器；3—橡胶接头；4—蝶阀；
5—短管；6—截止阀；7—压力表；8—三通；9—弯头件

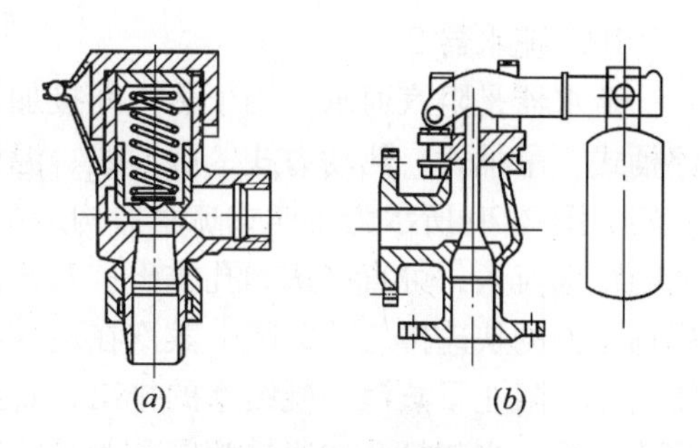

图 2-17 安全阀

（a）弹簧式；（b）杠杆式

电动式自动调温装置，由电接点压力式温度计、电动调节阀和控制装置组成。由电接点压力温度计温包把探测到的温度变化传感到电触点温度计，当指针转到大于规定的温度触点时，即启动电机关小阀门，减少热媒流量；反之启动电机开大阀门，增大热媒流量。如图 2-18 所示。

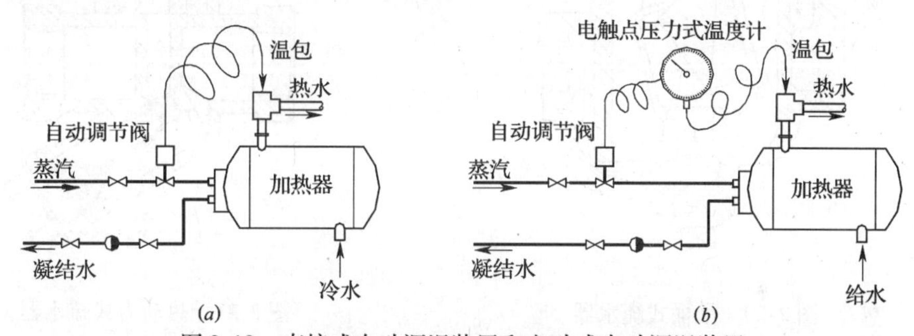

图 2-18 直接式自动调温装置和电动式自动调温装置

（a）直接式自动调温装置；（b）电动式自动调温装置

9. 液位控制阀

液位控制阀用以控制水箱、水池液面高度，以免溢流。图 2-19（a）所示为浮球阀，水位上升后浮球随之浮起，由于杠杆作用堵塞进水口；水位下降浮球随之下降，进水口开启。由于浮球体积大且阀芯易卡住，目前在大中型水箱、水池中已较少采用。图 2-19（b）所示为改进后的液压水位控制阀，图 2-19（c）所示为水池水位控制阀。

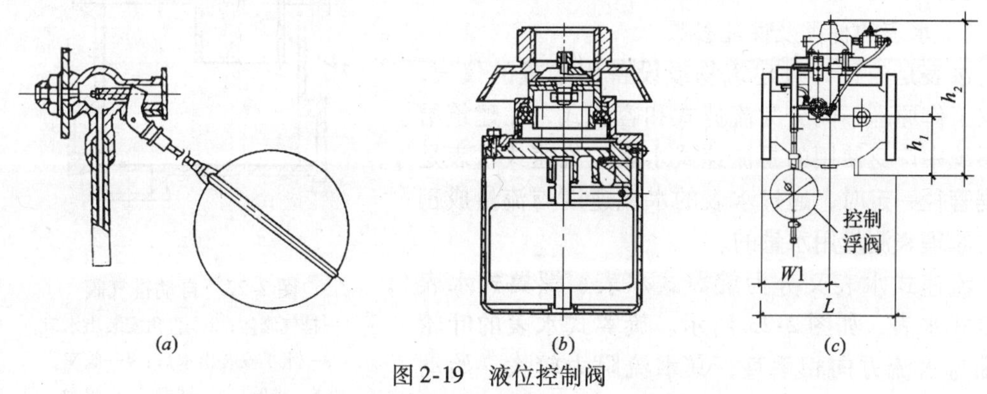

图 2-19 液位控制阀

（a）浮球阀；（b）液压水位控制阀；（c）水池水位控制阀

10．疏水器S

疏水器是阻汽通水、用于蒸汽间接加热中凝结水管始端的装置，按工作原理及构造有浮桶式、吊桶式、热动力式、脉冲式、温调式等多种类型。热水供应系统通常采用高压疏水器。图2-20所示为吊桶式疏水器构造图，动作前吊桶下垂、阀孔及快速排气孔均开启。若凝结水流入，可直接从阀孔排出；若蒸汽进入疏水器，吊桶中双金属片迅速受热膨胀，吊桶上方的快速排气孔关闭，蒸汽在疏水器内冷凝成水，逐渐增多的凝结水浮起吊桶，关闭阀孔，阻止了蒸汽和凝结水的排出，直至疏水器内全部蒸汽冷凝成水，双金属片降温收缩而下垂，再次打开快速排汽阀和阀孔后，阀内凝结水才能排除。

图2-21所示为热动力式疏水器构造图。它是利用进入阀体的蒸汽或凝结水对阀片上下两边产生的压差使阀片上升或降落，达到排水阻汽的效果。

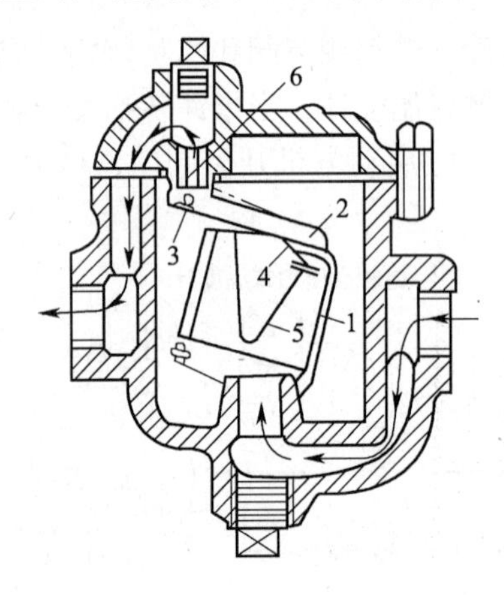

图2-20　吊桶式疏水器

1—吊桶；2—杠杆；3—珠阀；4—快速排气孔；

5—双金属弹簧片；6—阀孔

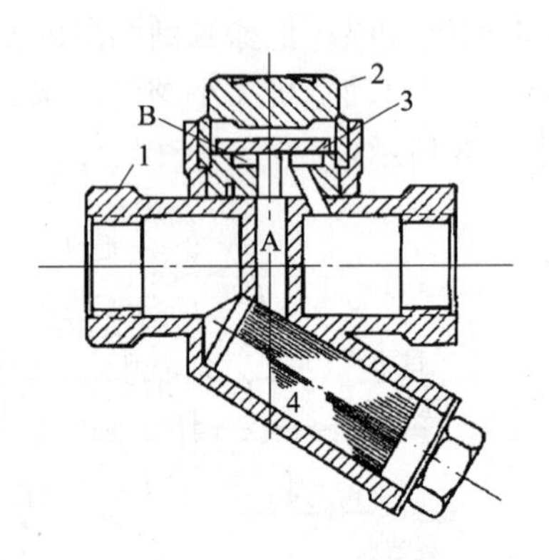

图2-21　热动力式疏水器

1—阀体；2—阀盖；

3—阀片；4—过滤器

11．排气阀

在热水供应系统中管道内不同程度地存在有空气，由于采用集气罐排气需人工操作，所以目前广泛采用自动排气阀。构造见图2-22所示。

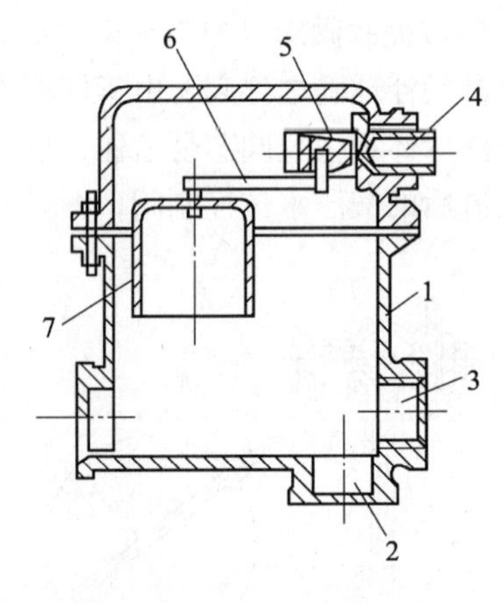

图2-22　自动排气阀

1—排气阀体；2—直角安装出水口；

3—水平安装出水口；4—阀座；

5—滑阀；6—杠杆；7—浮钟

三、水表

1．水表的种类及性能参数

水表是一种计量建筑物或设备用水量的仪表，根据工作原理不同分为流速式和容积式，在建筑给水系统中广泛使用的是流速式水表。流速式水表是根据管径一定时，通过水表的水流速度与流量成正比的原理来测量用水量的。

流速式水表又分为旋翼式水表、螺翼式水表和复式水表，如图2-23所示。旋翼式水表的叶轮转轴与水流方向相垂直，其水流阻力较大，始动流量和计量范围较小，适用于用水量较小且用水较为均匀的用户，一般情况下管道直径≤DN50mm 时采用。螺翼式水表的叶轮转轴与水流方向相平行，其水流阻力较小，始动流量和计量范围较大，适用于水量大的用户，一般情况下管道直径 > DN50mm 时采用。复式水表是旋翼式和旋翼式的组合形式，在流量的变化幅度很大时采用。流速式水表按其计数机件所处状态又分为干式和湿式两种，干式水表中计数机件和表盘与水隔开，湿式水表的计数机件和表盘浸没在水中。

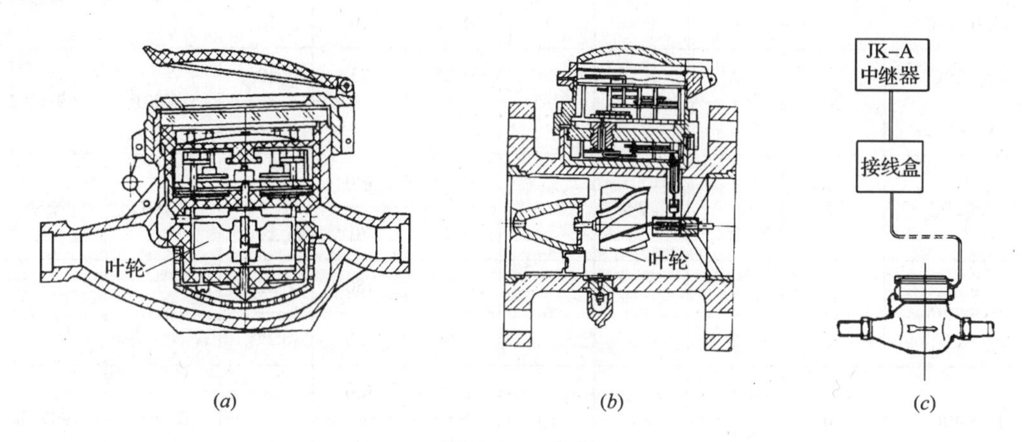

图 2-23 水表

（a）旋翼式水表；（b）螺翼式水表；（c）远传水表

水表技术参数：

（1）过载流量：水表只允许短时间使用的上限流量。旋翼式水表通过过载流量时，水头损失为 100kPa；螺翼式水表通过过载流量时，水头损失为 10kPa，因此将过载流量作为水表的特性指标，以 K_B 表示水表的特性系数，则根据水力学原理有：

$$h_B = \frac{q_B^2}{K_B} \tag{2-1}$$

对于旋翼式水表有：$K_B = \frac{Q_{max}^2}{100}$；对于螺翼式水表有 $K_B = \frac{Q_{max}^2}{10}$

式中 h_B——水流通过水表产生的压力损失，kPa；

K_B——水表的特性系数；

q_B——通过水表的流量 m³/h；

Q_{max}——水表的过载流量 m³/h；

100、10——为通过过载流量时旋翼式水表和螺翼式水表的水头损失，kPa。

（2）常用流量：水表允许长期使用的流量。

（3）分界流量：水表误差限改变时的流量。

（4）最小流量：水表在规定误差限内使用的下限流量。

（5）始动流量：水表开始连续指示时的流量。

2. 水表的选择

水表的规格性能见表 2-8，选择时要考虑其工作性质、工作压力、工作时间、计量范围、水质等情况。水表口径的确定应符合以下规定：

LXS 旋翼湿式、LXSL 旋翼立式水表技术参数　　表 2-8

型　号	公称口径（mm）	计量等级	过载流量（m^3/h）	常用流量（m^3/h）	分界流量（m^3/h）	最小流量（L/h）	始动流量（L/h）	最小读数（m^3）	最大读数（m^3）
LXS-15C LXSL-15C	15	A	3	1.5	0.15	45	14	0.0001	9999
		B			0.12	30	10		
LXS-20C LXSL-20C	20	A	5	2.5	0.25	75	19	0.0001	9999
		B			0.20	50	14		
LXS-25C	25	A	7	3.5	0.35	140	23	0.001	99999
		B			0.28	70	17		
LXS-32C	32	A	12	6	0.60	180	32	0.001	99999
		B			4.80	120	27		
LXS-40C	40	A	20	10	1.00	300	56	0.001	99999
		B			0.80	200	46		
LXS-50C	50	A	30	15	1.50	450	75	0.001	99999
		B							

（1）水表口径宜与给水管道接口管径一致；

（2）用水量均匀的生活给水系统的水表应以设计流量选定水表的常用流量；

（3）用水量不均匀的生活给水系统的水表应以设计流量选定水表的过载流量；

（4）生活（生产）消防共用的给水系统的水表，应以生活给水的设计流量叠加消防流量进行校核，校核流量不大于水表的过载流量；

（5）通过水表产生的水头损失一般须控制在表 2-9 范围内。

按最大小时流量选用水表时的允许压力损失值（kPa）　　表 2-9

表　型	正常用水时	消防时
旋翼式	<25	<50
螺翼式	<13	<30

【例 2-1】某栋住宅的总进水管及各分户支管均安装水表。经计算总水表通过的设计流量为 $50m^3/h$，分户支管通过水表的设计流量为 $1.67m^3/h$。试确定水表口径并计算水头损失；当消防水量为 5L/s 时，试对总水表进行复核。

【解】（1）分户水表选择。由于住宅用水不均匀性较大，应以设计流量不大于水表的过载流量来确定水表的公称直径。有表 2-8 查得，LXS-20C 水表过载流量为 $5.0m^3/h > 1.67m^3/h$，故满足流量要求。

水表的特性系数 $K_B=\frac{Q_{max}^2}{100}=\frac{5^2}{100}=0.25$

水流通过水表的水头损失 $h_B=\frac{q_B^2}{K_B}=\frac{(1.67)^2}{0.25}=11.16kPa$，小于表2-9中规定，满足要求，所以分户水表选用LSX-20C型。

（2）总水表选择：正常通过总表的设计流量为$50m^3/h$；消防时，通过水表的总流量为$50+5\times3.6=68m^3/h$。从相关手册查得：LXL-100N型水平螺翼式水表的过载流量为$120m^3/h$，大于水表的设计流量$50m^3/h$，也大于消防时通过的总流量$68m^3/h$，满足流量要求。

正常用水时水表水头损失为：

$$K_B=\frac{Q_{max \cdot L}^2}{10}=\frac{120^2}{10}=1440,\text{则 } h_B=\frac{q_B^2}{K_B}=\frac{50^2}{1440}=1.74kPa$$

消防时水表水头损失为：$h_B=\frac{q_B^2}{K_B}=\frac{60^2}{1440}=3.21kPa$

从以上计算可以看出，正常供水及消防供水时水表的压力损失均小于表2-9的规定。

3. 新型水表及集抄系统

随着科学技术的发展，将电子计算机技术应用在了水表抄读中，出现了远传户外抄读和计算机物业管理相结合的远传水表、集中抄读系统，如图2-23所示。目前IC卡、TM卡（智能卡式）水表和代码式水表发展速度很快，并将成为主流产品，这类水表适用于“先付费后用水”条件下的管理系统。此外，特种水表也呈现出快速发展势头，如热量表（或热能表）、污水表、特大流量计量水表、提高水表始动流量灵敏度的滴水计量水表等相继研发成功并已投产应用。

第三节　卫生器具、冲洗设备及安装

卫生器具是室内排水系统的重要组成部分，常用卫生器具按其用途可分为以下四类：

（1）便溺用卫生器具：如大便器、小便器、大便槽、小便槽等；

（2）盥洗、沐浴用卫生器具：如洗脸盆、盥洗槽、浴盆和沐浴器等；

（3）洗涤用卫生器具：如洗涤盆、化验盆、污水盆等；

（4）专用卫生器具：如医疗的倒便器、婴儿浴盆、妇女净身盆、水疗设备及饮水器等。

一、便溺器具及安装

1. 大便器及安装

（1）蹲式大便器：一般用于集体宿舍、学校、办公楼等公共场所及防止接触传染的医院厕所间内，采用高位水箱或带有真空破坏器的延时自闭式冲洗阀进行冲洗。蹲式大便器本身不带水封装置，需另外装设存水弯。蹲式大便器一般安装在地板上的平台内，图2-24所示为高位水箱蹲式大便器的安装。大便器组成安装的中心距为900mm。

（2）坐式大便器：如图2-25所示，一般用于住宅、宾馆等卫生间内，采用低位水箱冲洗。坐式大便器构造本身带有存水弯。按冲洗原理及构造可分为冲洗式和虹吸式两类。

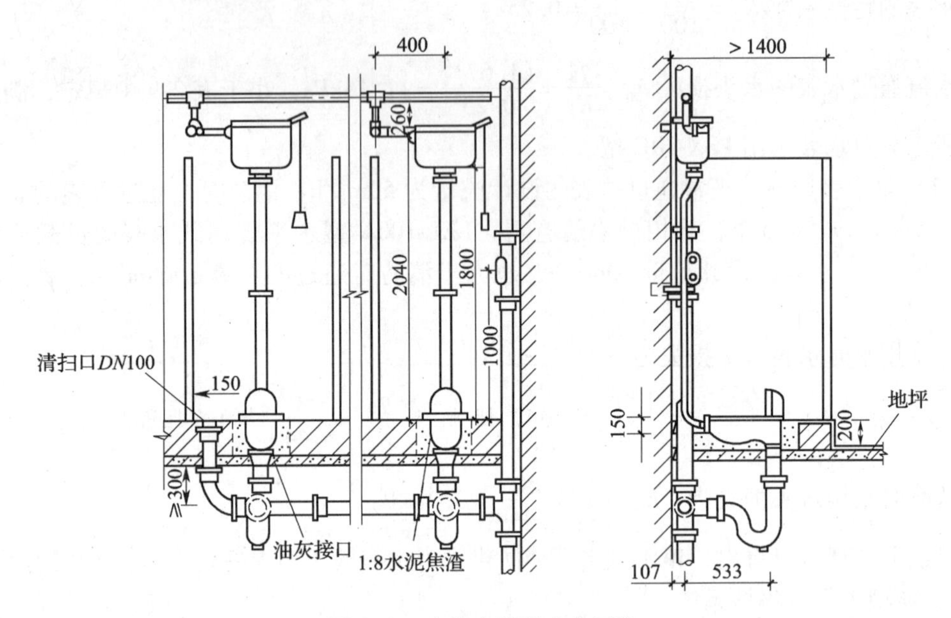

图 2-24　高位水箱蹲式大便器

冲洗式坐便器在上口部位设有环绕一圈并开有很多小孔口的冲洗槽，开始冲洗时，水进入冲洗槽，经小孔沿大便器内表面冲下，大便器内水面涌高后将粪便冲过存水弯，排至排水管道。

虹吸式坐便器是靠虹吸作用将粪便全部吸出。

坐便器可用分体式、连体式低位水箱冲洗，也可采用专用延时自闭式冲洗阀冲洗。连体式坐便器的安装如图 2-25 所示。图 2-26 为后出水坐便器采用延时自闭冲洗阀冲洗的安装图，后出水坐便器便于排水管道的同层布置。

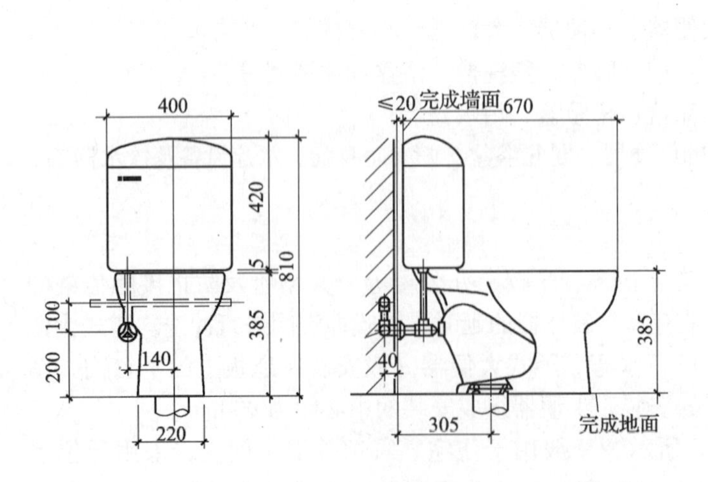

图 2-25　连体式坐便器

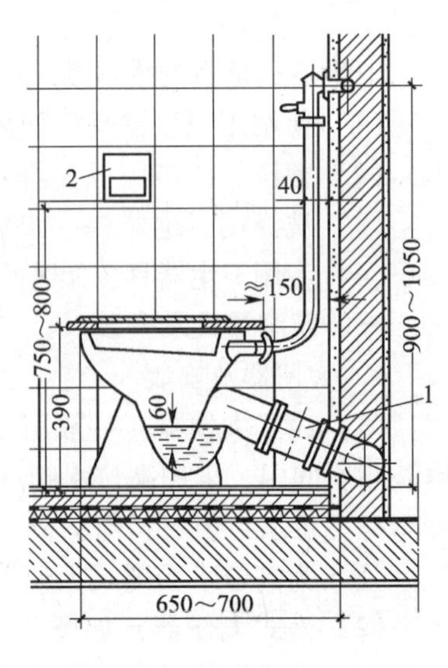

图 2-26　后出水坐便器

2．大便槽

大便槽一般用于建筑标准不高的公共建筑或公共厕所内。大便槽可采用集中冲洗水箱或红外数控冲洗装置冲洗。大便槽槽宽一般为 200～25mm，起端槽深为 350～400mm，槽底坡度不小于 0.015，大便槽末端应设高出槽底 15mm 的挡水坝，在排水口处应设水封装置。

3．小便器及小便槽

（1）小便器：小便器一般用于机关、学校、旅馆等公共建筑的男卫生间内。根据建筑物的性质、使用要求和标准，可选用立式小便器或挂式小便器，常成组设置，中心距为 700mm。

小便器常采用自闭式冲洗阀冲洗，标准高的场所可采用光控自动冲洗阀冲洗，如图 2-27 所示。

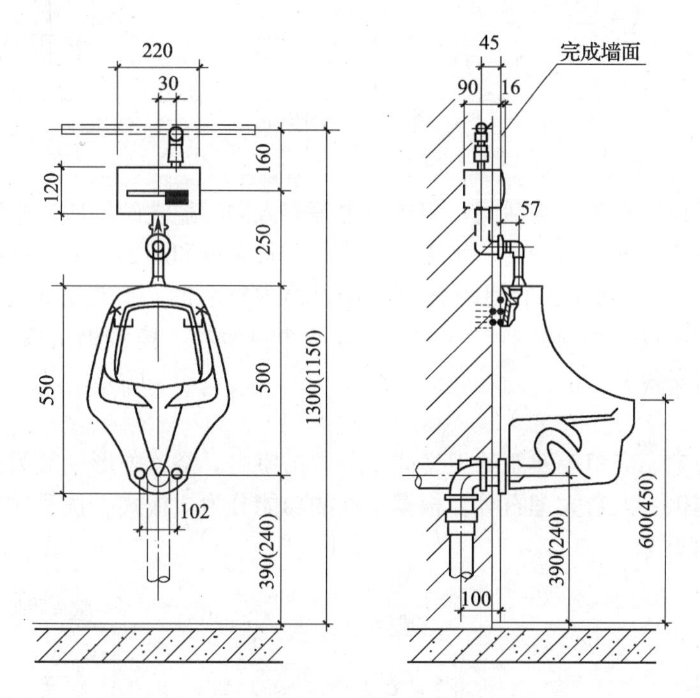

图 2-27　光控自动冲洗阀冲洗的小便斗

（2）小便槽：小便槽的构造和安装见图 2-28，一般用于工业企业、公共建筑、集体宿舍的男卫生间内，具有造价低、同时供多人使用、管理方便等特点。小便槽宽不大于 300mm，槽的起端深度 100～150mm，槽底坡度不小于 0.01，长度一般不大于 6m，排水口下设水封装置。小便槽通常采用手动启闭截止阀控制的多孔冲洗管进行冲洗，应尽量采用冲洗水箱。

二、盥洗、沐浴器具及安装

1．洗脸盆

洗脸盆设置在盥洗间、浴室、卫生间，一般为陶瓷制品。按其安装方式分为墙架式、立式、台式三种。其外形有长方形、半圆形、椭圆形和三角形。图 2-29 为台式洗脸盆的安装。

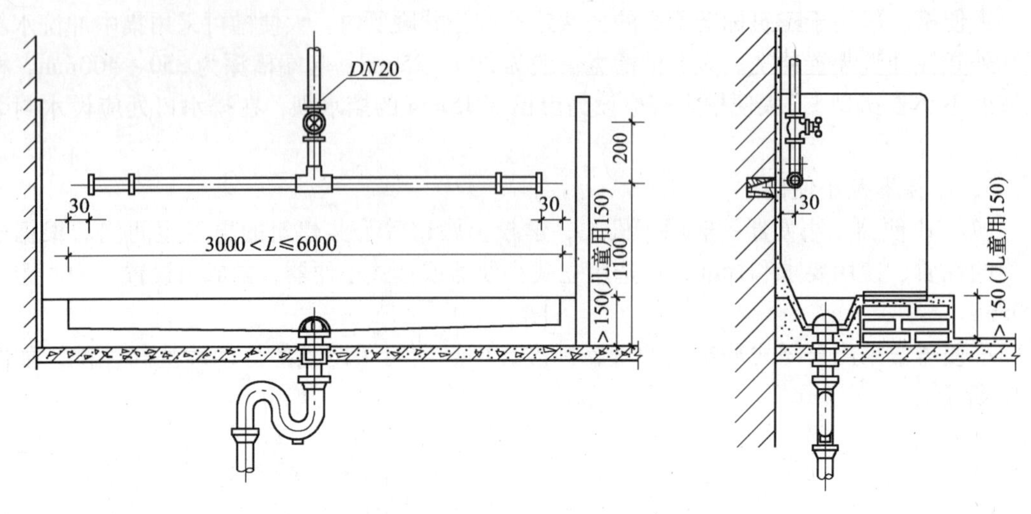

图 2-28　小便槽

2. 盥洗槽

盥洗槽一般设置在工厂生活间、集体宿舍等多人同时盥洗的场所。盥洗槽为现场砌筑的卫生器具，常用的材料为瓷砖、水磨石。形状有长条形和圆形。长方形盥洗槽的槽宽一般为500～600mm，配水龙头的间距为700mm，槽内靠墙的一侧设有泄水沟，槽长在3m以内可在槽的中部设一个排水栓，超过3m设两个排水栓。盥洗槽的安装见图2-31。图2-30为污水盆的安装。

3. 浴盆

浴盆设在住宅、宾馆等建筑的卫生间及公共浴室内。浴盆外形一般为长方形，材质有钢板搪瓷、玻璃钢、人造大理石等。根据不同的功能分为裙板式、扶手式、坐浴式、普通式等，安装见图2-32。

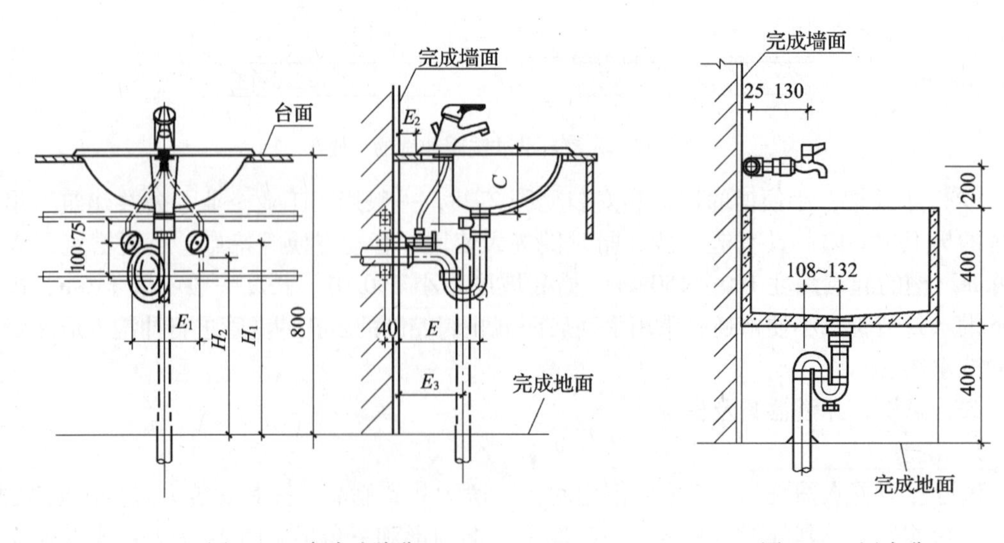

图 2-29　台式洗脸盆　　　　图 2-30　污水盆

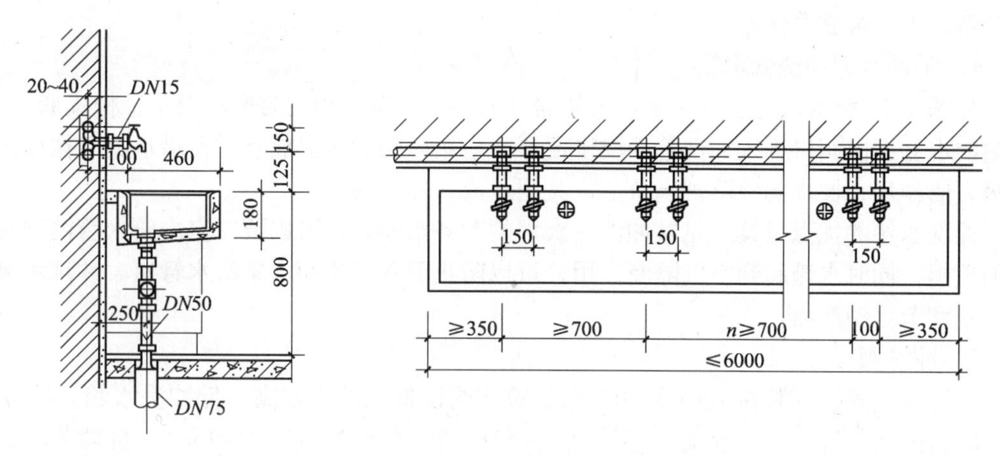

图 2-31　盥洗槽

4．淋浴器

淋浴器一般设置在工业企业生活间、集体宿舍及旅馆的卫生间内、体育场和公共浴室内。淋浴器与浴盆比较有占地面积小、使用人数多、设备费用低、耗水量小、清洁卫生等优点。成组设置时，相邻两喷头之间的距离为 900～1000mm，莲蓬头距地面高度为 2000～2200mm，浴室地面应有 0.005～0.01 的坡度坡向排水口。按配水阀门和装置的不同，分为普通式淋浴器、脚踏式淋浴器和光电淋浴器。淋浴器的安装见图 2-33。

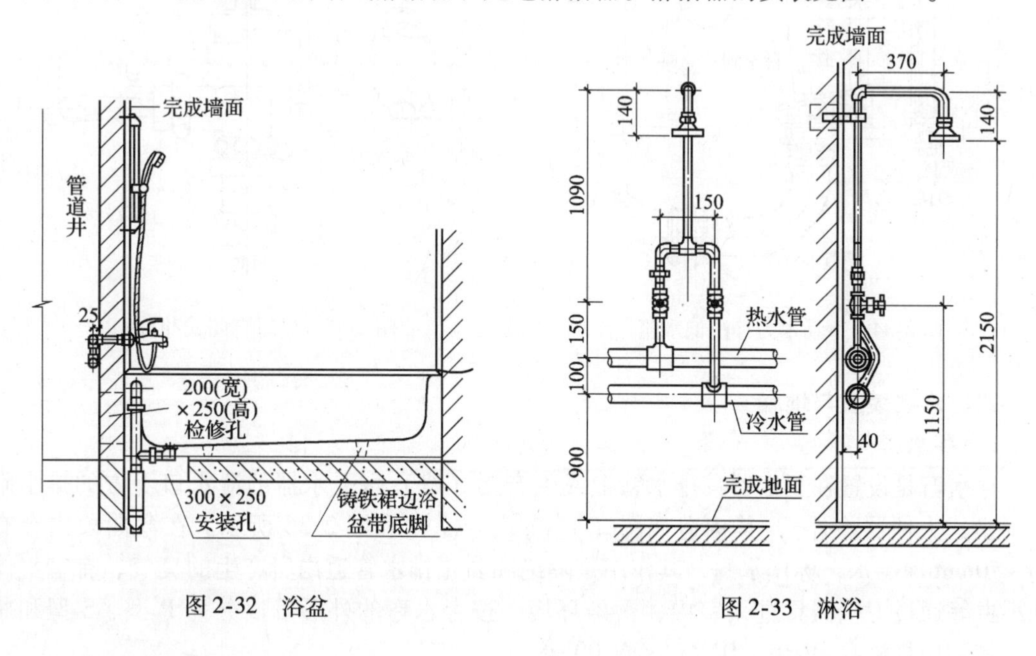

图 2-32　浴盆　　　图 2-33　淋浴

三、冲洗设备

便溺用卫生器具要求具有足够的压力水来冲洗污物，以保护其自身的洁净，所以需要设置冲洗设备。冲洗设备有冲洗水箱和冲洗阀两类。

冲洗水箱按冲洗水力原理分为冲洗式和虹吸式两类；按启动方式分为手动和自动两

种；按安装位置分为高水箱和低水箱。新型冲洗水箱多为虹吸式，它具有冲洗能力强，构造简单，工作可靠等优点。

1. 手动水力冲洗低水箱

如图2-34所示，是装设在坐式大便器上的冲洗设备，使用时搬动扳手，橡皮阀提起，箱内的水立即由阀口进入冲洗管冲洗坐便器，当箱内的水快要放空时，借水流对橡皮阀的抽吸力的作用，橡皮阀回落到阀口上，关闭水流，停止冲洗。

冲洗水箱的优点是具有足够冲洗一次用的贮备水容积，可以调节室内给水管网同时供水的负担，同时水箱起到空气隔断作用，可以防止因水回流而污染给水管道。冲洗水箱应选用新型节水型产品。

2. 冲洗阀

冲洗阀是直接安装在大便器冲洗管上的冲洗设备，可代替高、低冲洗水箱。图2-35为延时自闭式冲洗阀，具有流量可调（2~12L/s）、延时冲洗（2~15s）、自动关闭、节约用水和防止回流污染管网水质的功能。

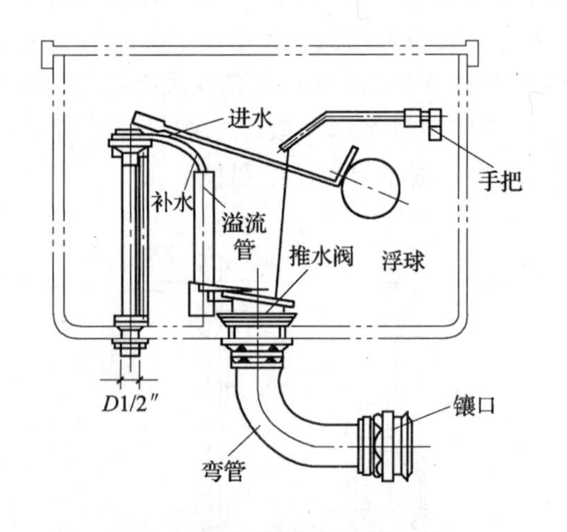

图2-34 手动水力冲洗低水箱

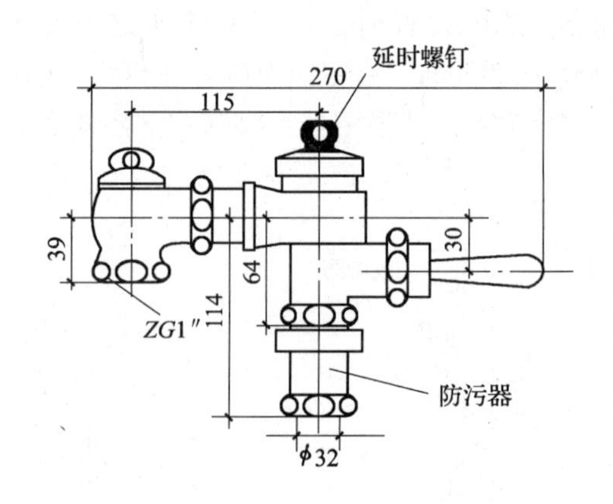

图2-35 延时自闭式冲洗阀

四、水封装置与地漏

1. 存水弯

存水弯是设置在卫生器具排水管上或生产污（废）水受水器的泄水口下方的排水附件（坐式大便器除外），其构造如图2-4（*g*）、（*h*）和图2-36所示。在弯曲段内存有60~70mm深的水，称作水封，其作用是隔绝和防止排水管道内所产生的臭气、有害气体和小虫等通过卫生器具进入室内，污染环境。按存水弯的外形可以分为P型、S型和瓶型，其常用规格有*DN*50、*DN*75、*DN*100等。

2. 地漏

地漏主要设置在厕所、浴室、盥洗室、卫生间及其他需要从地面排水的房间内，用以排除地面积水。地漏一般用铸铁或塑料制成，其构造有带水封和不带水封两种。图2-37为自带水封的地漏。

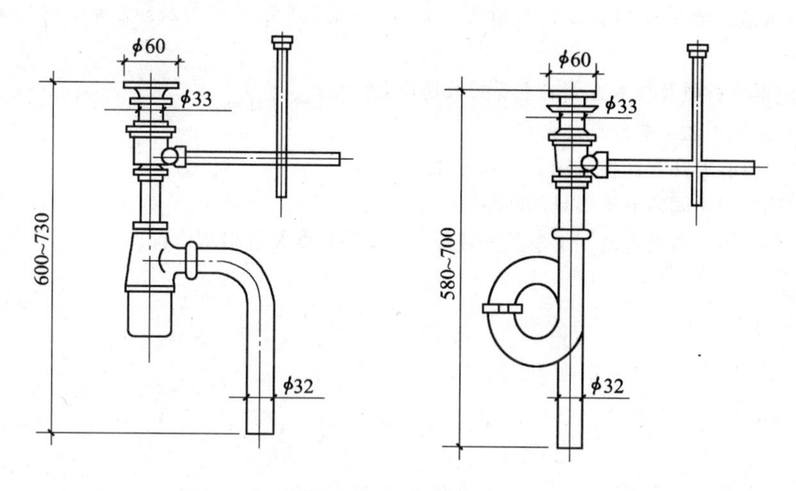

图 2-36　存水弯

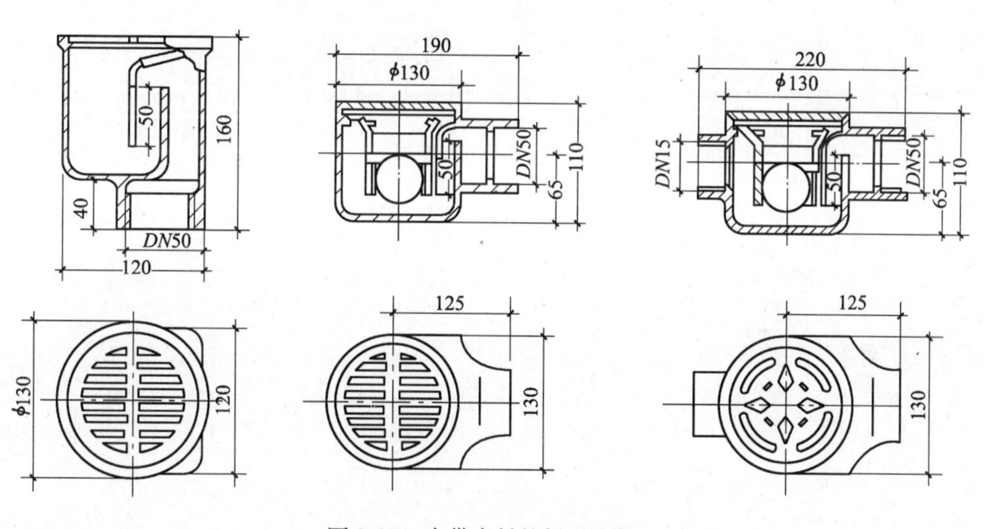

图 2-37　自带水封的新型地漏

地漏应设置在受水器具附近及地面的最低处，地漏箅子顶面应比地面低 5 ~ 10mm，地漏水封深不得小于 50mm，其周围地面应有不小于 0.01 的坡度坡向地漏。*DN*50 和 *DN*100 的地漏集水半径分别为 6m 和 12m 左右。

思考题与习题

1. 建筑内部给水常用的管材有哪几种？其主要特点是什么？
2. 建筑内部排水常用的管材有哪几种？其主要特点是什么？
3. 何为固定支架？何为滑动支架？其作用是什么？
4. 建筑内部给水附件有哪些？适用条件如何？
5. 建筑内部给水系统常用的水表有哪几种？各类水表主要性能参数有哪些？
6. 如何选用水表及计算水表的压力损失？
7. 住宅楼某单元共有 12 户，每户设 1 个分户水表。经计算每户给水设计流量为 1.56 m^3/h，住宅楼每单元设总水表，该单元总管设计流量为$25m^3/h$，试选择分户水表及总水表，并计算水表的压力损失。

8. 对卫生器具材质及技术方面的主要要求是什么？

9. 卫生器具按用途一般分哪几类？

10. 冲洗设备有哪几类？各适用于什么场合？

11. 如何确定卫生间内卫生器具的间距？

12. 熟悉各种卫生器具构造，了解其安装条件、安装高度及进出水位置、管径。

第三章　建 筑 给 水

第一节　建筑给水系统的分类与组成

建筑给水系统是将市政给水管网（或自备水源）中的水引入建筑内并输送到室内各配水龙头、生产机组和消防设备等用水点处，并满足各类用水设备对水质、水量和水压要求的冷水供应系统。

一、建筑给水系统的分类

建筑给水系统按照其用途可分为三类：

1．生活给水系统

供人们在居住、公共建筑和工业企业建筑内的饮用、烹饪、盥洗、洗涤、沐浴等日常生活用水的给水系统，其水质要求必须严格符合国家规定的《生活饮用水卫生标准》。

2．生产给水系统

因各种生产工艺的不同，生产给水系统种类繁多，主要用于各类产品生产过程中所需的用水、生产设备的冷却、原料和产品的洗涤及锅炉用水等。生产用水对水质、水量、水压及安全方面的要求随工艺要求的不同而有很大的差异。

3．消防给水系统

供居住建筑、公共建筑及生产车间消防用水的给水系统。消防用水对水质要求不高，但必须按照建筑防火设计规范的要求，保证供应足够的水量和维持一定的水压。

上述三类基本给水系统可以独立设置，也可以根据各类用户对水质、水量、水压等的不同要求，结合室外给水系统的实际情况，经技术经济比较或兼顾社会、经济、技术、环境等因素予以综合考虑，设置成组合各异的共用系统。如生活、生产共用给水系统；生活、消防共用给水系统；生产、消防共用给水系统；生活、生产、消防共用给水系统。

在工业企业内，给水系统比较复杂，且由于生产过程中所需水压、水质、水温等不同，又常常分设成数个单独的给水系统。为了节约用水，可将生产用水划分为循环使用、重复使用及循环和重复使用相结合的给水系统。

二、建筑给水系统的组成

一般情况下，建筑内部给水系统由下列各部分组成，如图 3-1 所示。

1．水源

指市政给水管网或自备水源。民用建筑的水源一般应以城镇自来水为首选，当采用自备水源供水时，其水质须符合《生活饮用水卫生标准》并报请当地卫生部门检测、批准后方可使用。

2．引入管

对一幢单独建筑物而言，引入管是室外给水管网与室内给水管网之间的联络管段，也称进户管。

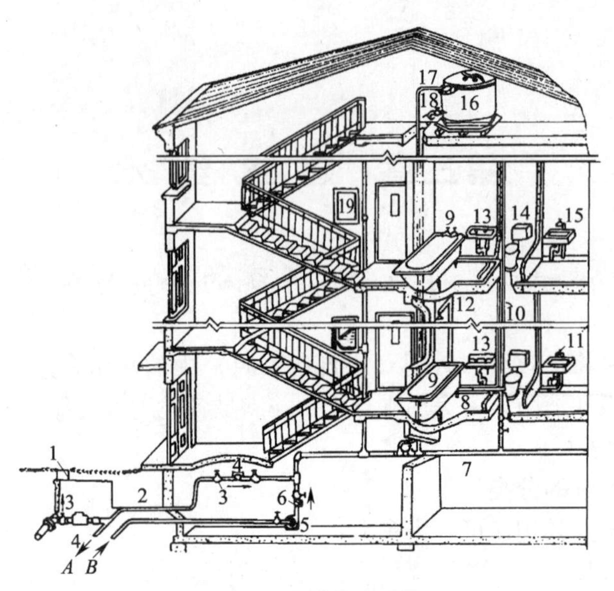

图 3-1 建筑给水系统

1—阀门井；2—引入管；3—闸阀；4—水表；5—水泵；6—止回阀；7—干管；8—支管；9—浴盆；10—立管；11—水龙头；12—淋浴器；13—洗脸盆；14—大便器；15—洗涤盆；16—水箱；17—进水管；18—出水管；19—消火栓；*A*—入贮水池；*B*—来自贮水池

3．水表节点

水表节点是指安装在引入管上的水表及其前后设置的阀门和泄水装置的总称。当建筑内部不允许间断供水时，水表节点还应设旁通管，旁通管上设有阀门。此处水表用以计量该幢建筑的总用水量。水表节点一般设在水表井中，如图 3-2 所示。温暖地区的水表井一般设在室外，寒冷地区的水表井宜设在不会冻结之处。

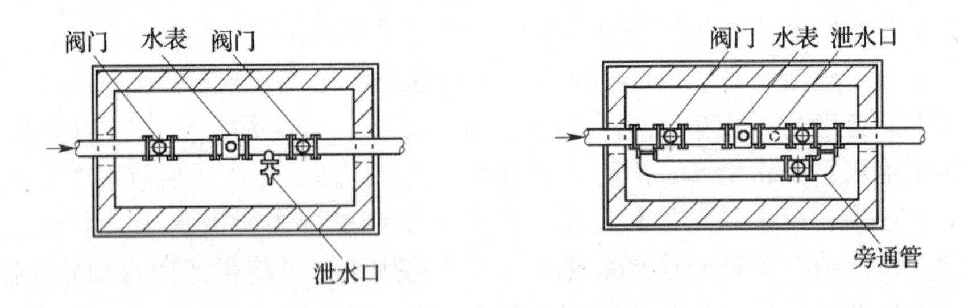

图 3-2 水表节点

建筑物内不同使用性质或不同水费单价的用水系统，应在引入管后分成各自独立给水管网，并分表计量。如在住宅类建筑内应安装分户水表，分户水表以前大都设在每户住家之内的分户支管上，可在表前设阀，以便局部关断水流；现在的趋势是将分户水表集中设在户外（容易读取数据处），即使水表设在室内，也宜采用智能化水表或 IC 卡水表进行远程计量。

4．给水管网

指建筑内部给水水平干管、立管和支管等。

5．给水附件

指管路上的各类阀门（控制阀、减压阀、止回阀等）及各式配水龙头、仪表等。

6. 增压和贮水设备

当室外给水管网水量、水压不足或建筑内部对供水安全性、水压稳定性有较高要求，以及在高层建筑中时，需设置的各种附属增压和贮水设备，如水泵、气压给水装置、变频调速给水装置、贮水池、水箱等。

7. 给水局部处理设施

当有些建筑对给水水质要求很高，或超出我国现行《生活饮用水卫生标准》或其他原因造成水质不能满足要求时，就需要设置一些水处理设备或构筑物进行给水深度处理。

8. 室内消防设备

按照建筑物的防火要求需要设置消防给水时，一般应设消火栓给水系统，有特殊要求时，还需专门设置自动喷水灭火系统或水幕灭火系统等。

第二节 建筑给水所需水压与供水方式

一、建筑给水系统所需水压

建筑给水系统所需的压力，必须能将需要的水量输送到建筑物内最不利点的用水设备处，并保证有足够的流出水头。

所谓流出水头是指各种配水龙头或用水设备，为获得规定的出水量（额定流量）而必须的最小压力。它是为供水时克服配水龙头内摩阻所需的静水压强，其规定见表 3-8。

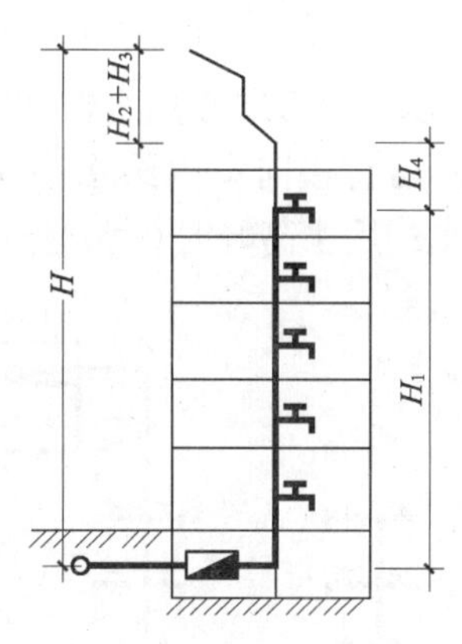

图 3-3 建筑给水系统所需水压

建筑给水所需水压的确定方法有两种：

1. 估算法

在初步设计过程中，对于住宅的生活给水系统，在未进行精确的计算之前，为了选择给水方式，通常按照建筑物的层数来粗略地估算自室外地面算起所需的最小保证压力值。一般一层建筑物为 100kPa；二层建筑物为 120kPa；三层及三层以上的建筑物，每增加一层增加 40kPa。对于引入管、室内管道较长或层高超过 3.5m 时，上述值应适当增加。

2. 计算法

建筑给水系统所需的水压，由图 3-3 分析可按下式计算：

$$H = H_1 + H_2 + H_3 + H_4 \tag{3-1}$$

式中 H——建筑给水系统所需的总水压，自室外引入管起点轴线算起，kPa；

H_1——引入管起点与管网最不利点之间的静水压差，kPa；

H_2——计算管路的沿程与局部水头损失之和，kPa；

H_3——水流通过水表的水头损失，kPa；

H_4——计算管路最不利配水点的流出水头，kPa。

计算法适用于在给水管道水力计算之后，应用该公式计算得出建筑物所需的总水头

H，校核初选的给水方式是否满足要求。

二、建筑给水系统的给水方式

建筑给水系统的给水方式即建筑供水方案，是指建筑给水系统的具体组成与具体布置方案。合理的供水方案，应根据建筑物的性质、高度、室外管网所能提供的水压、各种卫生器具和生产机组所需的压力及用水点的分布情况加以选择。

给水方式最基本的有如下几种：

1．直接给水方式

当室外给水管网提供的水量、水压在任何时候均能满足建筑内部用水需要时，直接把室外管网的水引到建筑内各用水点，称为直接给水方式，如图3-4所示。这种给水方式系统简单，能够充分利用外网水压，水质较好，故设计中应优先选用。某些用水点压力超过允许值时，应采取减压措施。

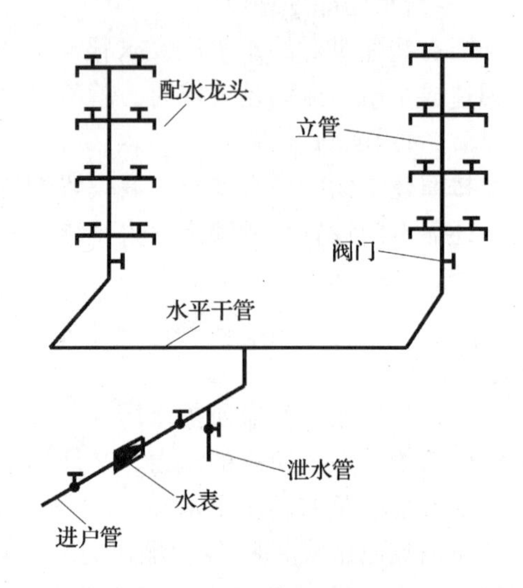

图3-4　直接给水方式

2．单设水箱的给水方式

当室外给水管网提供的水压只是在用水高峰时出现不足时，或者建筑内要求水压稳定，以及外网压力过高时，可采用这种方式，如图3-5所示。该方式在用水低谷时，利用室外给水管网水压直接向室内给水系统供水并同时向水箱进水；用水高峰时，水箱向室内给水系统供水，从而达到调节水压和水量的目的。

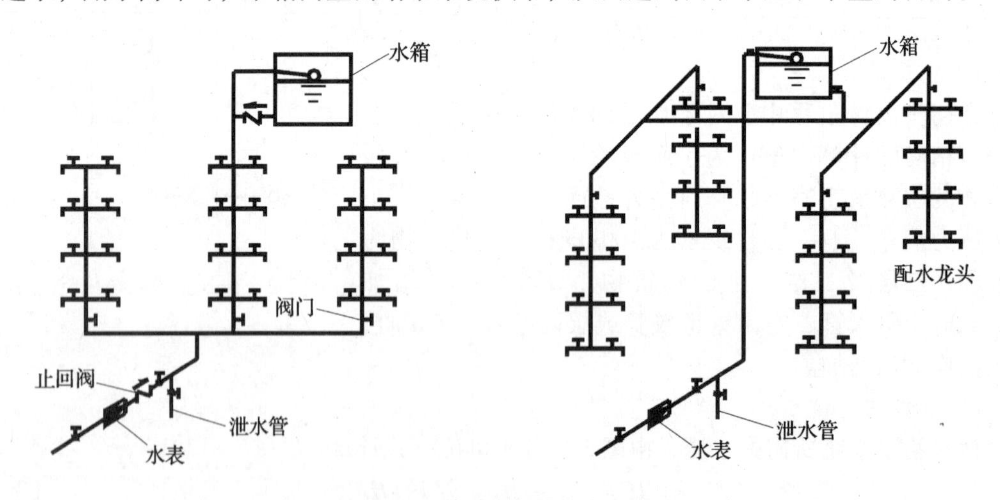

图3-5　单设水箱的给水方式

3．单设水泵的给水方式

当室外给水管网的水压经常不足，并且建筑物顶部不宜设置高位水箱时，可采用此方式。当建筑内用水量大且较均匀时，可用恒速水泵供水，如图3-6所示；当建筑内用水量大且不均匀时，为了降低电耗，提高水泵工作效率，可考虑采用变频调速给水装置进行供水，详见（本章第八节）。

值得注意的是，因水泵直接从室外管网抽水，有可能使外网压力降低，影响外网上其他用户用水。因此，采用这种方式，必须征得供水部门的同意，并在管道连接处采取必要的防护措施，以防污染。

4. 设置水泵和水箱的给水方式和设置贮水池、水泵及水箱的给水方式

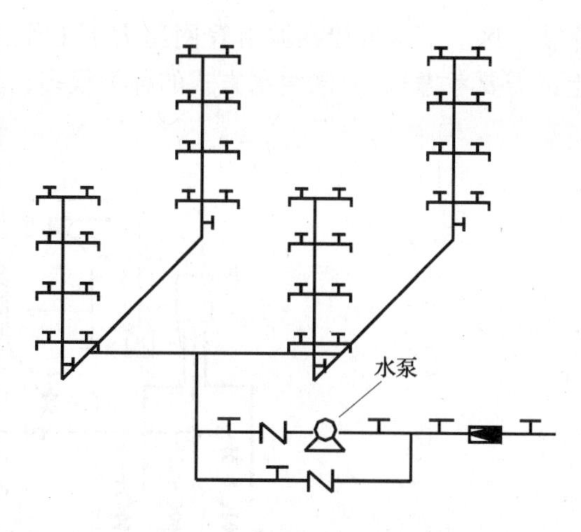

图 3-6 单设水泵的给水方式

当室外给水管网的水压低于或周期性低于建筑内部给水管网所需水压，室内用水不均匀，且室外管网允许直接抽水时，可采用水泵和水箱联合工作的给水方式，如图 3-7 所示。这种给水方式由于水泵可及时向水箱充水，使水箱容积大为减小；又因水箱的调节作用，水泵出水量稳定，可以使水泵在高效率下工作；并可实现水泵根据水箱水位自动启闭，当室外管网不允许直接抽水时，可在上述给水方式基础上，增设贮水池，采用设置贮水池、水泵和水箱联合工作的给水方式，如图 3-8 所示。

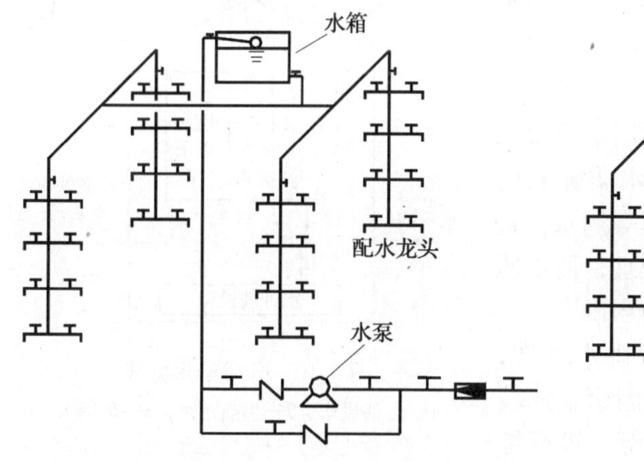

图 3-7 设水泵和水箱的给水方式

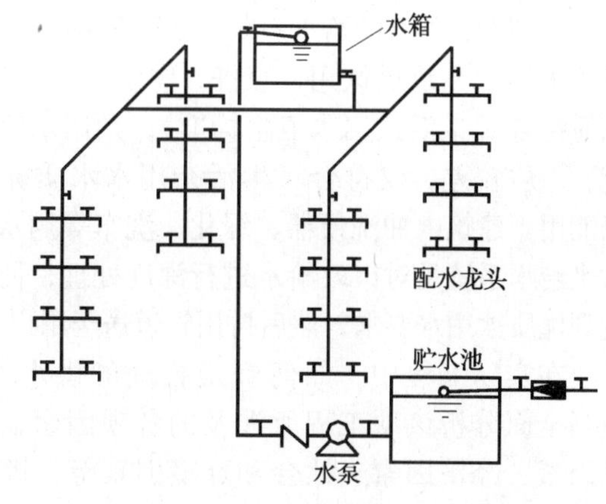

图 3-8 设贮水池、水泵和水箱的给水方式

5. 设置气压给水装置的给水方式

当室外给水管网压力低于或经常不能满足室内所需水压、室内用水不均匀、且不宜设置高位水箱时可采用此方式，该方式即在给水系统中设置气压给水设备，利用该设备气压罐内气体的可压缩性，协同水泵增压供水，如图 3-9 所示。气压水罐的作用相当于高位水箱，但其安装位置灵活，可根据需要设在高处或低处。这种给水方式的调节能力较小，一般不适宜用在供水规模大的场所，对于变压式气压供水方式会造成室内给水管网的压力波动大，所以要注意在最高工作压力时最低用水点处的压力不会损坏给水配件，在最低工作压力时最高用水点处的压力能满足使用要求。

6. 分区给水方式

在层数较多的建筑物中，室外给水管网水压往往只能供到建筑物下面几层，而不能供到建筑物上层时，为了充分有效地利用室外管网的水压，常将建筑物给水系统分成上下两

个供水区。下区直接在城市管网压力下工作，上区则由水泵水箱联合供水（水泵水箱按上区需要考虑）。分区给水方式的种类很多，具体见本章第九节。

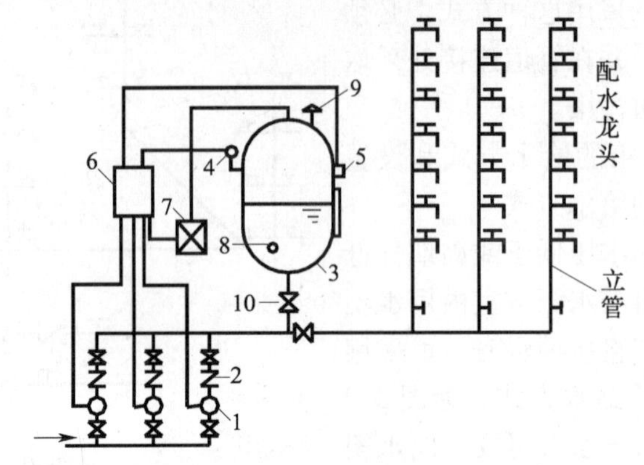

图 3-9　设置气压给水装置的给水方式

1—水泵；2—止回阀；3—气压水罐；4—压力信号器；5—液位信号器；6—控制器；7—补气装置；8—排气阀；9—安全阀；10—阀门

7. 分质给水方式

分质给水方式是根据不同用途所需的不同水质，分别设置独立的给水系统，如图 3-10 所示。如饮用水给水系统供饮用、烹饪、盥洗等生活用水，水质符合《生活饮用水卫生标准》；杂用水给水系统，水质较差，仅符合《生活杂用水水质标准》，只能用于建筑内冲洗便器、绿化、洗车等用水；直饮水给水系统是对市政给水进行深度处理，使水质达到优质饮用水要求，然后再用管道送至用户。

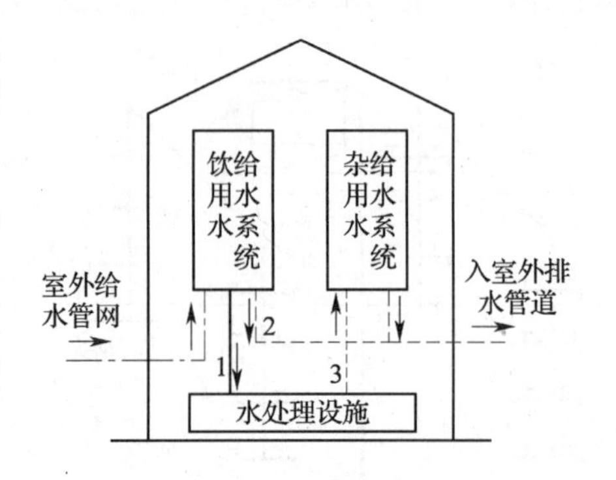

图 3-10　分质给水方式

1—生活废水；2—生活污水；3—杂用水

在实际工程中，如何确定合理的供水方案，应当全面分析该项工程所涉及的各项因素，如技术因素、经济因素、社会和环境因素等，进行综合评定而确定，并应尽量利用室外管网的水压直接供水，当水压不能满足要求时则设加压装置。当采用升压供水方案时，应充分利用室外管网水压的原则，确定升压供水范围。

由于建筑物（群）情况各异、条件不同，供水可采用一种方式，也可采用多种方式的组合，应力求以最简便的管路，经济、合理、安全地达到供水要求。

第三节　建筑给水管道的布置与敷设

给水管道的布置与敷设，必须深入了解该建筑物的建筑和结构的设计情况、使用功能、其他建筑设备（电气、采暖、空调、通风、燃气、通信等）的设计方案，兼顾消防给水、热水供应、建筑中水、建筑排水等系统，进行综合考虑。

一、给水管道的布置

建筑物的给水引入管，从配水平衡和供水可靠考虑，宜从建筑物用水量最大处或尽量靠近不允许间断供水处引入；当建筑物内卫生用具布置比较均匀时，应在建筑物中央部分引入，以缩短管网向不利点的输水长度，减少管网的水头损失。引入管一般设置一条，当建筑物不允许间断供水时，需要设置两条，并应由城市环形管网的不同侧引入；若必须同侧引入时，两根引入管间的距离不得小于15m，并应在两条引入管之间的室外给水管上设置阀门。

建筑物内给水管网的布置，应根据建筑物性质、使用要求和用水设备等因素确定，一般应充分利用外网压力，以最短的距离输水，给水干管宜靠近用水量大或不允许间断供水的用水点，不影响建筑的使用和美观。管道宜沿墙、梁、柱布置，一般可设置在管井、吊顶内或墙角边。对于塑料、铝塑复合管的给水立管距灶边的净距不得小于0.4m，距燃气热水器的边缘不得小于0.2m，与供暖管的净距不得小于0.2m，当条件不许可时应加隔热防护措施。塑料给水管直线长度大于20m时，应采取补偿管道胀缩的措施。在管道井中布置管道时，要排列有序。管道井的尺寸，应根据管道数量、管径大小、排列方式、维修条件，结合建筑平面和结构形式等合理确定。需进人维修管道的管道井，其工作通道净宽不宜小于0.6m。管道井的井壁、隔断和检修门的耐火极限应符合消防规范规定。管道井每两层应有横向隔断（建筑高度超过100m时，应每层设置），检修门宜开向走廊。

工厂车间内的给水管道架空布置时，应不妨碍生产操作、生产安全、交通运输和建筑物的使用，不得穿越配电间，以免因渗漏造成电气设备故障或短路；不得布置在遇水能引起燃烧、爆炸或损坏的设备、产品和原料的上方；还应避免在生产设备的上方通过。在管道直埋地下时，应当避免被重物压坏或被设备振坏；不允许管道穿过设备基础，特殊情况下，应同有关专业协商处理。

建筑内部给水管道不得敷设在烟道、风道、电梯井和排水沟内；不宜穿越橱窗、壁柜、木装修，不宜穿越建筑物的伸缩缝、防震缝和沉降缝，当必须穿过时，要采取相应的措施。

室内给水管道按水平干管的敷设位置又可分为上行下给、下行上给、中分式三种形式。干管设在顶层顶棚下、吊顶内或技术夹层中，由上向下供水的为上行下给式，适用于设置高位水箱的居住与公共建筑和地下管线较多的工业厂房。干管埋地、设在底层或地下室中，由下向上供水的为下行上给式，适用于利用室外给水管网水压直接供水的工业与民用建筑。水平干管设在中间技术层内或中间某层吊顶内，由中间向上、下两个方向供水的为中分式，适用于屋顶用作露天茶座、舞厅或设有中间技术层的高层建筑。同一幢建筑的给水管网也可同时兼有以上两种形式。

二、给水管道的敷设

1. 敷设形式

给水管道的敷设形式有明装、暗装两种形式。明装即管道外露，其优点是安装维修方便，造价低。但外露的管道影响美观，表面易结露、积尘。一般用于对卫生、美观没有特殊要求的建筑。暗装即管道隐蔽，如敷设在管道井、技术层、管沟、墙槽、顶棚或夹壁墙中，直接埋地或埋在楼板的垫层里，其优点是管道不影响室内的美观、整洁，但施工复杂，维修困难，造价高。适用于对卫生、美观要求较高的建筑如宾馆、高级公寓和要求无尘、洁净的车间、实验室、无菌室等。

2. 敷设要求

引入管进入建筑内，一种情况是从建筑物的浅基础下通过，另一种情况是穿越承重墙或基础，其敷设方法见图3-11所示。引入管穿地下室外墙或基础时，应预留洞口，管顶上部净空高度不得小于建筑物的沉降量，一般不小于0.1m，并应采取防水措施，预埋柔性或刚性防水套管，套管与管壁之间应做可靠的防渗填堵，充填不透水的弹性材料。引入管应有不小于0.003的坡度坡向室外给水管网或阀门井、水表井；引入管的拐弯处应设支墩。

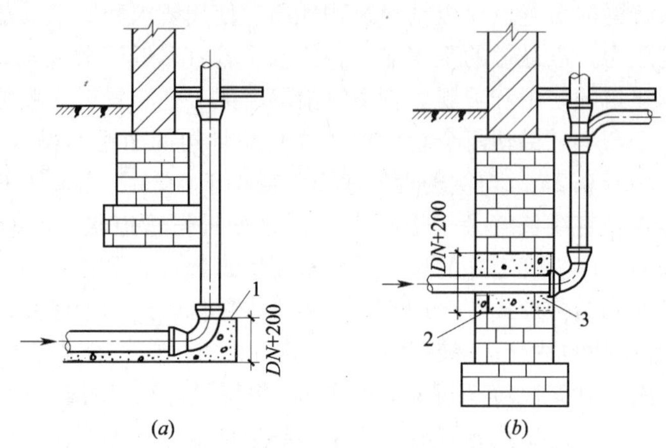

图3-11 引入管进入建筑物

（a）从浅基础下通过；（b）穿基础

1—C15混凝土支座；2—黏土；3—M5水泥砂浆封口

给水横干管宜敷设在地下室、技术层、吊顶或管沟内，宜有0.002~0.005的坡度坡向泄水装置；立管可敷设在管道井内；给水管道与其他管道同沟或共架敷设时，宜敷设在排水管、冷冻管的上面或热水管、蒸汽管的下面；给水管不宜与输送易燃、可燃或有害的液体或气体的管道同沟敷设。

给水横管穿承重墙或基础、立管穿楼板时均应预留孔洞并设套管。暗装管道在墙中敷设时，也应预留墙槽，以免临时打洞、刨槽影响建筑结构的强度。管道预留孔洞和墙槽的尺寸，详见表3-1。横管穿过预留洞时，管顶上部净空不得小于建筑物的沉降量，以保护管道不致因建筑沉降而损坏，其净空一般不小于0.10m。

给水管预留孔洞（或套管）尺寸 **表3-1**

管道名称	穿楼板	穿屋面	穿（内）墙	备注
PVC-U管	孔洞大于管外径50~100mm		与楼板同	
PVC-C管	套管内径比管外径大50mm		与楼板同	为热水管
PP-R管			孔洞比外径大50mm	
PEX管	孔洞宜大于管外径70mm，套管内径不宜大于管外径50mm	与楼板同	与楼板同	
PAP管	孔洞或套管的内径比管外径大30~40mm	与楼板同	与楼板同	
铜管	孔洞比管外径大50~100mm		与楼板同	
薄壁不锈钢管	（可用塑料套管）	（须用金属套管）	孔洞比管外径大50~100mm	
钢塑复合管	孔洞尺寸为管道外径加40mm	与楼板同		

第四节　给水用水量标准

建筑内用水包括生活、生产和消防用水三部分。

消防用水具有偶然性，其用水量视火灾情形而定，计算方法详见第四章。生产用水量根据地区条件、工艺过程、设备情况、产品性质等因素，按消耗在单位产品上的水量或单位时间内消耗在生产设备上的水量计算确定。生活用水是满足人们生活需要所消耗的用水，其用水量受当地气候、建筑物使用性质、卫生器具和用水设备的完善程度、使用者的生活习惯及水价等因素的影响，一般不均匀。

对于生活用水，应根据现行的《建筑给水排水设计规范》作为依据，进行计算。规范中规定的用水定额见表3-2至3-4。附设在民用建筑中的停车库，可按10%～15%轿车车位计抹车用水，轿车抹车用水定额为10～15L/(辆·次)。

住宅最高日生活用水定额及小时变化系数　　**表3-2**

住宅类型		卫生器具设置标准	用水定额（最高日）[L/(人·d)]	小时变化系数
普通住宅	Ⅰ	有大便器、洗涤盆	85～150	3.0～2.5
普通住宅	Ⅱ	有大便器、洗脸盆、洗涤盆和洗衣机、热水器和沐浴设备	130～300	2.8～2.3
普通住宅	Ⅲ	有大便器、洗脸盆、洗涤盆、洗衣机、家用热水机组或集中热水供应和沐浴设备	180～320	2.5～2.0
高级住宅、别墅		有大便器、洗脸盆、洗涤盆、洗衣机、洒水栓、家用热水机组和沐浴设备	200～350	2.3～1.8

注：1. 当地主管部门对住宅生活用水标准有规定的，按当地规定执行。
2. 别墅用水定额中含庭院绿化用水，汽车抹车水。

集体宿舍、旅馆和其他公共建筑的生活用水定额及小时变化系数　　**表3-3**

序号	建筑物名称及卫生器具设置标准	单　位	最高日生活用水定额（L）	小时变化系数	每日使用时间（h）	备　注
1	单身职工宿舍、学生宿舍、招待所、培训中心、普通旅馆					
	设公用盥洗室	每人每日	50～100	3.0～2.5	24	
	设公用盥洗室、淋浴室	每人每日	80～130	3.0～2.5	24	
	设公用盥洗室、淋浴室、洗衣室	每人每日	100～150	3.0～2.5	24	
	设单独卫生间、公用洗衣室	每人每日	120～200	3.0～2.5	24	
2	宾馆客房					
	旅客	每床位每日	250～400	2.5～2.0	24	
	员工	每人每日	80～100	2.5～2.0	24	

续表

序号	建筑物名称及卫生器具设置标准	单　位	最高日生活用水定额（L）	小时变化系数	每日使用时间（h）	备　注
3	医院住院部 设公用盥洗室 设公用盥洗室、淋浴室 设单独卫生间 医务人员 门诊部、诊疗所 疗养院、休养所住房部	 每床位每日 每床位每日 每床位每日 每人每班 每病人每次 每床位每日	 100～200 150～250 250～400 150～250 10～15 200～300	 2.5～2.0 2.5～2.0 2.5～2.0 2.0～1.5 1.5～1.2 2.0～1.5	 24 24 24 8 8～12 24	
4	养老院托老所 全托 日托	 每人每日 每人每日	 100～150 50～80	 2.5～2.0 2.0	 24 10	
5	幼儿园、托儿所 有住宿 无住宿	 每儿童每日 每儿童每日	 50～100 30～50	 3.0～2.5 2.0	 24 10	
6	教学、实验楼 中小学校 高等院校	 每学生每日 每学生每日	 20～40 40～50	 1.5～1.2 1.5～1.2	 8～9 8～9	
7	办公楼	每人每班	30～50	1.5～1.2	8～10	
8	商场 员工及顾客	每平方米营业厅 面积每日	5～8	1.5～1.2	12	
9	公共浴室 淋浴 淋浴、浴盆 桑拿浴（淋浴、按摩池）	 每顾客每次 每顾客每次 每顾客每次	 100 120～150 150～200	 2.0～1.5 	 12 12 12	
10	理发室、美容院	每顾客每次	40～100	2.0～1.5	12	
11	洗衣房	每公斤干衣	40～80	1.5～1.2	8	
12	餐饮业 中餐酒楼 快餐店、职工及学生食堂 酒吧、咖啡厅、茶座、卡拉OK房	 每顾客每次 每一顾客每次 每一顾客每次	 40～60 20～25 5～15	 1.5～1.2 1.5～1.2 1.5～1.2	 10～12 12～16 8～18	
13	电影院、剧院	每观众每场	3～5	1.5～1.2	3	
14	会议厅	每座位每次	6～8	1.5～1.2	4	
15	体育场 运动员淋浴 观众	 每人每次 每人每场	 30～40 （50） 3	 3.0～2.0 1.2	 4	
16	健身中心	每人每次	30～50	1.5～1.2	8～12	
17	停车库地面冲洗用水	每平方米每次	2～3	1.0	6～8	
18	客运站旅客、展览中心观众	每人次	3～6	1.5～1.2	8～16	
19	菜市场冲洗地面及保鲜用水	每平方米每日	10～20	2.5～2.0	8～10	

注：1. 除养老院、托儿所、幼儿园的用水定额中含食堂用水，其他均不含食堂用水。
2. 除注明外，均不含员工用水，员工用水定额每人每班40～60L。
3. 医疗建筑用水中已含医疗用水。
4. 空调用水应另计。

工业企业建筑生活、淋浴用水定额 **表 3-4**

<table>
<tr><td colspan="3">生活用水定额［L/(班・人)］</td><td>小时变化系数</td><td>注</td></tr>
<tr><td>管理人员</td><td colspan="2">40～60</td><td rowspan="2">1.5～2.5</td><td rowspan="2">每班工作时间以8h计</td></tr>
<tr><td>车间工人</td><td colspan="2">30～50</td></tr>
<tr><td colspan="4">工业企业建筑淋浴用水定额</td><td rowspan="7">淋浴用水延续时间为1h</td></tr>
<tr><td colspan="3">车间卫生特征</td><td rowspan="2">每人每班淋浴用水定额（L）</td></tr>
<tr><td>有毒物质</td><td>生产性粉尘</td><td>其　他</td></tr>
<tr><td>极易经皮肤吸收引起中毒的剧毒物质（如有机磷、三硝基甲苯、四乙基铅等）</td><td></td><td>处理传染性材料、动物原料（如皮毛等）</td><td rowspan="2">60</td></tr>
<tr><td>易经皮肤吸收或有恶臭的物质，或高毒物质（丙烯腈、吡啶、苯酚等）</td><td>严重污染全身或对皮肤有刺激的粉尘（如碳黑、玻璃棉等）</td><td>高温作业、井下作业</td></tr>
<tr><td>其他毒物</td><td>一般粉尘（如棉尘）</td><td>重作业</td><td rowspan="2">40</td></tr>
<tr><td colspan="3">不接触有毒物质及粉尘、不污染或轻度污染身体（如仪表、金属冷加工、机械加工等）</td></tr>
</table>

第五节　给水设计流量

一、最高日用水量与最大时用水量

1. 最高日用水量

建筑内生活用水的最高日用水量可按公式（3-2）计算，最高日用水量一般在确定贮水池（箱）容积过程中使用。

$$Q_d = \frac{mq_d}{1000} \tag{3-2}$$

式中　Q_d——最高日用水量，m^3/d；

m——用水单位数（人数、床位数等）；

q_d——最高日生活用水定额，L/(人・d)、L/(床・d)。

2. 最高日最大时用水量

根据最高日用水量可算出最高日最大时用水量：

$$Q_h = \frac{Q_d}{T}K_h = Q_p K_h \tag{3-3}$$

式中　Q_h——最高日最大时用水量，m^3/h；

T——建筑物内每天用水时间，h；

Q_p——最高日平均小时用水量，m^3/h；

K_h——小时变化系数。

最高日最大时用水量一般用于确定水泵流量和高位水箱容积等，也用于市政给水管网和建筑小区给水管道的设计计算。对于单个建筑物，根据最大时用水量来选择设备，能够满足要求。但因为室内配水不均匀性规律不同于小时变化系数，因此，计算室内给水管道还需要建立设计秒流量公式。

二、设计秒流量

给水管道的设计流量是确定各管段管径、计算管路水头损失、进而确定给水系统所需压力的主要依据。因此，设计流量的确定应符合建筑内的用水规律。建筑内的生活用水量在一定时间段（如1昼夜，1小时）里是不均匀的，为了使建筑内瞬时高峰的用水都得到保证，其设计流量应为建筑内卫生器具配水最不利情况组合出流时的瞬时高峰流量，此流量又称设计秒流量。

建筑内给水管道设计秒流量的确定方法，世界各国都作了大量的研究，归纳起来有3种：一是平方根法（计算结果偏小）；二是经验法（简捷方便，但不够精确）；三是概率法（理论方法正确，但需在合理地确定卫生器具设置定额、进行大量卫生器具使用频率实测工作的基础上，才能建立正确的公式）。目前，一些发达国家主要采用概率法建立设计秒流量公式，然后又结合一些经验数据，制成图表供设计使用，十分简便。我国现行《建筑给排水设计规范》对住宅的设计秒流量采用了以概率法为基础的计算方法，对用水分散型公共建筑采用平方根法计算，对公共浴室、食堂等用水密集型公共建筑和工企卫生间采用经验法计算。

在设计秒流量的计算中，采用了卫生器具给水当量数的概念，以简化计算。它是将安装在污水盆上直径为15mm的球型阀配水龙头的额定流量0.2L/s作为一个给水当量，其他卫生器具的给水额定流量与它的比值，即为该卫生器具的给水当量。这样，便可把某一管段上不同类型卫生器具的流量换算成当量值，便于设计秒流量的计算。表3-8列出了各种卫生器具的给水额定流量、给水当量，以及所需的最低工作压力。

1. 住宅建筑生活给水管道的设计秒流量计算。住宅建筑的生活给水管道的设计秒流量按下列步骤和方法计算：

（1）根据住宅配置的卫生器具给水当量、使用人数、用水定额、使用时数及小时变化系数，按（3-4）式计算出最大用水时卫生器具给水当量平均出流概率：

$$U_0 = \frac{q_0 m K_h}{0.2 \cdot N_g \cdot T \cdot 3600}(\%) \tag{3-4}$$

式中 U_0——生活给水管道的最大用水时卫生器具给水当量平均出流概率，%；

q_0——最高用水日的用水定额，按表3-2取用；

m——每户用水人数；

K_h——小时变化系数，按表3-2取用；

N_g——每户设置的卫生器具给水当量总数；

T——用水时数，h；

0.2——一个卫生器具给水当量的额定流量。L/s。

使用上述公式时，可能由于取值的不同，使U_0的计算值产生过大偏差，可参考表3-5所列出的住宅生活给水管道的最大时卫生器具平均出流概率参考值。

对于住宅建筑，由于户型标准的不同，会有不同的平均出流概率U_0值。即当给水干管连接有两条或两条以上给水支管，而各个给水支管的最大用水时卫生器具给水当量平均出流概率U_0具有不同的数值时，该给水干管的最大用水时卫生器具给水当量平均出流概率应按加权平均法计算：

$$\overline{U}_0 = \frac{\sum U_{0i} N_{gi}}{\sum N_{gi}} \quad (3\text{-}5)$$

式中 $\overline{U}_0$——给水干管最大用水时卫生器具给水当量平均出流概率；

U_{0i}——支管的最高用水时卫生器具给水当量平均出流概率；

N_{gi}——相应支管的卫生器具给水当量总数。

住宅的卫生器具给水当量最大用水时平均出流概率参考值（%）　　表 3-5

建筑物性质	普通住宅			别　墅
	Ⅰ型	Ⅱ型	Ⅲ型	
U_0参考值	3.0～4.0	2.5～3.5	2.0～2.5	1.5～2.0

（2）根据计算管段上的卫生器具给水当量总数计算得出给水管段的卫生器具给水当量出流概率 U。

$$U = \frac{1 + \alpha_c (N - 1)^{0.49}}{\sqrt{N_g}} (\%) \quad (3\text{-}6)$$

式中 U——计算管段的卫生器具给水当量同时出流概率,%；

α_c——对应于不同 U_0的系数，查表 3-6 选用；

N_g——每户设置的卫生器具给水当量总数。

给水管段卫生器具给水当量同时出流概率计算式中系数 α_c取值表　　表 3-6

U_0（%）	1.0	1.5	2.0	2.5	3.0	3.5
α_c	0.00323	0.00697	0.01097	0.01512	0.01939	0.02374
U_0（%）	4.0	4.5	5.0	6.0	7.0	8.0
α_c	0.02816	0.03263	0.03715	0.04629	0.05555	0.06489

（3）根据计算管段的卫生器具给水当量同时出流概率 U，按下式得出计算管段的设计秒流量值。

$$q_g = 0.2 \cdot U \cdot N_g \quad (3\text{-}7)$$

式中 q_g——计算管段设计秒流量，L/s；

U——计算管段的卫生器具给水当量同时出流概率,%；

N_g——计算管段的卫生器具给水当量总数。

进行工程设计时，为了计算快捷、方便，可以在计算出 U_0后，根据计算管段的 N_g值查附表 A 可直接查出设计秒流量。

2. 集体宿舍、旅馆、宾馆、医院、疗养院、幼儿园、养老院、办公楼、商场、客运站、会展中心、中小学教学楼、公共厕所等建筑的生活给水设计秒流量计算。该类建筑为用水分散型公共建筑，设计秒流量按下式计算：

$$q_g = 0.2 \cdot \alpha \sqrt{N_g} \quad (3\text{-}8)$$

式中 q_g——计算管段设计秒流量，L/s；

α——根据建筑用途而定的系数，按表 3-7 选用；

N_g——计算管段上卫生器具给水当量总数，按表 3-8 进行累加。

当按上式计算出的q_g小于该管段上1个最大卫生器具的给水额定流量时，应以该管段上1个最大卫生器具的给水额定流量作为设计秒流量；当计算出的q_g大于该管段上卫生器具给水额定流量的累加值时，应以该管段上卫生器具给水额定流量累加值作为设计秒流量。一般在当量总数N_g较小（大都在12以下）时，可能出现上述两种情况。

设有大便器延时自闭冲洗阀的给水管段，大便器延时自闭冲洗阀的给水当量以0.5（即大便器冲洗水箱浮球阀的给水当量）计，并将计算结果附加1.1L/s的附加流量后作为管段的设计秒流量。

根据建筑物用途而定的系数值 **表3-7**

建筑物名称	α值	建筑物名称	α值
幼儿园、托儿所、养老院	1.2	医院、疗养院、休养所	2.0
门诊部、诊疗所	1.4	集体宿舍、旅馆、招待所、宾馆	2.5
办公楼、商场	1.5		
学校	1.8	客运站、会展中心、公共厕所	3.0

3. 工业企业生活间、公共浴室、职工食堂或营业餐馆的厨房、体育场馆、运动员休息室、剧院的化妆间、普通理化实验室等建筑的生活给水管道的设计秒流量计算。该类建筑为用水密集型建筑，设计秒流量按下式计算：

$$q_g = \sum q_0 \cdot n_0 \cdot b \tag{3-9}$$

式中 q_g——计算管段的给水设计秒流量，L/s；

q_0——同一类型的1个卫生器具给水额定流量，L/s；

n_0——同一类型卫生器具数；

b——卫生器具的同时给水百分数，按表3-9、3-10、3-11采用。

卫生器具的给水额定流量、当量、连接管公称管径和最低工作压力 **表3-8**

序号	给水配件名称	额定流量（L/s）	当　量	公称管径（mm）	最低工作压力（MPa）
1	洗涤盆、拖布盆、盥洗槽				
	单阀水嘴	0.15~0.20	0.75~1.00	15	0.050
	单阀水嘴	0.30~0.40	1.5~2.00	20	
	混合水嘴	0.15~0.20（0.14）	0.75~1.00（0.70）	15	
2	洗脸盆				
	单阀水嘴	0.15	0.75	15	0.050
	混合水嘴	0.15（0.10）	0.75（0.5）	15	
3	洗手盆				
	单阀水嘴	0.10	0.5	15	0.050
	混合水嘴	0.15（0.10）	0.75（0.5）	15	
4	浴盆				
	单阀水嘴	0.20	1.0	15	0.050
	混合水嘴（含带淋浴转换器）	0.24（0.20）	1.2（1.0）	15	0.050~0.070

续表

序号	给水配件名称	额定流量（L/s）	当　量	公称管径（mm）	最低工作压力（MPa）
5	淋浴器 　混合阀	 0.15（0.10）	 0.75（0.5）	 15	 0.050～0.100
6	大便器 　冲洗水箱浮球阀 　延时自闭式冲洗阀	 0.10 1.20	 0.50 6.00	 15 25	 0.020 0.100～0.150
7	小便器 　手动或自动自闭式冲洗阀 　自动冲洗水箱进水阀	 0.10 0.10	 0.50 0.50	 15 15	 0.050 0.020
8	小便槽穿孔冲洗管（每米长）	0.05	0.25	15～20	0.015
9	净身盆冲洗水嘴	0.10（0.07）	0.50（0.35）	15	0.050
10	医院倒便器	0.20	1.00	15	0.050
11	实验室化验水嘴（鹅颈） 　单联 　双联 　三联	 0.07 0.15 0.20	 0.35 0.75 1.00	 15 15 15	 0.020 0.020 0.020
12	饮水器喷嘴	0.05	0.25	15	0.050
13	洒水栓	0.40 0.70	2.00 3.50	20 25	0.050～0.100 0.050～0.100
14	室内地面冲洗水嘴	0.20	1.00	15	0.050
15	家用洗衣机水嘴	0.20	1.00	15	0.050

注：1. 表中括弧内的数值系在有热水供应时，单独计算冷水或热水时使用。
2. 当浴盆上附设淋浴器时，或混合水嘴有淋浴器转换开关时，其额定流量和当量只计水嘴，不计淋浴器，但水压应按淋浴器计。
3. 家用燃气热水器，所需水压按产品要求和热水供应系统最不利配水点所需工作压力确定。
4. 绿地的自动喷灌应按产品要求设计。

工业企业的生活间、公共浴室、剧院化妆间、体育场馆运动员休息室等卫生器具同时给水百分数（%）　　表 3-9

卫生器具名称	同时给水百分数			
	工业企业生活间	公共浴室	剧院化妆间	体育场馆运动员休息室
洗涤盆（池）	33	15	15	15（30）
洗手盆	50	50	50	50（70）
洗脸盆、盥洗槽水嘴	60～100	60～100	50	80
浴　盆	—	50	—	—
无间隔淋浴器	100	100	—	100
有间隔淋浴器	80	60～80	60～80	60～80

续表

卫生器具名称	同时给水百分数			
	工业企业生活间	公共浴室	剧院化妆间	体育场馆运动员休息室
大便器冲洗水箱	30	20	20	20（70）
大便器自闭式冲洗阀	2	2	2	2（15）
小便器自闭式冲洗阀	10	10	10	10
小便器（槽）自动冲洗水箱	100	100	100	100
净身盆	33	—	—	—
饮水器	30～60	30	30	30
小卖部洗涤盆	—	50	—	50

注：健身中心的卫生间，可采用本表体育场馆运动员休息室的同时给水百分率。

职工食堂、营业餐馆厨房设备同时给水百分数（%） **表 3-10**

厨房设备名称	同时给水百分数	厨房设备名称	同时给水百分数
污水盆（池）	50	器皿洗涤机	90
洗涤盆（池）	70	开水器	50
煮　锅	60	蒸汽发生器	100
生产性洗涤机	40	灶台水嘴	30

注：职工或学生饭堂的洗碗台水嘴，按100%同时给水，但不与厨房用水叠加。

实验室化验水嘴同时给水百分数（%） **表 3-11**

水嘴名称	同时给水百分数	
	科学研究实验室	生产实验室
单联化验水嘴	20	30
双联或三联化验水嘴	30	50

应用该公式时应注意：如计算值小于管段上一个最大卫生器具给水额定流量时，应采用一个最大的卫生器具给水额定流量作为设计秒流量；仅对有同时使用可能的用水设备进行叠加；大便器设置延时自闭冲洗阀时，应单列计算，当单列计算值小于1.2L/s时，以1.2L/s计，大于1.2L/s时，以计算值计。

第六节　给水管道的水力计算

建筑给水管网的水力计算是在完成给水管线布置、绘出管道轴测图、选定出计算管路（也叫最不利管路）以后进行。其目的是确定给水管网各管段的管径、水头损失，进而确定室内所需水压。

一、管径的确定方法

在计算出各管段的设计秒流量后，再选定适当的流速，即可用下式求定管径：

$$d = \sqrt{\frac{4q_g}{\pi v}} \tag{3-10}$$

式中　d——计算管段的管径，m；

q_g——管段的设计秒流量，m^3/s；

v——选定的管中流速，m/s。

管中流速的选定，可直接影响到管道系统在技术和经济方面的合理性。如流速过大，会产生噪声，易引起水击而损坏管道或附件，并将增加管网的水头损失，提高建筑内给水系统所需的压力。如流速过小，又将造成管材投资偏大。

综合以上因素，生活给水管道的水流速度，宜按表 3-12 采用：

生活给水管道的水流速度　　**表 3-12**

公称直径（mm）	15～20	25～40	50～70	≥80
水流速度（m/s）	≤1.0	≤1.2	≤1.5	≤1.8

二、给水管道水头损失的计算

1．沿程水头损失

沿程水头损失可由下式计算：

$$h_y = L \cdot i \tag{3-11}$$

式中　h_y——管段的沿程水头损失，kPa；

L——管段的长度，m；

i——单位长度的水头损失，kPa/m。

式（3-11）中的管道单位长度水头损失 i 按下式计算

$$i = 105 C_h^{-1.85} \cdot d_j^{-4.87} \cdot q_g^{1.85} \tag{3-12}$$

式中　i——单位长度的水头损失，kPa/m；

d_j——管段计算内径，m；

q_g——给水管段设计流量，m^3/s；

C_h——海澄·威廉系数：

各种塑料管、内衬（涂）塑管 $C_h=140$；

铜管、不锈钢管 $C_h=130$；

衬水泥、树脂的铸铁管 $C_h=130$；

普通钢管、铸铁管 $C_h=100$。

实际工程设计时，一般不使用公式（3-12）逐段计算，而是采用查管道的水力计算表方式，即根据管段的设计秒流量 q_g，控制流速 v 在正常范围内，在不同材料管道的水力计算表或图中查出管径 d 和单位长度的水头损失 i。

2．局部水头损失

局部水头损失用下式计算：

$$h_j = \sum \zeta \frac{v^2}{2g} \tag{3-13}$$

式中　h_j——管段中局部水头损失之和，kPa；

ζ——管段局部阻力系数之和；

v——管道部件下游的流速，m/s；

g——重力加速度，m/s^2。

给水管网中，管道部件很多，详细计算较为繁琐，宜按管道的连接方式，采用管（配）件当量长度法计算，即将不同的管件折算成水头损失相当的管道长度进行计算。表4-17 为钢管螺纹管件的当量长度

当管道中管（配）件当量长度资料不足时，可以按管件的连接情况，按管网的沿程水头损失的百分数取值：

（1）管（配）件内径与管道内径一致时，采用三通分水时，取25% ~30%；采用分水器分水时，取15% ~20%。

（2）管（配）件内径比管道内径稍大时，采用三通分水时，取50% ~60%；采用分水器分水时，取30% ~35%。

（3）管（配）件内径比管道内径稍小时，管（配）件的插口插入管口内连接，采用三通分水时，取70% ~80%；采用分水器分水时，取35% ~40%。

三、给水管道水力计算步骤

根据室内采用的给水方式，在建筑物管道平面布置图基础上绘出的给水管网轴测图，进行水力计算。各种给水管网的水力计算方法和步骤略有差别，兹将最常用的给水方式水力计算步骤和方法分述如下：

1. 下行上给的给水方式

（1）根据给水系统轴测图选出要求压力最大的管路作为计算管路。

（2）根据流量变化的节点对计算管路进行编号，并标明各计算管路长度。

（3）按建筑物性质及相关的公式计算各管段的设计秒流量。

（4）进行水力计算，确定各计算管段的直径和水头损失。并选用水表，计算出水表的水头损失。

（5）按计算结果，确定建筑物所需的总水头 H，与市政给水管网所提供的可用水头 H_o 比较，$H \leqslant H_o$，即满足要求；若 H_o 稍小于 H，可适当放大某几段管径，使 $H \leqslant H_o$；若 H_o 小于 H 很多，则需考虑设增压设备。

（6）对于设水箱和水泵的系统，尚需求定水箱和贮水池容积；确定水箱底的安装高度；计算从引入管起点到水箱进口间所需的压力；选择水泵。

2. 上行下给的给水方式

（1）在上行干管中选择要求压力最大的管路作为计算管路。

（2）划分计算管段，计算各管段的设计秒流量，求定各管段的直径和水头损失，求定计算管路的总损失，确定箱底的安装高度。此值不宜过大，以免要求水箱架设太高，增加建筑物结构上的困难和影响建筑物造型的美观。

（3）计算各立管。根据各节点处已知压力和立管几何高度，自下而上按已知压力选择管径。

第七节　建筑给水管道设计计算实例

已知某住宅楼共六层，层高2.8m，每户一卫一厨，设有坐式大便器，洗脸盆、浴盆、厨房洗涤盆、洗衣机水嘴，生活热水由家用燃气热水器供应。该楼所在小区设有集中加压泵房，能提供0.3MPa 的水压。其给水管道平面图和系统图如图所示，各管段长度及标高

如系统图所注。管材选用衬塑钢管，试进行给水系统的水力计算。

（1）该建筑为6层住宅建筑，所需水压估算为0.28MPa，而小区设有集中加压泵房能提供的水压为0.3MPa，因此可采用直接给水方式。从系统图可知，最不利配水点为厨房洗涤盆，从顶层厨房洗涤盆至总水表处为计算管段，计算管道节点编号如图3-12。

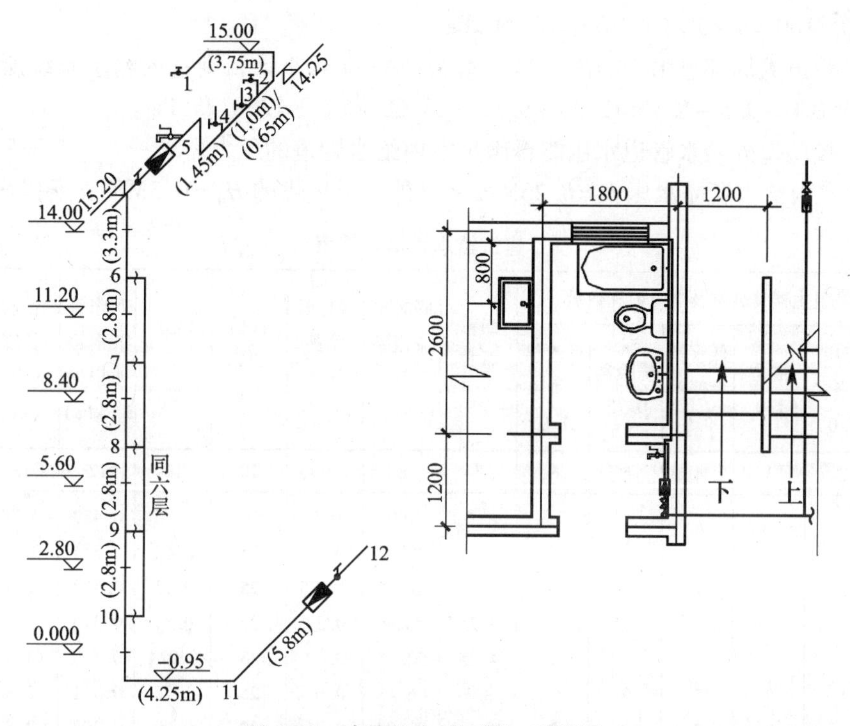

图3-12　建筑给水平面图、系统图

（2）该住宅楼从卫生器具配置可知为普通住宅Ⅱ型，用水定额 q_g 按表3-2取250L/(人·d)，户均人数 m 取3.5人，每户设置的卫生器具给水当量 N_g 按表3-8取值，则户给水当量 $N_g=4.25$，时变化系数 K_h 按表3-2取2.5，用水时数为24h。则最大用水时卫生器具给水当量平均出流概率为：

$$U_0=\frac{q_0 m K_h}{0.2\cdot N_g\cdot T\cdot 3600}=\frac{250\times 3.5\times 2.5}{0.24\times 4.25\times 24\times 3600}=0.0298$$

取 $U_0=3\%$

（3）求各计算管段上的卫生器具给水当量总数 N_g，计算值列于表3-13第7列；根据上步求得的平均出流概率 U_0 和 N_g，查附表A给水管段设计秒流量计算表，得到各管段的卫生器具给水当量的同时出流概率 U 值和设计秒流量 q_g，并分列于表3-13第8、9列。

（4）由各管段的设计秒流量 q_g，并将流速控制在允许范围内，在附表B衬塑给水管道水力计算表中可得管径 D 和单位长度沿程水头损失 i，分列于表3-13第10、12列。由公式（3-11）计算管路的沿程水头损失 h_η 并列表3-13第13列。

（5）选择水表型号，并计算水表的水头损失。根据5-6管段的设计流量 $q_g=0.42\text{L/s}=1.51\text{m}^3/\text{h}$ 和管径，选择分户水表LXS－20C，其过载流量为 $5\text{m}^3/\text{h}$，设计秒流量流经水表的水头损失为：

$$H_B = \frac{q_g^2}{Q_t^2/100} = \frac{1.51^2}{5^2/100} = 9.12\text{kPa}$$

根据11－12管段的设计流量 $q_g = 1.62\text{L/s} = 5.83\text{m}^3/\text{h}$ 和管径，选择单元总水表LXS－32/C，其过载流量为 $10\text{m}^3/\text{h}$，常用流量为 $6.0\text{m}^3/\text{h}$，则设计流量流经水表水头损失为：$H_B = q_g^2/Q_t^2/100 = 5.83^2/10^2/100 = 23.60\text{kPa}$。

（6）管道的局部总水头损失按沿程水头损失的30%计，则室内给水系统所需的水压为：$H = 150.0 + 9.5 + 1.3 \times 12.33 + 9.12 + 23.60 + 50.0 = 258.25\text{kPa}$

（7）校验室外给水管道水压能否满足室内给水管道的压力需求。

由于室内给水所需水压 $H = 0.25\text{MPa} <$ 室外管道提供的 $H_0 = 0.3\text{MPa}$，所以满足要求。

建筑给水管道计算表 **表3-13**

计算管道编号	卫生器具名称及当量值和数量					当量总数 N_g	同时出流概率 U（%）	设计秒流量 q_g（L/s）	管径 DN（mm）	流速 V（m/s）	每米管长沿程水损失 i（kPa）	管段长度 l（m）	管段沿程水头损失 i_η（kPa）
	厨房洗涤盆 1.0	浴盆 1.0	低水箱大便器 0.5	洗脸盆 0.75	洗衣机水龙头 1.0								
1	2	3	4	5	6	7	8	9	10	11	12	13	14
1－2	1					1.0	100	0.2	20	0.76	0.459	3.75	1.72
2－3		1				2.0	72.08	0.29	25	0.64	0.244	0.65	0.16
3－4			1			2.5	65.7	0.325	25	0.73	0.307	1.0	0.31
4－5				1		3.25	57.4	0.37	25	0.81	0.376	1.45	0.55
5－6					1	4.25	50.35	0.42	25	0.924	0.470	3.3	1.55
6－7	2	2	2	2	2	8.5	36.13	0.61	25	1.35	0.911	2.8	2.55
7－8	3	3	3	3	3	12.75	29.83	0.76	32	0.90	0.302	2.8	0.85
8－9	4	4	4	4	4	17.0	26.08	0.89	32	1.06	0.400	2.8	1.12
9－10	5	5	5	5	5	21.25	23.55	1.00	32	1.18	0.492	2.8	1.37
10－11	6	6	6	6	6	25.5	21.63	1.11	40	0.98	0.294	4.25	1.25
11－12	12	12	12	12	12	51	15.86	1.62	50	0.82	0.155	5.8	90.90

$\sum h_y = 12.33\text{kPa}$

第八节　增压、贮水设备

一、水泵

水泵是给水系统中的主要增压设备。

1. 适用建筑给水系统的水泵类型

在建筑给水系统中一般采用离心式水泵。

为节省占地面积，可采用结构紧凑，安装管理方便的立式离心泵或管道泵；当采用设水泵、水箱的给水方式时，通常是水泵直接向水箱输水，水泵的出水量与扬程几乎不变，可选用恒速离心泵。在仅设水泵的给水方式中，若选用恒速水泵，则用于增压的水泵都是根据管网最不利工况下的流量、扬程而选定的，在大部分时间内，水泵处于扬程过剩的情况下运行。因此，导致水泵效率降低、能耗增高。为了解决供需不相吻合的矛盾，提高水泵的运行效率，目前变频调速供水设备（调速泵组）应运而生，它能够根据管网中的实际用水量及水压，通过自动调节水泵的转速而达到供需平衡，如图 3-13 所示。

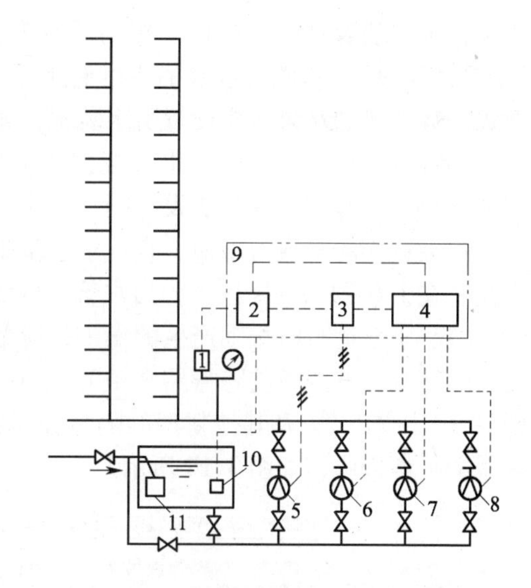

图 3-13　变频调速给水装置原理图

1—压力传感器；2—微机控制器；3—变频调速器；4—恒速泵控制器；5—变频调速泵；6、7、8—恒速泵；9—电控柜；10—水位传感器；11—液位自动控制阀

2．水泵的选择

选择水泵除满足设计要求外，还需考虑节约能源，使水泵在大部分时间保持高效运行。要达到这个目的，需正确地确定其流量和扬程。

（1）流量的确定。在生活（生产）给水系统中，当无水箱（罐）调节时，其流量均应按设计秒流量确定；有水箱调节时，水泵流量应按最大小时流量确定；当调节水箱容积较大，且用水量均匀，水泵流量可按平均小时流量确定。

（2）扬程的确定。水泵的扬程应根据水泵的用途、与室外给水管网连接的方式来确定。当水泵从贮水池吸水向室内管网输水时，其扬程由下式确定：

$$H_b = H_z + H_s + H_c \tag{3-14}$$

当水泵从贮水池吸水向室内管网中的高位水箱输水时，其扬程由下式确定：

$$H_b = H_z + H_s + H_v \tag{3-15}$$

当水泵直接由室外管网吸水向室内管网输水时，其扬程由下式确定：

$$H_b = H_z + H_s + H_c - H_o \tag{3-16}$$

上三式中　H_b——水泵扬程，kPa；

H_z——水泵吸入端最低水位至室内管网中最不利点所要求的静水压，kPa；

H_s——水泵吸入口至室内最不利点的总水头损失，kPa；

H_c——室内管网最不利点处用水设备的流出水头，kPa；

H_v——水泵出水管末端的流速水头，kPa；

H_o——室外给水管网所能提供的最小压力，kPa。

计算出 H_b 选定水泵后，对于直接由室外管网吸水的系统，还应考虑室外给水管网的最大压力校核系统的超压情况。如果超压过大，会损坏管道或附件，则应采取泄压等保护性措施。

3．水泵的设置

水泵机组一般设置在水泵房内，泵房应远离需要安静、要求防振、防噪声的房间，并有良好的通风、采光、防冻和排水等条件；泵房中水泵的布置要便于起吊设备的操作，其间距要保证检修时能拆卸、放置泵体和电机，便于进行维修操作。

每台水泵一般应设独立的吸水管，如必须设置成几台水泵共用吸水管时，吸水管应管顶平接；水泵装置宜设计成自动控制运行方式，间歇抽水的水泵应尽可能设计成自灌式（特别是消防泵），自灌式水泵的吸水管上应装设阀门。在不可能设成自灌式时才设计成吸上式，吸上式的水泵均应设置引水装置；每台水泵的出水管上应装设阀门、止回阀和压力表，并宜有防水击措施（但水泵直接从室外管网吸水时，应在吸水管上装设阀门、止回阀和压力表，并应绕水泵装设有阀门和止回阀的旁通管）。

与水泵连接的管道力求短、直；水泵基础应高出地面0.1~0.3m；水泵吸水管内的流速宜控制在1.0~1.2m/s以内，出水管内的流速宜控制在1.5~2.0m/s以内。

为减小水泵运行时振动产生的噪声，应尽量选用低噪声水泵，也可在水泵基座下安装橡胶、弹簧减振器或橡胶隔振器（垫），在吸水管、出水管上装设可曲挠橡胶接头，采用弹性吊（托）架，以及其他新型的隔振技术措施等。当有条件和必要时，建筑上还可采取隔振和吸声措施，如图3-14所示。

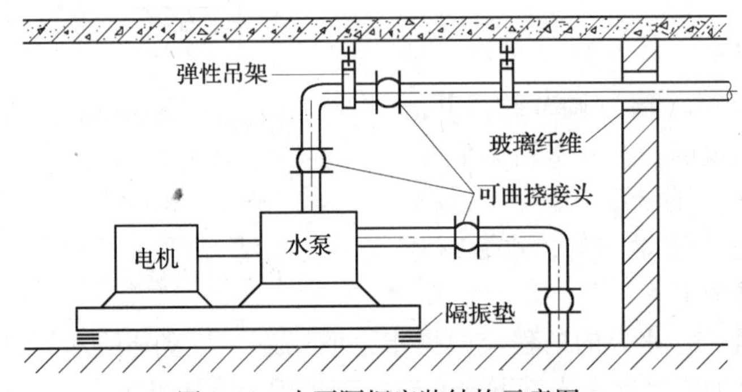

图3-14　水泵隔振安装结构示意图

生活和消防水泵应设备用泵，生产用水泵可根据工艺要求确定是否设置备用泵。

二、贮水池与水泵吸水井

1. 贮水池是贮存和调节水量的构筑物。当一幢（特别是高层建筑）或数幢相邻建筑所需的水量、水压明显不足，或者是用水量很不均匀（在短时间内特别大），市政供水管网难以满足时，应当设置贮水池。

贮水池可设置成生活用水贮水池、生产用水贮水池、消防用水贮水池、或者是生活与生产、生活与消防、生产与消防和生活、生产与消防合用的贮水池。贮水池的形状有圆形、方形、矩形和因地制宜的异形。贮水池一般采用钢筋混凝土结构，小型贮水池也可采用金属、玻璃钢等材料，应保证不漏（渗）水。

（1）贮水池的容积计算。贮水池的容积与水源供水能力、生活（生产）调节水量、消防贮备水量和生产事故备用水量有关，可按下式计算：

$$V \geqslant (Q_b - Q_g)T_b + V_x + V_s \tag{3-17}$$

$$Q_g T_t \geqslant (Q_b - Q_g)T_b \tag{3-18}$$

式中　V——贮水池有效容积，m^3；

Q_b——水泵出水量，m^3/h；

Q_g——水源的供水能力（即水池进水量），m^3/h；

T_b——水泵最长连续运行时间，h；

T_t——水泵运行的间隔时间，h；

V_x——消防贮备水量，m^3；

V_s——生产事故备用水量，m^3。

当资料不足时，生活（生产）调节水量（Q_b-Q_g）T_b宜按建筑最高日用水量的20%～25%确定。若贮水池仅起调节水量的作用，则V_x和V_s不计入贮水池有效容积。

（2）贮水池的设置。贮水池可布置在室内地下室或室外泵房附近，建筑物内的生活饮用水水池宜设在专用房间，其上方的房间不应有厕所、浴室、盥洗室、厨房、污水处理间，并应远离化粪池。生活贮水池不得兼作它用，消防和生产事故贮水池可兼作喷泉池、水景镜池和游泳池等，但不得少于两格；昼夜用水的建筑物贮水池和贮水池容积大于500m^3时，应分成两格，以便清洗、检修。

贮水池的设置高度应利于水泵自灌式吸水，且宜设置深度≥1.0m的集（吸）水坑，以保证水泵的正常运行和水池的有效容积；贮水池应设进水管、出（吸）水管、溢流管、泄水管、人孔、通气管和水位信号装置。溢流管应比进水管大一号，溢流管出口应高出地坪0.10m；通气管直径应为200mm，其设置高度应距覆盖层0.5m以上；水位信号应反映到泵房和操纵室；必须保证污水、尘土、杂物不会通过人孔、通气管、溢流管进入池内；贮水池进水管和出水管应布置在相对位置，以便贮水经常流动，避免滞留和死角，以防池水腐化变质。

2. 吸水井

当室外给水管网能够满足建筑内所需水量、不需设置贮水池，但室外管网又不允许直接抽水时，即可设置仅满足水泵吸水要求的吸水井。吸水井的容积应大于最大一台水泵3min的出水量。吸水井可设在室内底层或地下室，也可设在室外地下或地上，对于生活用吸水井，应有防污染的措施。吸水井的尺寸应满足吸水管的布置、安装和水泵正常工作的要求，吸水管在井内布置的最小尺寸如图3-15所示。

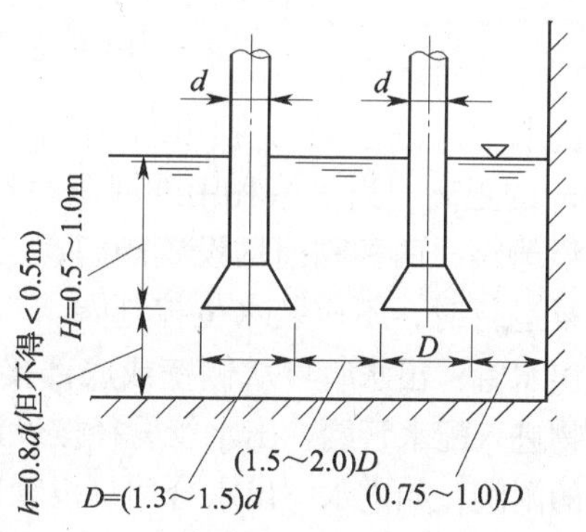

图3-15 吸水管在吸水池中布置的最小尺寸

三、水箱

按不同用途，水箱可分为高位水箱、减压水箱、冲洗水箱、断流水箱等多种类型，其形状多为矩形和圆形，制作材料有钢板、钢筋混凝土、不锈钢、玻璃钢和塑料等。这里主要介绍在给水系统中使用较广的起到保证水压和贮存、调节水量的高位水箱。

1. 水箱的有效容积

对于生活用水的调节水量，如水泵自动运行时，可按最高日用水量的10%计，如水泵为人工操作时，可按12%计；仅在夜间进水的水箱，生活用水贮存量应按用水人数和用水定额确定；生产事故备用水量应按工艺要求确定。

水箱内的有效水深一般采用0.70～2.50m。水箱的超高保护高度一般为200mm。

2. 水箱设置高度

水箱的设置高度可由下式计算：

$$H \geqslant H_s + H_c \tag{3-19}$$

式中　H——水箱最低水位至配水最不利点位置高度所需的静水压，kPa；

H_s——水箱出口至最不利点管路的总水头损失，kPa；

H_c——最不利点用水设备的流出水头，kPa。

3．水箱的配管与附件

水箱的配管与附件如图 3-16 所示。

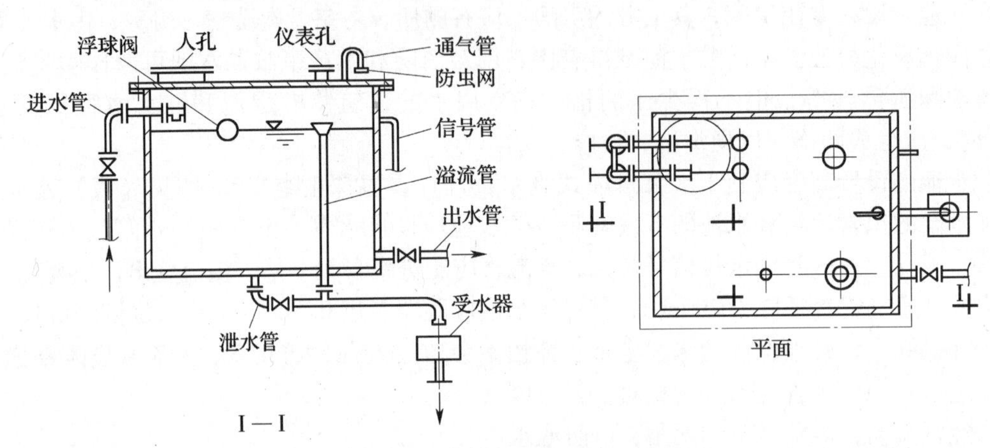

图 3-16　水箱配管、附件示意图

进水管：进水管一般由水箱侧壁并应在溢流水位以上接入，其中心距箱顶应有150mm 的距离。当水箱利用外网压力进水时，进水管上应装设液压水位控制阀或不少于两个浮球阀，两种阀前均设置阀门；当水泵利用加压泵压力进水并利用水位升降自动控制加压泵运行时，不应装水位控制阀。

出水管：出水管可从侧壁或底部接出，出水管内底或管口应高出水箱内底 150mm，以防污物进入配水管网。出水管管径按设计秒流量计算。出水管宜单独设置，其上应装设阻力较小的闸阀；如进水、出水合用一根管道，则应在出水管上装设阻力较小的旋启式止回阀。

溢流管：溢流管口应高于设计最高水位 50mm，管径应比进水管大 1 ~ 2 号，但在水箱底 1m 以下管段可用大小头缩成等于进水管管径。溢流管上不得装设阀门。溢流管不得与排水系统连接，必须经过间接排水，还应有防止尘土、昆虫、蚊蝇等进入的措施，如设置水封等。

泄水管：为放空水箱而设置。管口由水箱底部接出与溢流管连接，管径 40 ~ 50mm，在泄水管上应设置阀门。

水位信号装置：该装置是反映水位控制阀失灵报警的装置。可在溢流管口（或内底）齐平处设信号管，一般自水箱侧壁接出，常用管径为 15mm，其出口接至经常有人值班房间内的洗涤盆上。若水箱液位与水泵连锁，则应在水箱侧壁或顶盖上安装液位继电器或信号器，并应保持一定的安全容积：最高电控水位应低于溢流水位 100mm；最低电控水位应高于最低设计水位 200mm 以上。为了就地指示水位，应在观察方便、光线充足的水箱侧壁上安装玻璃液位计。

通气管：供生活饮用水的水箱，当贮存量较大时，宜在箱盖上设通气管，以使箱内空气流通。其管径一般不小于 50mm，管口应朝下并设网罩。

人孔：为便于清洗、检修，箱盖上应设人孔。

4．水箱的布置与安装

水箱宜设置在水箱间，以防冻、防日光曝晒。水箱间的位置应结合建筑、结构条件和便于管道布置来考虑，能使管线尽量简短，同时应有良好的通风、采光和防蚊蝇条件，室内最低气温不得低于5℃。水箱间的净高不得低于2.20m，并能满足布管要求。水箱间的承重结构应为非燃烧材料。

四、气压给水设备

气压给水设备是给水系统中的一种利用密封贮罐内空气的可压缩性进行贮存、调节和压送水量的装置。其作用相当于高位水箱或水塔，因而在不宜设置水塔和高位水箱的场所采用。这种设备的优点是安装位置灵活，并且水在密封系统中流动，不易受到污染。但是，调节能力小，运行费用高，而且变压力气压给水设备的供水压力变化幅度较大，不适于用水量大和要求水压稳定的用水对象，因此使用受到一定限制。

气压给水设备一般由气压密封钢罐、水泵组、空气压缩机和控制器材等组成，如图3-17所示。

其工作原理为气压罐中的水被压缩空气压送至给水管网，随着罐内水量减少，空气体积膨胀，压力减少。当压力降至最小工作压力时，压力继电器动作，使水泵启动。水泵除供给水管网用水外，多余部分进入气压罐，空气又被压缩，压力上升。当压力升至最大工作压力时，压力继电器工作，水泵关闭。气压水罐内的气体具有压缩性和膨胀性，可能会因漏失或溶于水而使罐内气体量逐渐减少，因此需用补气装置向罐内补充所缺失的气体量。图3-17为空气压缩机补气的气压给水方式。除空气压缩机补气外，还可采用水泵压水管水射气补气、设补气罐利用水泵压水管落差回流补气或泄水补气等。

1. 气压给水设备的类型

（1）变压式气压给水设备：用户对水压没有特殊要求时，一般常用变压式给水设备。气压水罐内的空气随供水工况而变，给水系统处于变压状态下工作。图3-17为单罐变压式气压给水设备。

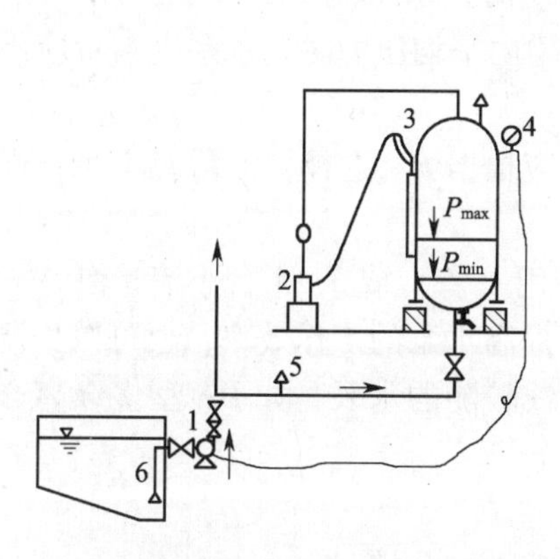

图3-17　单罐变压式气压给水设备

1—水泵；2—空气压缩机；3—水位继电器；4—压力继电器；5—安全阀；6—水池

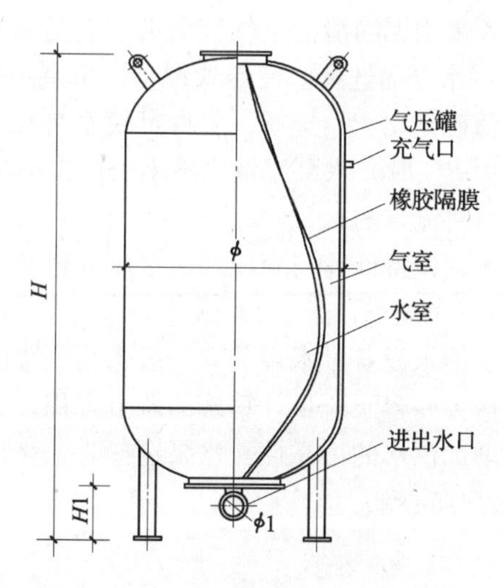

图3-18　隔膜式气压给水设备

（2）定压式气压给水设备：在用户要求水压稳定时，可在变压式气压给水装置的供水管上安装调压阀，使阀后的水压在要求范围内，管网处于恒压下工作。

（3）隔膜式气压给水设备：如图3-18所示，气压罐内装有橡胶囊式或帽式弹性隔膜，隔膜将罐体分为气室和水室两部分，靠隔膜的伸缩变形调节水量，可以一次充气，长期使用，不需补气设备，是一种具有发展前途的新型气压给水设备。

2. 气压给水设备的计算

包括贮罐容积计算以及空气压缩机的选择和水泵的选择计算：

（1）贮罐总容积

$$V = \beta \frac{V_X}{1 - \alpha} \tag{3-20}$$

$$V_X = \frac{Cq_b}{4n} \tag{3-21}$$

式中 V——贮罐总容积，m^3；

V_X——调节水容积，m^3；

β——容积附加系数，补气式卧式水罐宜采用1.25，补气式立式水罐宜采用1.10，隔膜式气压水罐宜采用1.05；

α——工作压力比，即P_1与P_2之比，宜采用0.65~0.85，在有特殊要求（如农村给水、消防给水）时，也可在0.5~0.90范围内选用；

C——安全系数，宜采用1.5~2.0；

q_b——平均工作压力时，配套水泵的计算流量，其值不应小于管网最大小时流量的1.2倍；当由几台水泵并联运行时，为最大一台水泵的流量，m^3/h；

n——水泵1h内最大启动次数，一般采用6~8次。

（2）空气压缩机的选择。当用空气压缩机补气时，空气压缩机的工作压力按稍大于P_{max}选用。由于空气的损失量较小，一般最小型的空气压缩机即可满足要求，为防止水质污染，宜采用无润滑油空气压缩机，空气管一般宜选20~25mm铝塑管即可。

（3）水泵的选择。变压式设备，水泵应根据P_{min}（等于给水系统所需压力H）和采用的α值确定出P_{max}选择，要尽量使水泵在压力为P_{min}时，水泵流量不小于设计秒流量；当压力为P_{max}时，水泵流量应不小于最大小时流量；罐内平均压力时，水泵出水量应不小于最大小时流量的1.2倍。

定压式设备计算与变压式给水设备相同，但水泵应根据P_{min}选择，流量应不小于设计秒流量。

气压给水设备中水泵装置一般选用一罐两泵（一用一备）或3~4台小流量泵并联运行，按最大一台泵流量计算罐的调节容积，这样既可提高水泵的工作效率，也可减少调节容积和增加供水的可靠性。水泵选择时，宜选特性曲线较陡的水泵，如DA型多级离心泵和W系列离心泵。

第九节　高层建筑给水系统的特点

由于高层建筑层数多，若给水系统仍然采用前述一般低层建筑给水方式，则管道系统中静水压力势必很大，为使管道及配件承受的水压小于其工作压力，高层建筑的给水管网必须竖向划分几个区域布置，使下层管道系统的静水压力减小，避免水击形成噪声与振动，避免水流喷溅而造成使用不便。我国建筑给水排水设计规范规定高层建筑生活给水系统应竖向分区，各分区最低卫生器具配水点处的静水压强不宜大于0.45MPa，特殊情况下不宜大于0.55MPa，对于水压大于0.35MPa的住宅入户管宜设置减压设施。

高层建筑给水系统竖向分区有多种方式。

一、利用外网水压的分区给水方式

对于多层和高层建筑来说，室外给水管网的压力只能满足建筑下部若干层的供水要求。此时，低区可由室外给水管网直接供水，高区由增压贮水设备供水，如图3-19所示。为保证低区供水的可靠性，可将低区与高区的1根或几根立管相连接，在分区处设置阀门，以备低区进水管发生故障或外网压力不足时，打开阀门由高区向低区供水。

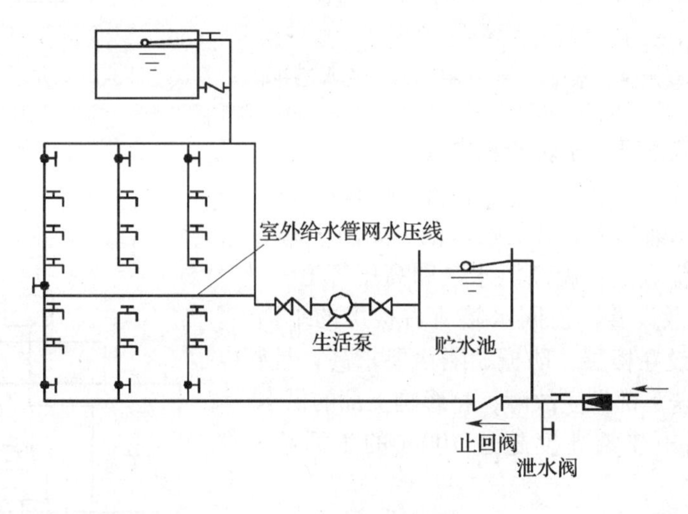

图3-19　分区给水方式

二、垂直分区并联给水方式

1. 并联水泵、水箱给水方式

并联水泵、水箱给水方式是每一分区分别设置一套独立的水泵和高位水箱，分别向各区供水。其水泵一般集中设置在建筑的地下室或底层，如图3-20所示。

这种方式的优点是：各区自成一体，互不影响；水泵集中，管理维护方便；运行费用较低。缺点是：水泵数量多，耗用管材较多，设备费用偏高；分区水箱占用楼房空间多；有高压水泵和高压管道。

2. 无水箱并联水泵给水方式

即根据不同高度分区采用不同的水泵机组供水，如图3-21所示。

3. 并联气压给水设备给水方式

这种方式如图3-22所示，其特点是每个分区有一个气压水罐，但初期投资大。垂直分区并联给水方式宜用于建筑高度不超过100m的生活给水系统。

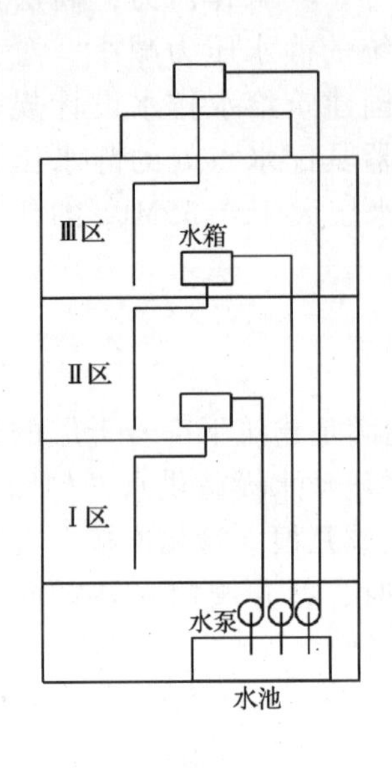

图 3-20　并联水泵、水箱

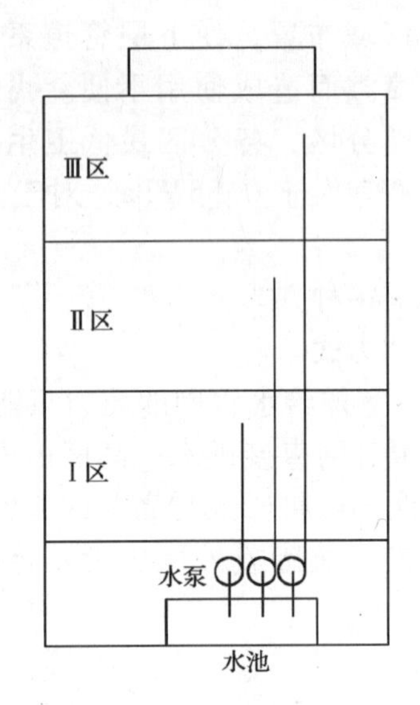

图 3-21　无水箱并联

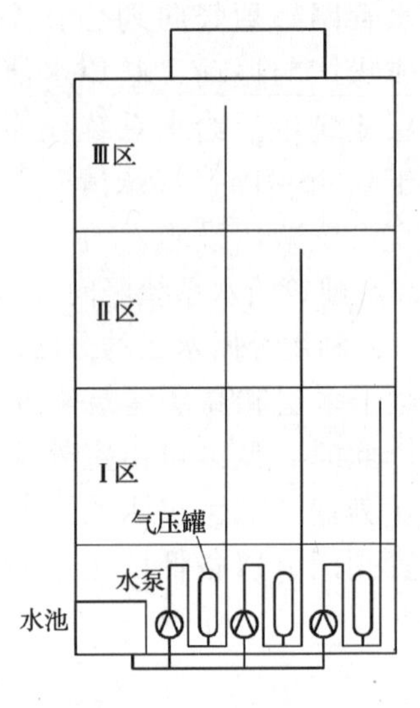

图 3-22　并联气压装置

三、垂直串联水泵、水箱给水方式

串联给水方式是水泵分散设置在各区的楼层之中，下一区的高位水箱兼作上一区的贮水池。如图 3-23 所示。这种方式的优点是：无高压水泵和高压管道。其缺点是：水泵分散设置，连同水箱所占楼房的平面、空间较大；水泵设在楼层，防振、隔声要求高，且管理维护不方便；若下部发生故障，将影响上部的供水。该供水方式宜用于建筑高度超过 100m 的生活给水系统。

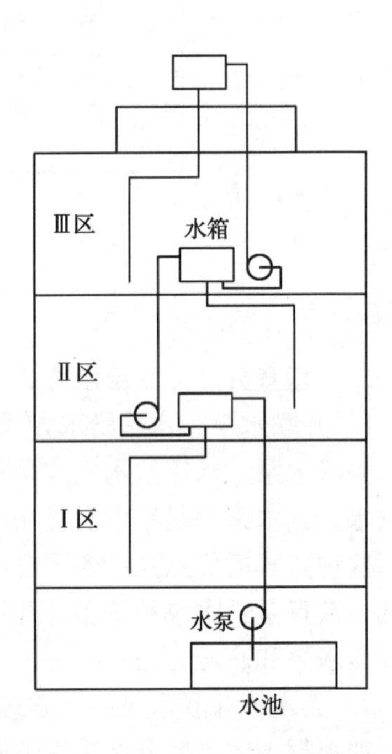

图 3-23　串联水泵、水箱给水方式

四、分区减压给水方式

1．设减压水箱的给水方式

减压水箱给水方式是由设置在底层（或地下室）的水泵将整幢建筑的用水量提升至屋顶水箱，然后再分送至各分区水箱，分区水箱起到减压的作用，如图 3-24 所示。

2．设减压阀的给水方式

减压阀给水方式的工作原理与减压水箱供水方式相同，其不同之处是用减压阀代替减压水箱，如图 3-25所示。此外，也可设无水箱减压阀给水方式，即整个系统共用一组水泵，或气压给水装置，分区处设减压阀。

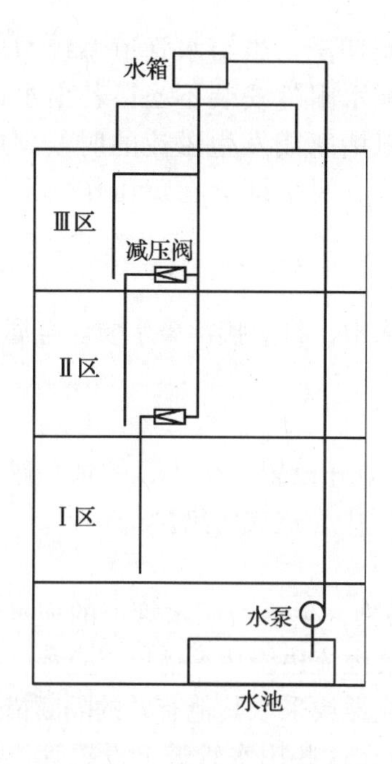

图 3-24　减压水箱给水方式

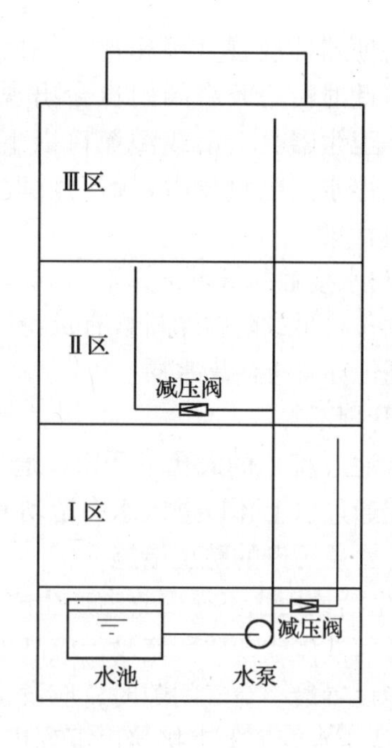

图 3-25　减压阀给水方式

第十节　水质防污染措施

从市政给水管网引入小区和建筑的水其水质一般都符合《生活饮用水卫生标准》，但若小区和建筑内的给水系统设计、施工安装和管理维护不当，就可能造成水质被污染的现象，导致疾病传播，直接危害人民的健康和生命。

一、水质污染的现象及原因

1. 水在贮水池（箱）中停留时间过长

如贮水池（箱）容积过大，其中的水长时间不用，或池（箱）中水流组织不合理，形成了死角。水停留时间太长，水中的余氯量耗尽后，有害微生物就会生长繁殖，使水腐败变质。

2. 构造、连接不合理

自备水源的供水管道严禁与市政给水管网直接连接（无论自备水源的水质是否符合《生活饮用水卫生标准》）。埋地管道与阀门等附件连接不严密，平时渗水，而当饮用水断流，管道中出现负压时，被污染的地下水或阀门井中的积水即会通过渗漏处进入给水系统。饮用水与非饮用水管道直接连接（如图 3-26），当非饮用水压力大于饮用水压力且连接管中的止回阀（或阀门）密闭性差，则非饮用水会渗入饮用水管道造成污染；饮用水

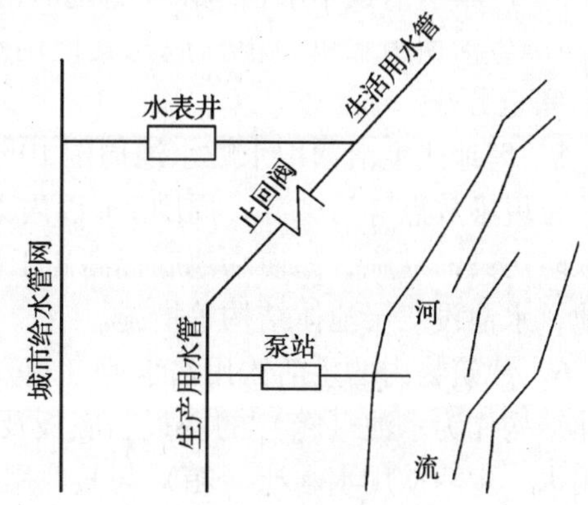

图 3-26　饮用水与非饮用水直接连接

管道与大便器冲洗管直接相连，并用普通阀门控制冲洗，当给水管道系统因停水产生负压时，此时恰巧开启阀门也会出现回流污染。配水附件安装不当，若出水口设在用水设备、卫生器具上沿或溢流口以下时，当溢流口堵塞或发生溢流的时候，遇上给水管网因故停水产生负压时，恰巧此时开启配水附件，污水即会在负压作用下吸入管道造成回流污染。

3. 与水接触的材料选择不当

如制作材料或防腐涂料含有毒物质，逐渐溶于水中，将直接污染水质。金属管道内壁的氧化锈蚀亦直接污染水质。

4. 管理不善

如水池（箱）的人孔不严密，通气口和溢流口敞开设置，尘土、蚊虫、鼠类、雀鸟等均可能通过以上孔口进入水中游动或溺死池（箱）中，造成污染。

二、水质污染的防止措施

1. 生活饮用水不得因管道产生虹吸回流而受污染，生活饮用水管道的配水件出水口不得被任何液体或杂质所淹没，应高出承接用水容器溢流边缘2.5倍出口直径，对于特殊器具不能设置最小空气间隙时，应设置管道倒流防止器或采取其他有效的隔断措施。

2. 从给水管道上直接接出下列用水管道时，应在这些用水管道上设置管道倒流防止器或其他有效的防止倒流污染的装置：

（1）单独接出消防用水管道时（不含室外给水管道上接出的室外消火栓），在消防用水管道的起端；

（2）从城市给水管道上直接吸水的水泵，其吸水管起端；

（3）当游泳池、水上游乐池、按摩池、水景观赏池、循环冷却水集水池等的充水或补水管道出口与溢流水位之间的空气间隙小于出口管径2.5倍时，在充（补）水管上；

（4）由城市给水管直接向锅炉、热水机组、水加热器、气压水罐等有压容器或密闭容器注水的注水管上；

（5）垃圾处理站、动物养殖场（含动物园的饲养展览区）的冲洗管道及动物饮水管道的起端；

（6）绿地等自动喷灌系统，当喷头为地下式或自动升降式时，其管道起端；

3. 严禁生活饮用水管道采用普通阀门连接和控制直接冲洗大便器或大便槽。

4. 生活饮用水池（箱）应与其他用水的水池（箱）分开设置，如与消防水池（水箱）完全分开。

5. 埋地式生活饮用水贮水池周围10m以内，不得有化粪池、污水处理构筑物、渗水井、垃圾堆放点等污染源；周围2m以内不得有污水管和污染物。当达不到此要求时，应采取防污染的措施，如使水池底标高高于化粪池顶标高，之间设防渗墙、设钢筋混凝土化粪池，水池设双层池体结构等措施。

6. 建筑物内的生活饮用水水池（箱）体，应采用独立结构形式，不得利用建筑物的本体结构作为水池（箱）的壁板、底板及顶盖，以防本体结构受力产生裂缝而渗水污染饮用水。生活饮用水水池（箱）与其他用水水池（箱）并列设置时，也应有各自独立的分隔墙，不得共用一幅分隔墙，隔墙与隔墙之间应有排水措施。

7. 当生活应用水水池（箱）内的贮水，48h内不能得到更新时，水中的余氯已挥发完，应设置水消毒处理装置。

8. 在非饮用水管道上接出水嘴或取水短管时，应采取防止误饮误用的措施。

思考题与习题

1. 建筑给水系统根据其用途分有哪些类别?
2. 建筑给水系统一般由哪些部分组成?
3. 有一幢6层住宅建筑，试估算其所需水压为多少kPa?
4. 建筑给水系统所需压力包括哪几部分?
5. 建筑给水系统的给水方式有哪些?每种方式各有什么特点?各种方式适用怎样的条件?
6. 建筑给水管道的布置形式有哪些?布置管道时主要应考虑哪些因素?
7. 建筑给水管道的敷设形式有哪几种?敷设管道时主要应考虑哪些因素?
8. 建筑给水管网为何要用设计秒流量公式计算设计流量?常用的公式有哪几种?各适用什么建筑物?
9. 给水管网水力计算的目的是什么?
10. 给水管网水力计算时，为计算简便，各种给水系统的局部水头损失如何取值?
11. 变频调速供水设备有什么特点?
12. 水泵吸水管、压水管的布置应注意哪些问题?
13. 气压给水设备有什么特点?其工作原理是怎样的?
14. 水箱应如何配管?
15. 高层建筑给水系统为什么要竖向分区?
16. 应当如何防止建筑给水系统的水质被二次污染?

第四章　建筑消防给水

建筑物内部设置的固定消防给水设备有：消火栓系统、自动喷水系统、水幕消防系统、雨淋灭火系统、水喷雾灭火系统、消防水炮等。本章主要介绍最为常见的消火栓给水系统和自动喷水灭火系统。

第一节　建筑消火栓给水系统

根据国家《建筑设计防火规范》和《高层民用建筑防火规范》规定，9层及9层以下的住宅和建筑高度小于24m的其他民用建筑为低层建筑，其余为高层建筑。对低层建筑物，消防车能直接使用室外水源扑救火灾，故室内设置的消防给水系统仅用于扑灭初期火灾。对于高层建筑，因为国内目前的市政消防设施和消防车的供水能力无法满足其水量水压要求，所以扑灭高层建筑的火灾应以室内消防给水系统为主，立足于自救，保证室内消防给水管网始终处于临战状态，具有满足火灾延续时间内消防要求的水量和水压。

一、建筑消火栓给水系统的组成、供水方式和设置场所

（一）室外消火栓

1．室外消火栓的设置场所

《建筑设计防火规范》规定：城镇、居住区、企事业单位；工厂、仓库及民用建筑；易燃、可燃、材料露天、半露天堆场，可燃气体储罐或储罐区；汽车库、修车库和停车场在规划和建筑设计时，必须同时设计室外消防给水系统。

2．室外消火栓的布置

室外消火栓应沿道路设置，道路的宽度超过60m时，宜在道路两边设置消火栓，并宜靠近十字路口；消火栓距路边不应超过2m，距房屋外墙不宜小于5m。

室外消火栓的间距不应超过120m；保护半径不应超过150m；在市政消火栓保护半径150m以内，如消防用水量不超过15L/s时，可不设室外消火栓。

室外消火栓数量应按建筑室外消防用水量计算决定，每个室外消火栓的用水量应按10～15L/s计算。

3．室外消火栓类型

室外消火栓有地上式和地下式两种类型，室外地上式消火栓应有一个直径为150mm或100mm和两个直径为65mm的栓口；室外地下式消火栓应有直径为100mm和65mm的栓口各一个，并有明显的标志。

常用消火栓型号和规格见表4-1和图4-1。

4．室外消防给水管道

（1）室外消防给水管道应布置成环状，但在建设初期或室外消防用水量不超过15L/s时，可布置成枝状；

室外消火栓的型号和规格 **表 4-1**

类型	型号	公称压力（MPa）	进水口		出水口		
			口径（mm）	数量（个）	口径（mm）	数量（个）	连接形式
地上式消火栓	SS100/65-1.0	1.0	100	1	65 100	2 1	内扣式 螺纹式
	SS100/65-1.6	1.6	100	1	65 100	2 1	内扣式 螺纹式
	SS150/80-1.0	1.0	150	1	80 150	2 1	内扣式 螺纹式
	SS150/80-1.6	1.6	150	1	80 150	2 1	内扣式 螺纹式
地下式消火栓	SA65/65-1.0	1.0	100	1	65	2	内扣式
	SA65/65-1.6	1.6	100	1	65	2	螺纹式
	SA100/65-1.0	1.0	100	1	65 100	1 1	内扣式 螺纹式
	SA100/65-1.6	1.6	100	1	65 100	1 1	内扣式 螺纹式
	SA100-1.0	1.0	100	1	100	1	专用接口
	SA100-1.6	1.6	100	1	100	1	专用接口

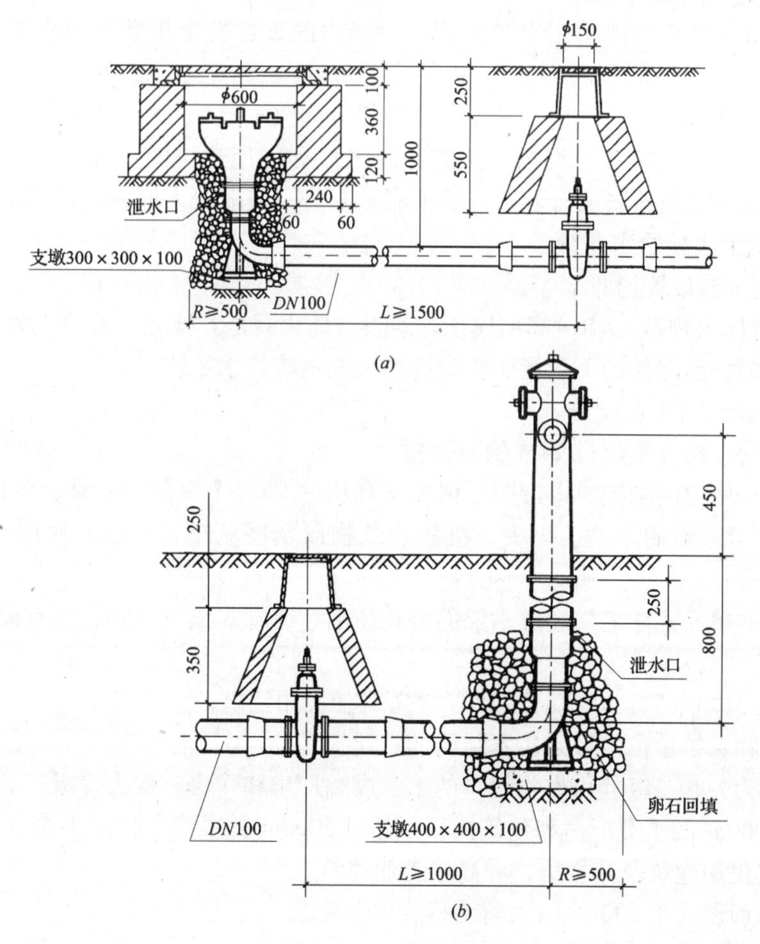

图 4-1 室外消火栓

（a）地下室；（b）地上式

环状管网的输水干管及向环状管网输水的输水管均不应少于两条，当其中一条发生故障时，其余的干管应仍能通过消防用水量；环状管网应用阀门分成若干独立段，每段内消火栓数量不宜超过 5 个；

（2）室外消防给水管道的最小管径不应小于 100mm。

（3）室外消防给水管道可采用高压管道、临时高压管道和低压管道。

高压管道：室外管网内经常保持足够的压力，火场上不需使用消防车或其他移动式水泵加压，而直接由消火栓接出水带、水枪灭火。

临时高压管道：室外管网内平时水压不高，在水泵站（房）内设有高压消防水泵，当接到火警时，消防水泵启动，使管网内的压力达到消防给水管道的压力要求。

低压管道：室外管网内平时水压较低，火场上需要的压力由消防车或其他移动式消防泵加压形成。

如采用高压或临时高压给水系统，管道内的压力应保证用水总量达到最大且水枪在任何建筑物的最高处时，水枪的充实水柱仍不小于 100kPa；如采用低压给水系统，管道的压力应保证灭火时最不利点消火栓的水压不小于 100kPa（从地面算起）。

5．室外消防用水量

城镇、居住区的室外消防用水量为同一时间内的火灾发生次数和一次灭火用水量的乘积。

各设置场所的室外消火栓用水量见《建筑设计防火规范》。城镇的室外消防用水量应包括居住区、工厂、仓库（含堆场、储罐或罐区）和民用建筑的室外消火栓用水量。当工厂、仓库和民用建筑按各表计算，计算值有差异时，应取较大值为设计用水量。

（二）室内消火栓给水系统

1．室内消火栓设置场所

《建筑设计防火规范》和《高层民用建筑设计防火规范》规定：存在与水接触能引起剧烈燃烧爆炸的物品除外的下列场所应设置消火栓消防给水系统。

（1）多层民用与工业建筑。

厂房、库房、高度不超过 24m 的科研楼。

超过 800 个座位的剧院、电影院、俱乐部和超过 1200 个座位的礼堂、体育馆；

体积超过 5000m^3 的车站、码头、机场建筑物以及展览馆、商店、病房楼、门诊楼、图书馆、书库等；

超过 7 层的单元式住宅，超过六层的塔式住宅、通廊式住宅、底层设有商业网点的单元式住宅；

超过 5 层或体积超过 10000m^3 的教学楼等其他民用建筑；

国家级文物保护单位的重点砖木结构的古建筑；

耐火等级为一、二级且可燃物较少的丁、戊类厂房和库房，耐火等级三、四级且建筑体积不超过 3000m^3 的丁类厂房和建筑体积不超过 5000m^3 的戊类厂房可不设室内消火栓。

（2）高层民用建筑及其裙房，和高层工业建筑。

（3）建筑面积大于 300m^2 的人防工程或地下建筑。

（4）停车库、修车库和停车场。

2．消火栓给水系统的组成

室内消火栓给水系统一般由水枪、水龙带、消火栓、消防管道、贮水增压设备、稳压设施、消防水泵结合器等组成。

常用消防水枪的喷口直径有 Φ13mm、Φ16mm、Φ19mm 三种，衬胶水龙带直径有 *DN*50mm、*DN*65mm 两种，长度有 15、20、25m 三种规格，消火栓直径有 *SN*50、*SN*65，规格有单阀单出口、双阀双出口两种。

当室内每支水枪最小流量为 2.5L/s 时，可采用 *SN*50 的消火栓配 Φ13mm 或 Φ16mm 的水枪、*DN*50mm 的水龙带，每支水枪最小流量为 5L/s 时可采用 *SN*65 的消火栓配 Φ16mm 或 Φ19mm 的水枪、*DN*65mm 的水龙带。

水枪、水龙带、消火栓安装在消火栓箱内，消火栓箱内在需要时还设置直接启动消防水泵的按钮，如图 4-2 所示为甲型单栓室内消火栓箱，其余类型见《给水排水标准图集》04S202。

在高层建筑中为了便于非消防人员的自救，还配备自救式消防卷盘，如图 4-3 所示。消防卷盘栓口直径为 *DN*25mm，胶带内径有 *DN*19mm、*DN*25mm，长度为 30m，配 Φ6mm 水枪。

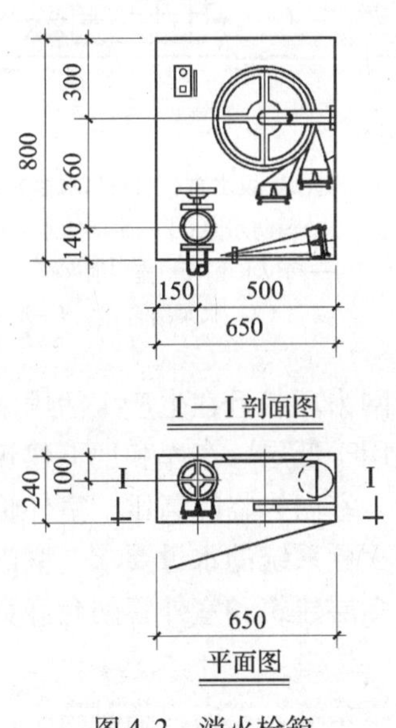

图 4-2　消火栓箱

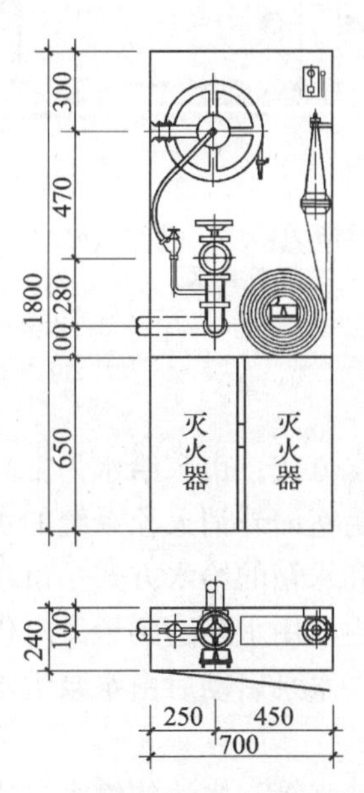

图 4-3　消火栓箱（带消防卷盘）

为了消防队员到达火场后能及时扑救火灾、减少火灾损失，超过四层的厂房、库房、设有消防管网的住宅及超过 5 层的其他民用建筑的消火栓给水系统和自动喷水灭火系统，均应将室内管网从底层引至室外，配备消防水泵结合器，供消防车向室内管网送水。图 4-4 所示为地上式水泵结合器，其余类型水泵结合器安装见《给水排水标准图集》99S203。

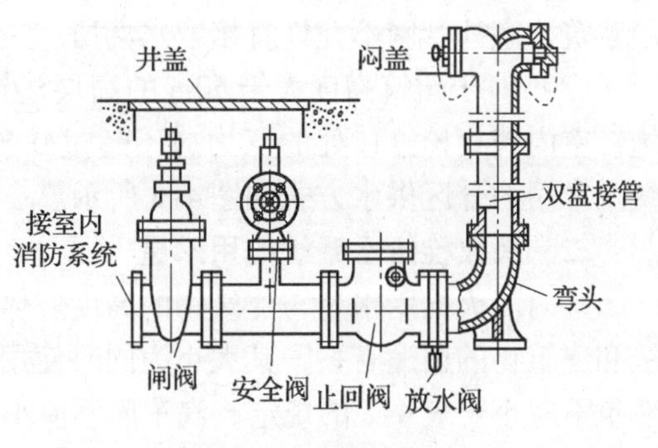

图 4-4　水泵结合器

消防水泵结合器宜采用地上式，当采用地下式水泵结合器时应有明显的标志。水泵结合器的数量应按室内消防用水量经计算确定，每个水泵结合器的流量应按 10～15L/s 计算。当消防系统为竖向分区供水时，在消防车的供水压力范围内的分区，应分别设置水泵结合器。水泵结合器应设置在室外便于消防车使用的地点，距室外消火栓或消防水池的距离宜为 15～40m。

3. 系统的供水方式

(1) 对于低层、多层建筑和高度≤50m 的高层建筑常用的供水方式如图 4-5 所示。

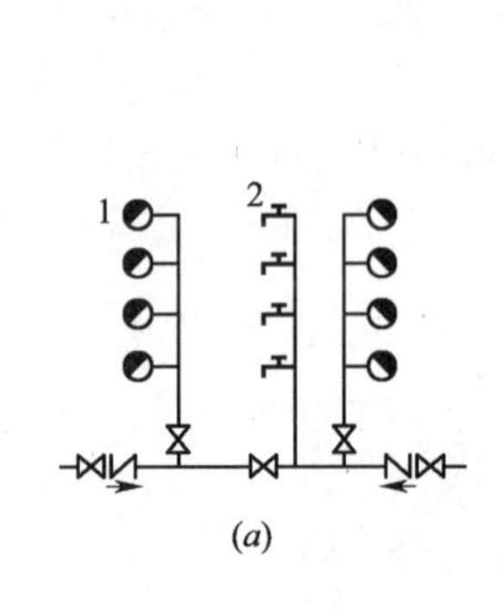

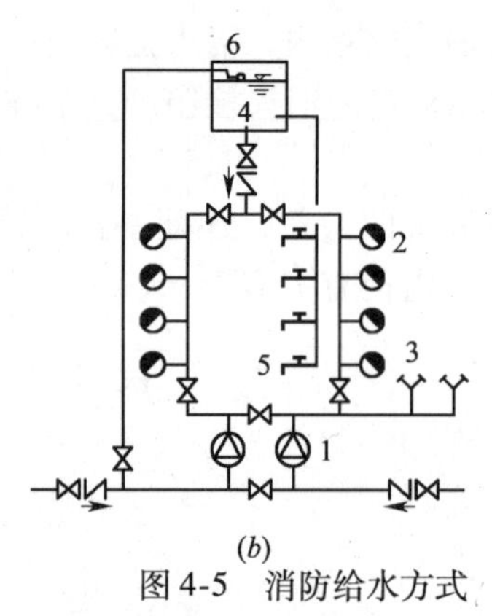

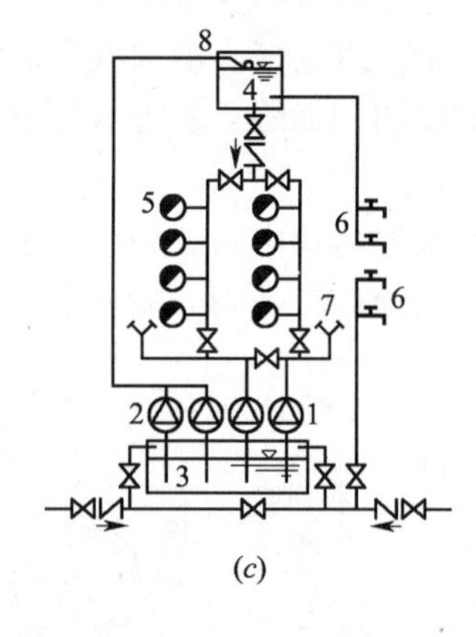

图 4-5　消防给水方式

(a) 直接给水方式
1—室内消火栓；2—生活给水

(b) 设水泵和水箱的给水方式
1—消防水泵；2—室内消火栓；
3—水泵结合器；4—高位水箱；
5—生活给水；6—浮球阀

(c) 设水泵、水箱和水池的给水方式
1—消防水泵；2—生活给水泵；3—水池；
4—高位水箱；5—室内消火栓；6—生活给水；
7—水泵结合器；8—浮球阀

直接给水方式：市政给水为常高压系统，室外管网为环状且在生产生活用水量达到最大时仍能满足室内外消火栓系统的水量水压要求。适用于低层、车库和地下建筑。

设水泵和水箱的给水方式：市政给水为低压系统，室内为临时高压，室外管网为环状且在生产、生活用水量达到最大时仍能满足室内外消火栓系统的水量要求，室内火灾初期由水箱供水，水泵启动后由水泵供水。适用于低层或多层建筑和室外管网允许直接取水的场所。

设水泵、水箱和水池的给水方式：市政给水为低压系统，室内为临时高压，室内火灾初期由水箱供水，水泵启动后由水泵供水，见图 4-5 (c)。适用于低层或高度≤50m 的高层建筑，室外管网不允许直接取水场所。

(2) 对于建筑高度大于 50m 的高层建筑，为防止水枪开闭时产生的水锤破坏消防设施，室内消火栓栓口处的压力应不超过 0.8MPa，如超过 0.8MPa 时，应采用分区给水系统。常用的分区供水方式如图 4-6 所示。

二、消火栓给水系统的用水量

室内消火栓用水量与建筑物的高度、体积、建筑物内可燃物的数量、建筑物的耐火等级和建筑物的用途有关，其大小为同时使用水枪支数和每支水枪的用水量的乘积。但多层建筑不应小于表 4-2 的规定；汽车库不应小于表 4-3 的规定；人防建筑不应小于表 4-4 规定；高层建筑不应小于表 4-5 规定：

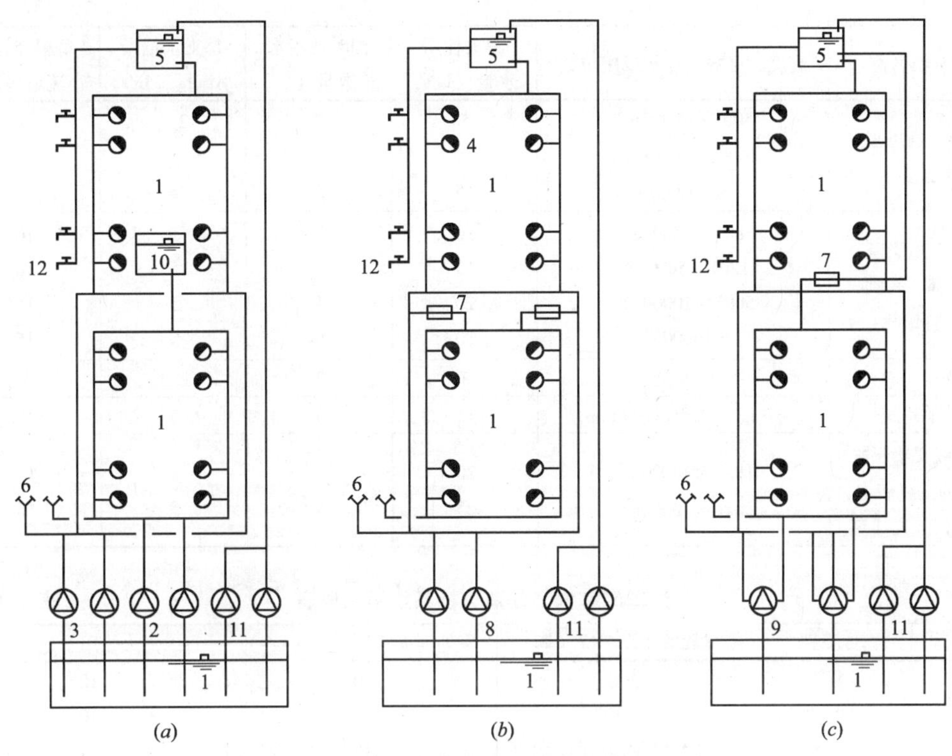

图 4-6　消防分区给水系统

（a）采用不同扬程的水泵分区；（b）采用减压阀分区；（c）采用多级多出口水泵分区

1—水池；2—低区水泵；3—高区水泵；4—室内消火栓；5—屋顶水箱；6—水泵结合器；7—减压阀；8—消防水泵；9—多级多出口水泵；10—中间水箱；11—生活给水泵；12—生活给水

室内消火栓系统用水量表　　**表 4-2**

建筑物名称	高度、层数、体积或座位数	消火栓用水量（L/s）	同时使用水枪数量（支）	每支水枪最小流量（L/s）	每根竖管最小流量（L/s）
厂　房	高度≤24m、体积≤10000m³	5	2	2.5	5
	高度≤24m、体积＞10000m³	10	2	5	10
	高度＞24m、至 50m³	25	5	5	15
	高度＞50m	30	6	5	15
科研楼、试验楼	高度≤24m、体积≤10000m³	10	2	5	10
	高度≤24m、体积＞10000m³	15	3	5	10
库　房	高度≤24m、体积≤5000m³	5	1	5	5
	高度≤24m、体积＞5000m³	10	2	5	10
	高度＞24m、至 50m	30	6	5	15
	高度＞50m	40	8	5	15
车站、码头、机场建筑物和展览馆等	5001～25000m³	10	2	5	10
	25001～50000m³	15	3	5	10
	＞50000m³	20	4	5	15

续表

建筑物名称	高度、层数、体积或座位数	消火栓用水量（L/s）	同时使用水枪数量（支）	每支水枪最小流量（L/s）	每根竖管最小流量（L/s）
商店、病房楼、教学楼等	5001～10000m³	5	2	2.5	5
	10001～25000m³	10	2	5	10
	＞25000m³	15	3	5	10
剧院、电影院、俱乐部、礼堂、体育馆等	801～1200个	10	2	5	10
	1201～5000个	15	3	5	10
	5001～10000个	20	4	5	15
	＞10000个	30	6	5	15
住　宅	7～9层	5	2	2.5	5
其他建筑	≥6层或体积≥10000m³	15	3	5	10
国家级文物保护单位的重点砖木、木结构的古建筑	体积≤10000m³	20	4	5	10
	体积＞10000m³	25	5	5	15

汽车库室内、外消火栓系统用水量表　　**表4-3**

名　称	车库类别	停车数量或修车位（辆）	室外消火栓用水量（L/s）	室内消火栓用水量（L/s）
汽车库	Ⅰ	＞300	20	10
	Ⅱ	151～300	20	10
	Ⅲ	51～151	15	10
	Ⅳ	≤50	10	5
修车库	Ⅰ	＞15	20	10
	Ⅱ	6～15	20	10
	Ⅲ	3～5	15	5
	Ⅳ	≤2	10	5
停车库	Ⅰ	＞400	20	–
	Ⅱ	251～400	20	–
	Ⅲ	101～250	15	–
	Ⅳ	≤100	10	–

人防工程室内消火栓系统用水量　　**表4-4**

工 程 类 别	体积或座位数	同时使用水枪数量（支）	每支水枪最小流量（L/s）	消火栓用水量
商场、展览厅、医院、旅馆、公共娱乐场所（电影院、礼堂）除外	＜1500m³	1	5	5
	≥1500m³	2	5	10
丙、丁、戊类生产车间、自行车库	≤2500m³	1	5	5
	＞2500m³	2	5	10
丙、丁、戊类物品库房、图书资料档案库	≤3000m³	1	5	5
	＞3000m³	2	5	10
餐厅	不限	1	5	5
电影院、礼堂	≥800座m³	2	5	10

注：增设的消防软管卷盘，其用水量可不计入消防用水量。

高层建筑消火栓系统用水量表 **表 4-5**

<table>
<tr><th rowspan="2">高层建筑类别</th><th rowspan="2">建筑高度（m）</th><th colspan="2">消火栓用水量（L/s）</th><th rowspan="2">每根竖管最小流量（L/s）</th><th rowspan="2">每支水枪最小流量（L/s）</th></tr>
<tr><th>室外</th><th>室内</th></tr>
<tr><td rowspan="2">普通住宅</td><td>≤50</td><td>15</td><td>10</td><td>10</td><td>5</td></tr>
<tr><td>>50</td><td>15</td><td>20</td><td>10</td><td>5</td></tr>
<tr><td rowspan="2">1. 高级住宅
2. 医院
3. 二类建筑的商业楼、展览馆、财贸金融楼、电信楼、商住楼、图书馆、书库
4. 省级以下的邮政楼、防灾指挥调度楼、广播电视楼、电力调度楼
5. 建筑高度不超过 50m 的教学楼和普通的旅馆、办公楼、科研楼、档案楼等</td><td>≤50</td><td>20</td><td>20</td><td>10</td><td>5</td></tr>
<tr><td>>50</td><td>20</td><td>30</td><td>15</td><td>5</td></tr>
<tr><td rowspan="2">1. 高级旅馆
2. 建筑高度超过 50m 或每层建筑面积超过 1000m^3 的商业楼、展览馆、综合楼、财贸金融楼、电信楼
3. 建筑高度超过 50m 或每层建筑面积超过 1500m^3 的商住楼
4. 中央或省级（含计划单列市）广播电视楼
5. 网局级和省级（含计划单列市）电力调度楼
6. 省级（含计划单列市）邮政楼、防灾指挥调度楼
7. 藏书超过 100 万册的图书馆、书库
8. 重要的办公楼、科研楼、档案楼
9. 建筑高度超过 50m 教学楼和普通的旅馆、办公楼、科研楼、档案楼等</td><td>≤50</td><td>30</td><td>30</td><td>15</td><td>5</td></tr>
<tr><td>>50</td><td>30</td><td>40</td><td>15</td><td>5</td></tr>
</table>

注：建筑高度不超过 50m，室内消火栓用水量超过 20L/s，且设有自动喷水灭火系统的建筑物，其室内、外消防用水量可按本表减少 5L/s。

三、室内消火栓的布置

室内消火栓应设在各层的走道、楼梯、消防电梯前室等明显易取的地点。设有室内消火栓的建筑，如为平屋顶时，宜在平屋顶上设置试验和检查用的消火栓。

消火栓栓口离地面的高度为 1.1m，其出水方向宜向下或与设置消火栓的墙面成 90 度角。

当消防水箱不能满足最不利点消火栓的水压时，应在每个消火栓处设置远距离启动消防水泵的按钮。

消火栓栓口处水压力超过 0.5MPa 时，可在消火栓栓口处加设不锈钢减压孔板或采用减压稳压消火栓，消除消火栓栓口处的剩余水头。

消火栓是室内主要的灭火设备，应考虑在任何情况下，当邻近一个消火栓受到火灾威胁不能使用时，另一个消火栓仍能保护任何部位。因此，消火栓的布置应保证有 2 支水枪的充实水柱同时达到室内任何部位（包括双出口消火栓在内，每个消火栓应按一支水枪计算）。建筑物高度小于或等于24m，且体积小于或等于5000m³的库房，可采用1支充实水柱到达室内任何部位。

水枪的充实水柱，是指由水枪喷嘴起到射流90%水柱水量穿过直径38cm圆圈处的一段射流长度，该段有足够的力量扑灭火焰。充实水柱的长度应由下式计算确定：

$$s_k = \frac{H_{层高}}{\sin\alpha} \tag{4-1}$$

式中 s_k——水枪的充实水柱长度，m；

$H_{层高}$——保护建筑物的层高，m；

α——为水枪的上倾角，一般可取45°。

规范规定了水枪的充实水柱长度一般不小于7m；对于甲、乙类厂房、超过6层的民用建筑、超过4层的厂房和库房内，不应小于10m；对于高层工业建筑、高架库房内，水枪的充实水柱不应小于13m；建筑高度不超过100m的高层民用建筑不应小于10m；建筑高度超过100m的高层民用建筑不应小于13m。

消火栓的保护半径可按下式计算：

$$R = kl_d + l_s \tag{4-2}$$

式中 R——消火栓保护半径，m；

l_d——水龙带的长度，m；

k——水带弯曲折减系数，根据水带转弯数量取0.8～0.9；

l_s——充实水柱的水平投影长度，水枪射流上倾角按45°计算。

同时使用水枪支数为1支时，消火栓的布置如图4-7（*a*）所示，消火栓的间距可按下式计算：

$$S = 2\sqrt{R^2 - b^2} \tag{4-3}$$

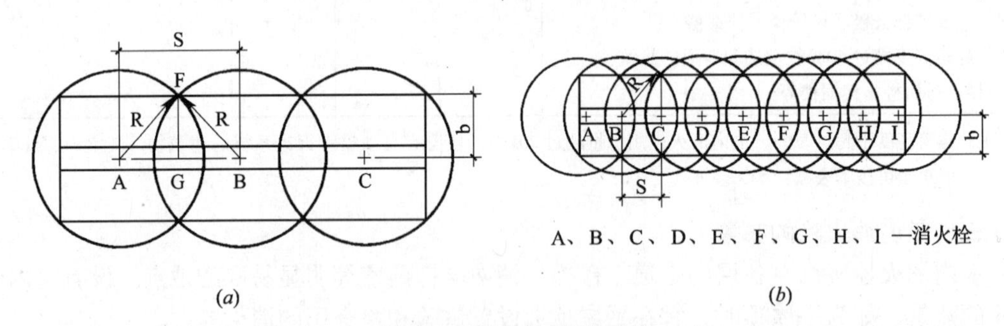

图4-7 消火栓布置间距

（*a*）单排1股水柱到达室内任何一点；（*b*）单排2股水柱到达室内任何一点

同时使用水枪支数为2支时，消火栓的布置如图4-7（*b*）所示，消火栓的间距可按下式计算：

$$S = \sqrt{R^2 - b^2} \tag{4-4}$$

式中 S——同层消火栓布置间距，m；

R——消火栓保护半径，m；

b——消火栓最大保护宽度，m。

规范还规定：高架库房，高层建筑，人防工程，甲、乙类厂房，设有空气调节系统的旅馆，高层汽车库和地下汽车库等火灾危险性大，发生火灾后损失大的建筑物，室内消火栓的间距不应超过30m。单层汽车库、其他单层和多层建筑、高层建筑裙房室内消火栓间距不应超过50m。

四、消防给水管道的布置

室内消防给水管道的布置，应保证消防用水的安全可靠性，应符合下列要求：

（一）室内消火栓数量超过10个且室内消防用水量大于15L/s时，室内消防给水管道至少应有两条进水管与室外环状管网连接，并应将室内管道连成环状。当环状管网的一条进水管发生事故时，其余的进水管应仍能供应全部用水量。

多层建筑中7～9层的单元式住宅和不超过8户的通廊式住宅，其室内管道可为枝状，进水管可采用一条。

超过六层的塔式（采用双出口消火栓除外）和通廊式住宅、超过五层或体积超过10000m^3的其他民用建筑、超过四层的厂房和库房，如室内消防竖管为两条或两条以上时，应至少每两根竖管相连组成环状管道。每条竖管直径应按最不利点消火栓出水，并根据表4-2规定的流量确定。

多层建筑室内消火栓给水系统宜与生活、生产给水系统分开设置，高层建筑室内消火栓给水系统应与生活、生产给水系统分开设置。室内消火栓给水系统应与自动喷水灭火系统分开设置；当确有困难时，可合用消防给水泵，但应在报警阀前分开。

当生产、生活用水量达到最大时，市政给水管道仍能满足室内外消防用水量时，室内消防泵进水管宜直接从市政取水（需征得当地市政部门同意），进水管上的计量设备不应降低进水管的进水能力。

（二）室内消防给水管道为环状时，应用阀门分成若干独立段。高层建筑应保证管道检修时关闭停用的竖管不超过一根，当竖管超过4根时，可关闭不相邻的两根；高层建筑的裙房及多层建筑，应保证检修管道时停止使用消火栓一层中不超过5个；阀门应常开，并有明显得启闭标志。阀门的设置位置，在每根竖管上下端与供水干管相连处；水平环状管网干管宜按防火分区设置阀门，且阀门间同层消火栓数量不超过5个；任何情况下关闭阀门应使每个防火分区至少有一个消火栓能正常使用。

消火栓立管的最高点处宜设置自动排气阀。

双出口型消火栓只允许在下列情况中使用：18层及18层以下，每层不超过8户，建筑面积不超过650m^2的塔式住宅，当设置两根消防立管有困难时，可设置1根立管，但必须采用双阀双出口型消火栓。条形建筑的尽端可采用单立管连接的双阀双出口型消火栓，但应征得当地消防部门的同意。

五、消防管道的水力计算

消火栓系统的水力计算应包括以下几个内容：

（一）消火栓栓口所需最低水压可按下式计算：

$$H_{xh} = h_d + H_q + H_{SK} = A_d L_d q_{xh}^2 + \frac{q_{xh}^2}{B} + H_{SK} \tag{4-5}$$

式中 H_{xh}——消火栓口的最低水压，kPa；

h_d——消防水龙带的水头损失，kPa；

H_q——水枪喷嘴造成一定充实水柱长度所需的水压，kPa；

H_{SK}——消火栓栓口的水头损失，kPa，取20kPa；

A_d——水带的比阻，见表4-6；

L_d——水带的长度，m；

q_{Xh}——水枪喷嘴射出的流量（见表4-7），L/s；

B——水枪水流特性系数，见表4-8。

水带的比阻 A_d **表4-6**

水带的口径（mm）	水带的比阻 A_d
50	0.0677
65	0.0172

水枪的充实水柱、压力和流量 **表4-7**

充实水柱 S_K（m）	不同水枪直径的压力和流量					
	Φ13		Φ16		Φ19	
	H_q 压力（kPa）	q_{xh} 流量（L/s）	H_q 压力（kPa）	q_{xh} 流量（L/s）	H_q 压力（kPa）	q_{xh} 流量（L/s）
6	81	1.7	80	2.5	75	3.5
7	96	1.8	92	2.7	90	3.8
8	112	2.0	105	2.9	105	4.1
9	130	2.1	125	3.1	120	4.3
10	150	2.3	140	3.3	135	4.6
11	170	2.4	160	3.5	150	4.9
12	190	2.6	175	3.8	170	5.2
12.5	215	2.7	195	4.0	185	5.4
13	240	2.9	220	4.2	205	5.7
13.5	265	3.0	240	4.4	225	6.0
14	296	3.2	265	4.6	245	6.2
15	330	3.4	290	4.8	270	6.5
15.5	370	3.6	320	5.1	295	6.8
16	415	3.8	355	5.3	325	7.1
17	470	4.0	395	5.6	335	7.5

水枪的水流特性系数 B **表4-8**

喷嘴直径（mm）	13	16	19	22	25
B	0.0346	0.0793	0.1557	0.2834	0.4727

（二）室内消火栓管网计算

室内消火栓管网的水力计算可把消火栓管网简化成枝状管网进行计算，在保证最不利消火栓所需的消防流量和水枪所需的充实水柱的基础上确定管网的流量、管径，计算管网的水头损失。

1. 流量计算

消火栓系统的供水量按室内消火栓系统用水量达到设计秒流量时计算，当消防用水与其他用水合用系统时，其他用水达到最大流量时，应仍能供应全部消防用水量，淋浴用水量可按计算用水量的15%计算，洗刷用水量可不计算在内。

系统的立管流量分配对于多层和高层建筑可按表4-9确定，但不得小于表4-2和表4-5的竖管最小流量规定。

系统的横干管流量应为消火栓用水量。

2. 水头损失计算

消火栓管网的水头损失计算同给水管网的水力计算方法相同，但由于消防用水的特殊性，立管的上下管径不变。管道的局部水头损失可按沿程水头损失的20%计算，管道的流速不宜大于2.5m/s。高层建筑消防立管的管径不应小于100mm。

消防立管流量分配 **表4-9**

低层建筑				高层建筑			
室内消防流量=同时使用水枪支数×每支流量（L/s）	消防立管出水枪数（支）			室内消防流量=同时使用水枪支数×每支流量（L/s）	消防立管出水枪数（支）		
	最不利立管	次不利立管	第三不利立管		最不利立管	次不利立管	第三不利立管
5=1×5	1			10=2×5	2		
5=2×2.5	2						
10=2×5	2						
15=3×5	2	1		20=4×5	2	2	
20=4×5（1）	2	2					
20=4×5（2）	3	1		30=6×5	3	3	
25=5×5	3	2					
30=5×6	3	2		40=8×5	3	3	2
40=5×8	3	3	2				

六、消防水箱和消防水池

（一）消防水箱

为了保证火灾初期有足够的水量和水压，规范规定设置临时高压的消防给水系统，应设置消防水箱或气压水罐、水塔，并符合下列要求：

（1）应在建筑物的最高部位设置重力自流的消防水箱；

（2）室内消防水箱（包括气压水罐、水塔、分区给水的分区水箱），应储存10min的消防水量。多层建筑当室内消防用水量不超过25L/s，经计算水箱消防储水量超过$12m^3$时，仍可采用$12m^3$；当室内消防用水量超过25L/s，经计算水箱消防储水量超过$18m^3$时，仍可采用$18m^3$。高层建筑消防水箱的储水量，一类公共建筑不应小于$18m^3$；二类公共建筑和一类居住建筑不应小于$12m^3$；二类居住建筑不应小于$6m^3$。

（3）消防用水与其他用水合并的水箱，应有消防用水不作他用的技术措施。

（4）消防水箱的出水管上应设置止回阀，以防止发生火灾后由消防水泵供给的消防用水进入消防水箱。

（5）高位消防水箱的设置高度应保证最不利点消火栓静水压力。当建筑物高度不超过100m时，高层建筑最不利点静水压力不应低于0.07MPa；当建筑物高度超过100m时，高层建筑最不利点消火栓静水压力不应低于0.15MPa。当高位消防水箱不能满足上述静压要求时，应设增压措施。

（6）设置常高压给水系统的建筑物，如能保证最不利点消火栓和自动喷水灭火设备等的水量和水压时，可不设消防水箱。

（二）消防水池

1．消防水池的设置条件

规范规定下列情况下应设置消防水池：

当生产、生活用水量达到最大时，市政给水管道、进水管或天然水源不能满足室内外消防用水量。

市政给水管道为枝状或只有一条进水管（二类居住建筑除外），且消防用水量之和超过25L/s。

2．消防水池的容积

当室外给水管网能保证室外消防用水量时，消防水池的有效容积应满足在火灾延续时间内室内消防用水量要求；当室外给水管网不能保证室外消防用水量时，消防水池的有效容积应能满足在火灾延续时间内室内消防用水量和室外消防用水量不足部分之和的要求。各类建筑物的火灾延续时间如下：

居住区、工厂和戊类仓库的火灾延续时间按2h；甲、乙、丙类物品仓库、可燃气体储罐和煤、焦炭露天堆场的火灾延续时间应按3h计算；易燃、可燃材料露天、半露天堆场（不包括煤、焦炭露天堆场）应按6h计算；商业楼、展览馆、综合楼、一类建筑的财贸金融楼、图书馆、书库、重要的档案楼、科研楼和高级旅馆的火灾延续时间应按3h计算，其他按2h计算；自动喷水灭火系统按1h计算。

在火灾发生情况下能保证连续补水时，消防水池的容量可减去火灾延续时间内补充的水量。

3．消防水池的设置要求

对于低层和多层建筑消防水池的容积如超过1000m^3时，应分成两个；对于高层建筑消防水池的容积如超过500m^3时，应分成两个能独立使用的消防水池。消防水池的补水时间不宜超过48h，缺水地区或独立的石油库可延长到96h。

供消防车取水的消防水池，保护半径不应大于150m；供消防车取水的消防水池应设取水口，其取水口与建筑物的距离宜按规范执行；供消防车取水的消防水池应能保证消防车的吸水高度不超过6m。

消防用水与生产、生活用水合并的水池，应有确保消防用水不作他用的技术措施；寒冷地区的消防水池应有防冻设施。

七、维持最不利点消火栓最低静水压力的措施

规范规定当高位消防水箱不能满足最不利点消火栓最低静水压力要求时，应考虑增压。

设置增压设施的目的是在火灾初期时，消防水泵启动前，满足消火栓系统和自喷系统的水压要求，使消防给水管道系统最不利点始终保持消防所需的压力。

增压设施一般有隔膜式气压罐加增压水泵以及单设增压水泵两种类型。

(一) 增压水泵加气压罐的增压设施

1. 增压水泵的设计参数

(1) 流量

消火栓系统专用时，$Q=5L/s$。

自动喷水灭火系统专用时，$Q=1L/s$。

(2) 扬程　当增压设施为消火栓系统专用或消火栓系统和自动喷水系统共用时，按气压罐内消防贮水容积在下限水位（图4-8中h_1）时，仍能保证消火栓栓口处充实水柱的压力（图4-8中P_1）计算。

当增压设施为自动喷水系统专用时，按气压罐内消防贮水容积在下限水位（图4-8中h_1）时，仍能保证最不利喷头0.05MPa的工作压力（图4-8中P_1）计算。

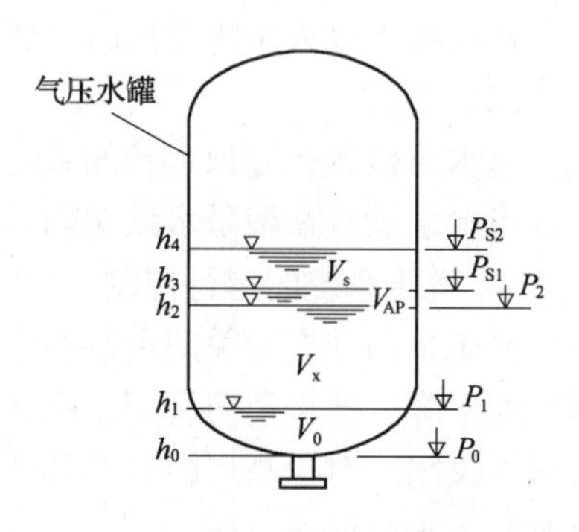

图4-8　稳压气压罐

2. 气压罐的设计参数

(1) 容积：气压罐有罐体总容积V、消防贮水容积V_x、稳压水容积V_S、缓冲水容积V_{AP}之分，各水容积及相应的压力和水位见图4-8。

规范规定气压罐局部增压时不应小于30S的室内消防用水量，故消防贮水容积如下：

消火栓系统不少于300L（考虑2支水枪）；

自动喷水灭火系统不少于150L（考虑5个喷头）；

消火栓和自动喷水灭火系统不少于450L（考虑2支水枪5个喷头）。

(2) 压力

最低工作压力P_1：保证最不利点消火栓栓口水枪充实水柱或自动喷水灭火喷头所需水压要求。

最高工作压力P_2：消防水泵的启动压力，可按式（4-6）计算。

$$p_2=\frac{P_1+0.098}{1-\frac{\beta V_x}{V}}-0.098(\mathrm{MPa}) \tag{4-6}$$

式中　β——气压罐的容积系数，隔膜式气压罐取1.05。

增压水泵启动压力P_{S1}按下式计算：

$$P_{S1}=P_2+0.02(\mathrm{MPa}) \tag{4-7}$$

增压水泵停止压力P_{S2}按下式计算：

$$P_{S2}=P_{S1}+0.05(\mathrm{MPa}) \tag{4-8}$$

3. 增压系统的运行控制

增压设施由隔膜式气压罐、水泵、电控箱、仪表、管道附件等组成。以P_1为气压水罐的充气压力；设定P_{S1}为增压泵启动压力；P_{S2}为增压泵停泵压力；平时管道系统如有渗漏等泄压情况时，控制稳压水泵不断补水稳压，在P_{S1}、P_{S2}之间反复运行。一旦发生火灾，消火栓或喷头启动使管道系统大量缺水，系统压力下降，当降至P_2时，发出报警信号，立即启动消防水泵，稳压泵停止，直至消防水泵停止运转，手动恢复稳压设施的控制功能（设施的选用参照国标图集98S205）。

（二）单设增压水泵的增压设施

1. 水泵的设计参数

（1）流量

消火栓系统专用时，$Q=5\mathrm{L/s}$。

自动喷水灭火系统专用时，$Q=1\mathrm{L/s}$。

（2）扬程

当水泵设置在屋顶水箱间或屋顶设备层时，水泵的扬程即为 P_1。

当水泵设置在消防水泵房内时，水泵的扬程同消防水泵。

2. 增压系统的运行控制

增压泵的开启与关闭由装在消防水泵出水管上的压力开关自动控制。对于多层建筑，当压力下降，低于消防管网工作压力 0.07MPa 时，增压水泵开启。当恢复至工作压力时，增压泵关闭。对于高层建筑当压力下降至 0.10MPa 时，消防水泵开启，当恢复至工作压力时增压水泵停止工作。

第二节　消火栓给水系统计算实例

有一栋 16 层高层塔式民用住宅楼，住宅楼层高为 2.8m，考虑暖气走管，在八层和十六层层高取 3.1m，室内外高差取 1.2m。每层 9 户，建筑面积为 720m²。试设计其室内消防给水系统。

1. 消防管的设置

该建筑为建筑高度小于等于 50m 的普通住宅，属二类民用高层建筑。由于每层住宅多于 8 户，建筑面积超过 650m²，故楼内至少设 2 条消防竖管。结合楼内平面布置，根据应保证同层相邻两个消防栓的水枪的充实水柱能同时到达被保护范围内的任何部位的规定，楼内每层平面设 2 条消防立管即可，同时在消防电梯前室另设 1 条消防立管，全楼共设 3 条消火栓消防立管。其消火栓消防给水系统见图 4-9。

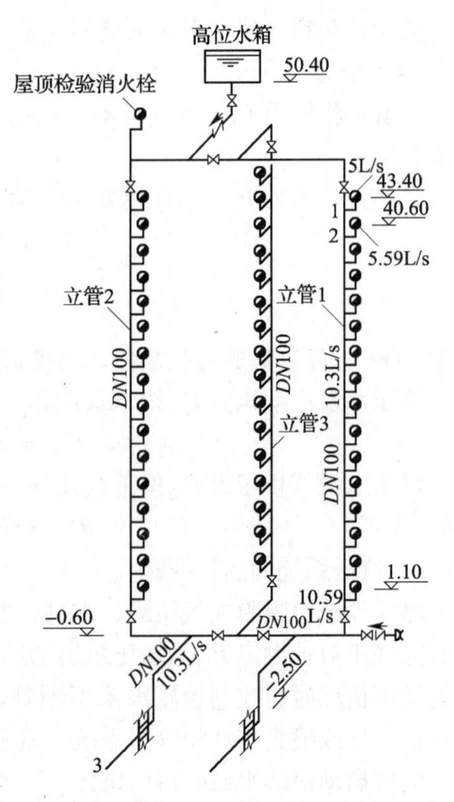

图 4-9　消火栓消防给水系统

市政给水管网水压不能直接供至建筑物最高处，所以在楼外与其他高层住宅楼一起设立区域集中临时高压消防给水系统，并在楼内设屋顶消防水箱。发生火灾前 10min 消防用水由屋顶消防水箱供水，火灾发生后，在使用消火栓的同时，按下直接启动消防水泵的按钮，在报警的同时启动区域高压消防给水水泵房中的消防水泵，续供 10min 以后的消防用水。

2. 屋顶水箱的设置与计算

（1）水箱的容积：对于二类居住建筑，水

箱有效容积取 $6m^3$。

（2）水箱的设置高度：根据“当建筑高度不超过100m时，高层建筑最不利点消火栓静水压力不应低于0.07MPa”的规定，水箱箱底的设置高度取：43.4+7.0=50.4m

3. 消火栓及管网的计算

（1）底层消火栓所承受的静水压力为50.40-1.10=49.30<80m，因此该消火栓系统可不分区。

（2）最不利点消火栓栓口的压力计算：设图4-9中的3点为消防用水入口，那么立管1的顶层1号消火栓为最不利点；室内消火栓选用SN65型、水枪为QZ19、衬胶水带 *DN*65长25m，根据规范规定1号消火栓水枪充实水柱不应低于10m，查表4-8，此时该消火栓栓口压力为0.135MPa，水枪流量为4.6L/s，不足5.0L/s；根据规范规定一支消火栓流量应为5.0L/s，因此要提高压力，增大水枪流量 q_{xh} 至5L/s；根据式（4-5）计算1号消火栓栓口最低水压，查表4-6，$A_d=0.0172$，查表4-8，$B=0.158$，水龙带长 $L_d=25m$。则

$$H_{xh}=A_dL_dq_{xh}^2+\frac{q_{xh}^2}{B}+H_{SK}$$

$$=0.0172\times25\times5^2+\frac{5^2}{0.158}+20=10.75+158.22+20$$

$$=189.97kPa=0.19MPa$$

所以1号消火栓栓口最低压力为0.19MPa。

（3）消防给水管网管径的确定：查表4-9，楼内消火栓消防用水量为10L/s。立管上出水枪数为2支。虽然，对于用水量10L/s，选用 *DN*80钢管即可（流速 $v=2.01m/s$），但根据规范规定高层建筑室内消防立管管径不应小于100mm，故决定将消防给水管及立管都选用 *DN*100钢管。

（4）消防给水管网入口压力的计算：在图4-9系统图中，消防用水从3点入口时，16层1号消火栓为最不利点。

该处的压力为 $H_1=0.19MPa$，流量5L/s。

十五层2号消火栓的压力 H_2 应等于 H_1 +（层高2.8m）+（十五～十六层的消防竖管的水头损失）。

*DN*100钢管，当 $q=5L/s$ 时，查附录C表得每米水头损失 $i=0.0749kPa/m$，则

十五～十六层的消防竖管水头损失为

$$0.0749\times(1+20\%)\times2.8=0.25kPa$$

$$H_2=190+28+0.0749\times(1+20\%)\times2.8=218kPa$$

十五层消火栓的消防出水量为

$$H_{xh}=A_dL_dq_{xh}^2+\frac{q_{xh}^2}{B}+H_{SK}$$

$$q_2=\sqrt{\frac{H_2-H_{SK}}{A_dL_d+\frac{1}{B}}}=\sqrt{\frac{218-20}{0.0172\times25+\frac{1}{0.158}}}=5.41L/s$$

2点与3点之间的流量：$q=q_1+q_2=5+5.41=10.41L/s$，*DN*100钢管，每米管长损失 $i=0.285kPa/m$，管道长65.5m。则2～3点之间水头损失为

$$655 \times 0.285 \times (1 + 20\%) = 22.4\text{kPa}$$

消防给水管网入口 3 点所需水压为：

$$[434 - (-25)] + 190 + (0.25 + 22.4) = 672\text{kPa}$$

从以上计算可知，十六层消火栓栓口动水压力为 0.19MPa；十五层消火栓栓口压力为 0.218MPa。同理，十四层消火栓处的压力应等于 H_2 +（层高 2.8）+（14～15 层）消防立管的水头损失，应为

$$218 + 28 + 2.8 \times (1 + 20\%) \times 0.285 = 247\text{kPa}$$

同理，计算出从十三层至一层的消火栓栓口动水压力。各消火栓的剩余压力即为动水压力减去保证消火栓流量为 5L/s 时栓口的水压为 190kPa。则一～五层的消火栓动水压力会超过 0.5MPa，有必要设置减压装置，可采用减压稳压型消火栓。

（5）水泵接合器的选定：楼内消火栓消防用水量为 10L/s，每个水泵接合器的流量为 10～15L/s，故选用 1 个水泵接合器即可，采用外墙墙壁式，型号为 SQB 型，*DN*100。

第三节　自动喷水灭火系统的组成与工作原理

一、闭式自动喷水灭火系统

（一）组成与工作原理

闭式自动喷水灭火系统，一般由闭式喷头、管网、报警阀门系统、探测器、水流指示器、末端试水装置、加压设备等组成，见图 4-10。发生火灾时，建筑物内温度上升，当室温升高到足以打开闭式喷头上的闭锁装置时，喷头即自动喷水灭火，同时报警阀门通过水力警铃和水流指示器发出报警信号、压力开关启动相应给水管路上阀门和消防水泵组。

（二）分类

1. 湿式喷水灭火系统

该系统在喷水管网中经常充满有压力的水。失火时，闭式喷头的闭锁装置熔化脱落，水即自动喷出灭火，同时发出火警信号，见图 4-10。适用于常年温度不低于 4℃且不高于 70℃的建筑物和场所。

2. 干式喷水灭火系统

该系统在报警阀的上部充以有压气体，下部充满压力水。失火时，闭式喷头的闭锁装置熔化脱落，管网排气充水灭火，见图 4-11。适用于室温低于 4℃或高于 70℃的建筑物和场所。

3. 预作用喷水灭火系统

该系统的喷水管网中平时不充水，而充以有压或无压的气体。发生火灾时，由感烟（或感温、感光）火灾探测器报警，同时发出信息开启报警信号，报警信号延迟 30s 证实无误后，自动启动预作用阀门而向喷水管网中自动充水。当火灾温度继续升高，闭式喷头的闭锁装置脱落，喷头即自动喷水灭火，见图 4-12。适用于室温低于 4℃或高于 70℃；或不允许有水渍损失的建筑物、构筑物。

（三）主要组件

1. 闭式喷头

闭式喷头是闭式自动喷水灭火系统的关键组件，系通过热敏释放机构而动作喷水。喷头由喷水口、温感释放器和溅水盘组成。

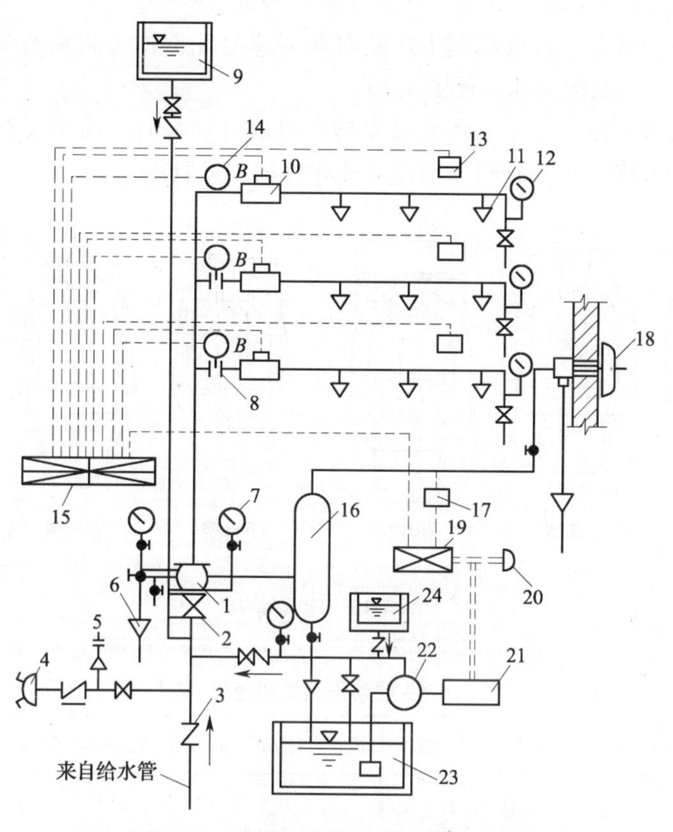

图 4-10　湿式自动喷水灭火系统示意图

1—湿式报警阀；2—闸阀；3—止回阀；4—水泵结合器；5—安全阀；6—排水漏斗；7—压力表；8—节流孔板；9—高位水箱；10—水流指示器；11—闭式喷头；12—压力表；13—感烟探测器；14—火灾报警装置；15—火灾收信机；16—延迟器；17—压力继电器；18—水力警铃；19—电气自控箱；20—按钮；21—电动机；22—水泵；23—蓄水池；24—水泵灌水箱

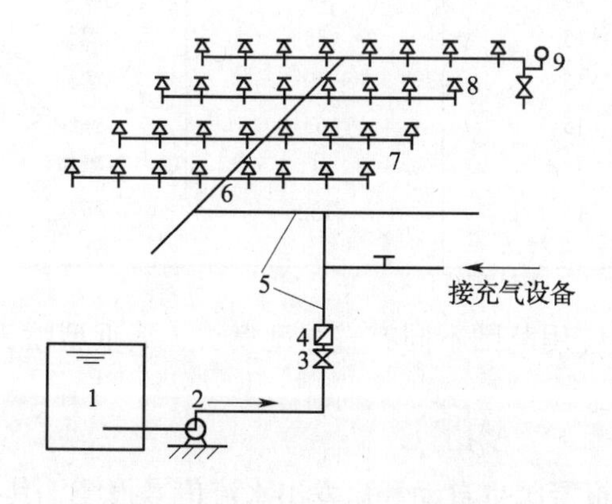

图 4-11　干式喷水灭火系统

1—水池；2—水泵；3—总控制阀；5—配水干管；6—配水管；7—配水支管；8—闭式喷头；9—末端试水装置

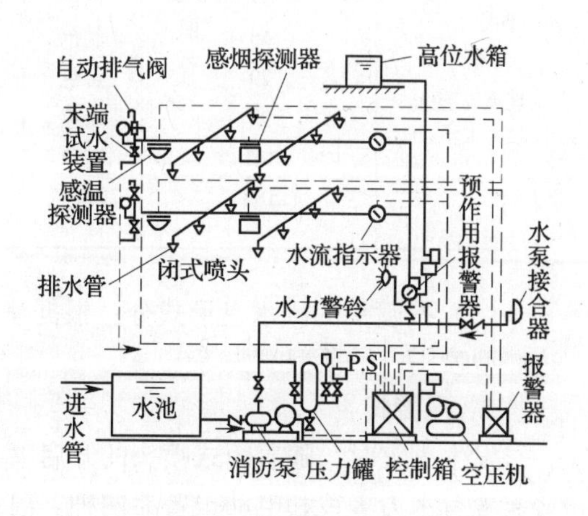

图 4-12　预作用喷水灭火系统

喷头根据感温元件、温度等级、溅水盘形式等进行分类。

（1）按感温元件分：目前我国生产的有两种感温元件作为闭式喷头的闭锁装置，一是易熔合金锁片，二是玻璃球，见图4-13。

（2）按感温级别分：在不同环境温度场所内设置喷头时，喷头公称动作温度应比环境最高温度高30℃左右。各种喷头动作温度和色标，见表4-10。

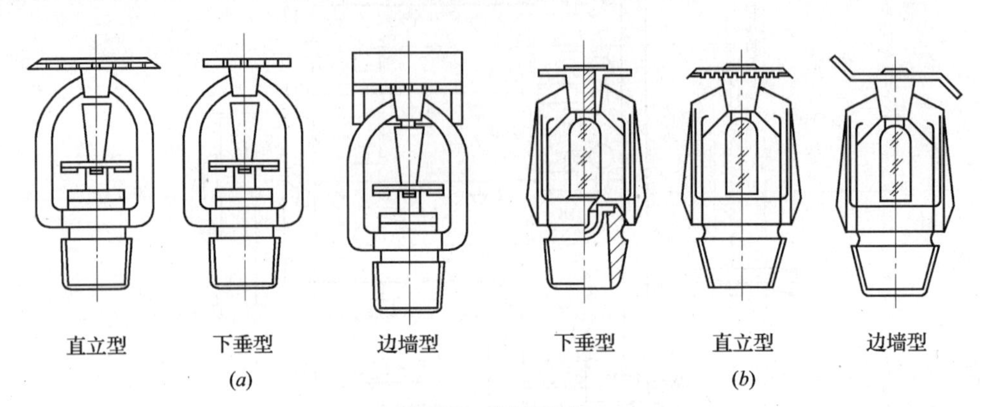

图4-13 闭式喷头

（a）易熔金属元件闭式喷头；（b）玻璃球闭式喷头

喷头的动作温度和色标 **表4-10**

类　别	公称动作温度（℃）	色标	接管直径 *DN*（mm）	最高环境温度（℃）	连接形式
易熔合金喷头	55～77 79～107 121～149 163～191	本色 白色 蓝色 红色	15 15 15 15	42 68 112	螺纹 螺纹 螺纹 螺纹
玻璃球喷头	57 68 79 93 141 182	橙色 红色 黄色 绿色 蓝色 紫红色	15 15 15 15 15 15	27 38 49 63 111 152	螺纹 螺纹 螺纹 螺纹 螺纹 螺纹

（3）按喷头的溅水盘形式分：根据喷头的应用范围不同有直立型喷头、下垂型喷头、边墙型喷头、吊顶型喷头等。

2. 报警阀

发生火灾时，随着闭式喷头的开启喷水，报警阀也自动开启发出水流信号报警，其报警装置有水力警铃和电动报警器两种。前者用水力推动打响警铃，后者用水压启动压力继电器或水流指示器发出报警信号。

（1）湿式报警阀（充水式报警阀）：适用于在湿式自动喷水灭火系统立管上安装，见图4-14。

湿式报警阀平时阀芯前后水压相等（水通过导向管中的水压平衡小孔保持阀板前后水压平衡），由于阀芯的自重和阀芯前后所受水的压力不同，阀芯处于关闭状态（阀芯上面的总压力大于阀芯下面的总压力）。发生火灾时，闭式喷头喷水，由于水压平衡小孔来不及补水，报警阀上面的水压下降，此时阀下水压大于阀上水压，于是阀板开启，向洒水管网及洒水喷头供水，同时水沿着报警阀的环形槽进入延迟器，这股水首先充满延迟器后才能流向压力继电器及水力警铃等设施，发出火警信号并启动消防水泵等设施。若水流较小，不足以补充从节流孔板上排除的水，就不会引起误报。

（2）干式报警阀（充气式报警阀）：充气式报警阀适用于在干式自动喷水灭火系统立管上安装。

（3）预作用阀：一般将雨淋阀出水口上端接配一套同规格的湿式报警阀构成一套预作用系统。

3．水流指示器

水流指示器的作用是将火灾发生的位置准确地告诉消防控制中心，便于组织人员扑救，常见的类型有，浆式水流指示器和水流动作阀。

（1）浆式水流指示器：用于湿式自动喷水灭火系统，火灾时，喷头开启，喷水管道内水流动，引起浆片动作，接通延时电路，在预定的15～20s延时后继电器触点吸合，发出电信号。延时发讯是为消除管内瞬时水压波动引起的误报。见图4-15。

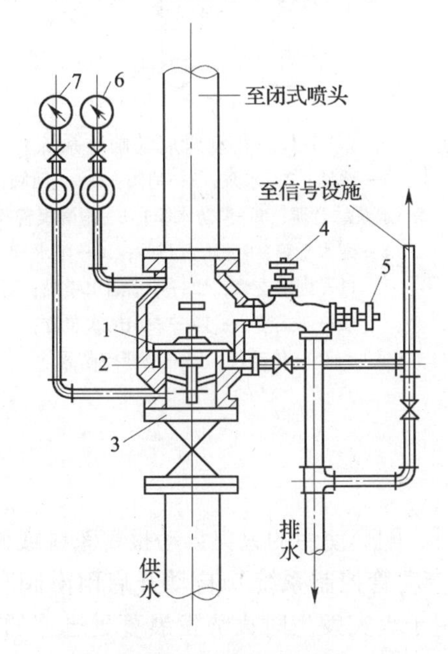

图4-14　湿式报警阀

1—报警阀及阀芯；2—阀座凹槽；3—控制阀；4—试铃阀；5—排水阀；6—阀后压力表；7—阀前压力表

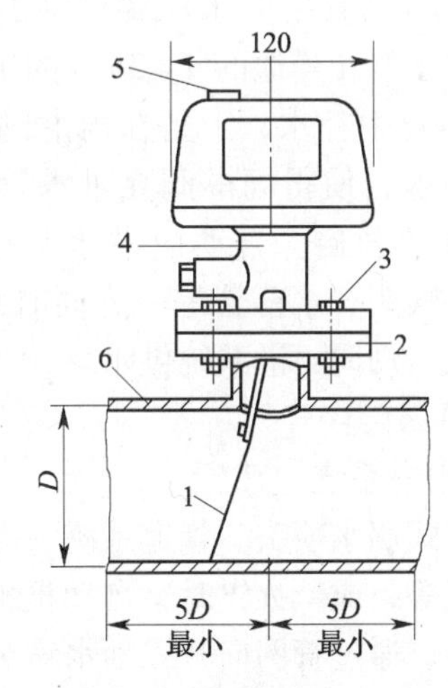

图4-15　浆式水流指示器

1—浆片；2—法兰底座；3—螺栓；4—本体；5—接线孔；6—喷水管道

（2）水流动作阀：可用于任何自动喷水灭火系统，火灾时，喷头开启，喷水管道内水流动，引起阀板动作而发出电信号。

4．末端试水装置

为了检验报警阀水流指示器等在某个喷头作用下是否正常工作，自动喷水系统在管网末端设置末端试水装置，末端试水装置由试水阀、压力表以及试水接头组成。

5．信号蝶阀控制阀

该阀门一般放在各报警阀入水口下端。具有开启速度快、密封性能好（密封垫为防水橡胶）等特点，并还特别设计和安装了信号控制盒，当阀门开启和关闭时均能发出报警信号。控制阀的电信号装置应连接到消防控制中心。

6．火灾探测器

火灾探测器接到火灾信号后，能通过电气自控装置进行报警或启动消防设备。火灾探测器有感烟式、感温式、火焰探测器和可燃气体探测器等。

二、开式自动喷水灭火系统

（一）组成与工作原理

开式自动喷水灭火系统（又称雨淋系统，包括水幕系统）。通常用于燃烧猛烈、蔓延迅速的某些严重危险建筑物或场所。图4-16所示，为充液（水）传动管启动的开式喷水系统。在平时（未失火时），传动管中充满了与进水管中相同压力的水，雨淋阀由于传动管中的水压作用而紧闭着。失火时，火灾探测器接到火灾信号后，通过传动阀（或闭式喷头、电磁阀等）自动释放掉传动管中有压力的水，使传动管中的水压骤然降低，由于传动管与进水管相连通的 $d=3\text{mm}$ 的小阀孔来不及向传动管中补水，于是在雨淋阀阀板前后产生压力差，使得雨淋阀在进水管水压推动下瞬间自动开启，自动向淋水管网中供水，所有开式喷头、水幕管等一齐同时喷水灭火，水泵随之启动向雨淋系统供水。

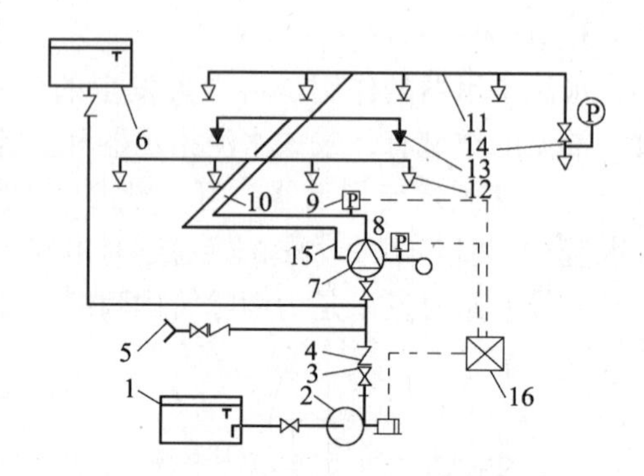

图4-16　传动管启动雨淋系统

1—水池；2—水泵；3—闸阀；4—止回阀；5—水泵结合器；6—消防水箱；7—雨淋报警阀组；8—配水干管；9—压力开关；10—配水管；11—配水支管；12—开式洒水喷头；13—闭式喷头；14—末端试水装置；15—传动管；16—报警控制器

（二）分类

1．雨淋系统

由开式洒水喷头、管道系统、雨淋报警阀组、配套使用的火灾自动报警系统或传动管控制系统等组成。火灾时，自动报警系统（或传动管控制系统）自动开启雨淋阀和启动供水泵后、通过管网向开式洒水喷头供水。适用于火灾发生时火势发展蔓延迅速的场所，如舞台、煤气灌装车间等。

2．水幕系统

由开式洒水喷头或水幕喷头、雨淋报警阀组或感温雨淋阀，以及水流报警装置（水流指示器或压力开关）等组成，用于挡烟阻火和冷却分隔物的喷水系统。一般安装在舞台口、防火卷帘、以及需要设水幕保护的门、窗、孔、洞等。

（三）主要组件

1．喷头

开式自动喷水灭火系统中的喷头有雨淋系统使用的开式洒水喷头和水幕系统使用的水幕喷头之分，前者可下垂或直立安装用于灭火，后者为下垂安装用于挡烟阻火和冷却分隔物。

2. 雨淋阀

雨淋阀是开式自动喷水灭火系统中的关键设备，常见的类型有隔膜式雨淋阀、双圆盘雨淋阀、ZSFC 型雨淋阀、ZSY/SL－02 系列雨淋阀、ZSFW 温感雨淋阀等，其启动方式有气控、水力控制和定温动作等，见图 4-17。

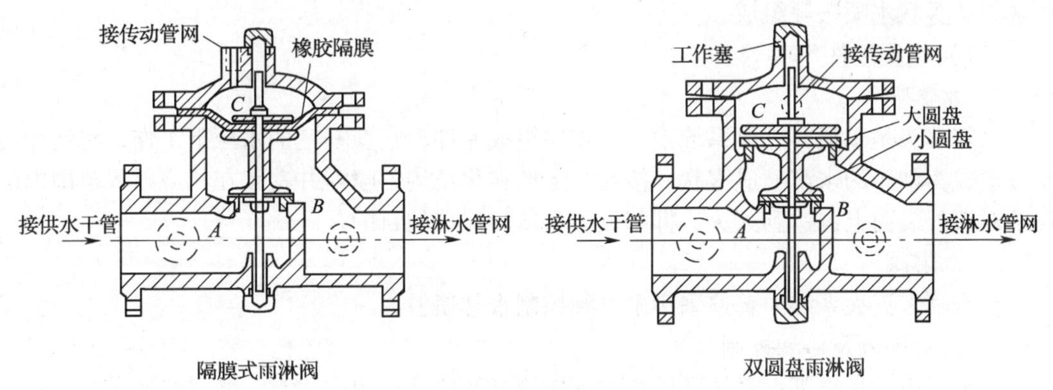

图 4-17　雨淋阀

3. 火灾探测传动控制系统

火灾探测传动控制系统实际上就是雨淋阀的开启传动装置，常见的有：

(1) 带易熔锁封的钢丝绳传动装置。火灾时，室内温度上升，易熔锁封被熔化，钢丝绳系统断开，传动阀开启放水，传动管网内水压骤降，雨淋阀自动开启，所有开式喷头自动喷水灭火，见图 4-18。

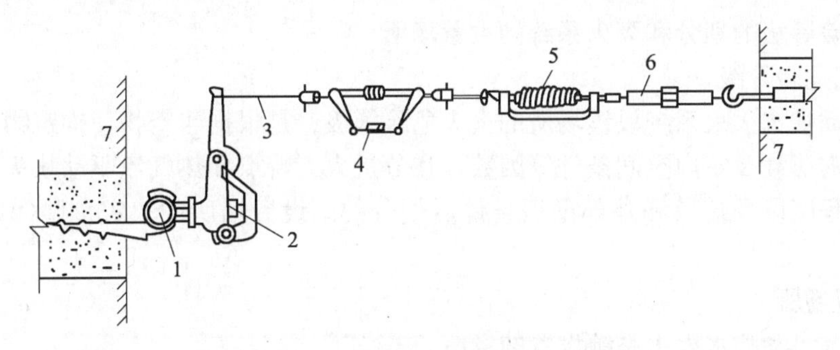

图 4-18　带易熔锁封的钢丝绳传动装置

1—传动管网；2—传动阀；3—钢丝绳；4—拉紧弹簧；6—拉紧连接器；7—墙壁

(2) 带闭式喷头的传动控制系统。火灾时，室内温度上升，闭式喷头打开放水，传动管网内水压骤降，雨淋阀自动开启，所有开式喷头自动喷水灭火，如图 4-16。

(3) 带火灾探测器的电动控制系统。火灾时，在火灾探测器探测到火灾信号后，由控制器启动雨淋阀，所有开式喷头喷水灭火。

三、水喷雾灭火系统

(一) 组成与工作原理

水喷雾灭火系统是利用高压水经过各种形式的雾化喷头，可喷射出雾状水流；水雾在燃烧物上，一方面进行冷却，另一方面使燃烧物和空气隔绝，产生窒息而起到灭火作用。一般用于扑救固体火灾、闪点高于60℃的液体火灾和电气火灾，并可用于扑救可燃气体火灾和甲、乙、丙类液体的生产、输送、贮存、装卸设施等的防护冷却。如燃油、燃气的锅炉房；可燃油油浸电力变压器室；充可燃油的高压电容器和多油开关室；自备发电机房等。

固定式水喷雾灭火自动控制系统，一般由火灾探测自动控制系统的高水压给水设备、雨淋阀、雾状水喷头等组成。

（二）主要组件

1. 水雾喷头

水雾喷头是水喷雾灭火系统中一个重要组成元件。它在一定的水压下工作，将流经的水分散成为细小的水滴喷成雾状，按照一定的雾化角均匀喷射并覆盖在相应射程范围内的保护对象外表面上，达到灭火、抑制火势和冷却保护的目的。

2. 雨淋阀

在水喷雾灭火系统中普遍采用雨淋阀控制水雾喷射。

3. 火灾探测及传动控制

目前国内水喷雾灭火系统常用的火灾探测器及传动控制方式有：缆式线型定温火灾探测器、光感火灾探测器、可燃气体浓度探测器、带闭式喷头的传动控制系统、手动控制系统等。这些控制系统可单独设置，也可根据需要联合设置，但自动系统必须同时设置手动（应急）操作装置。

第四节　湿式自动喷水灭火系统的设计计算

一、危险等级的划分和灭火系统的设置场所

1. 火灾危险等级

湿式自动喷水灭火系统设置场所的火灾危险等级，是根据建筑物、构筑物的用途、容纳物品的火灾荷载及室内空间条件等因数，在分析火灾特点和热气流驱动喷头开放、喷水到位的难易程度以及疏散和外部增援条件后划分的。设置场所的火灾危险等级划分见表4-11。

2. 设置场所

应设闭式自动喷水灭火系统设置的场所：

（1）民用建筑

1）超过1500个座位的剧院；超过2000个座位的会堂或礼堂的观众厅、舞台上部、储藏室、贵宾室等。超过3000个座位的体育馆观众厅的吊顶上部、贵宾室、器材间、运动员休息室等；

2）省级邮政楼的邮袋库；

3）每层面积超过3000m^{2}或建筑面积超过9000m^{2}的百货商场、展览大厅；

4）设有空气调节系统的旅馆和综合办公楼；

5）飞机发动机试验台的准备部位；

设置场所火灾危险等级划分表 **表 4-11**

火灾危险等级		设置场所举例
轻危险级		建筑高度为24m及以下的旅馆、办公楼；仅在走道上设置闭式系统的建筑等
中危险级	Ⅰ级	1. 高层民用建筑：旅馆、办公楼、综合楼、邮政楼、金融电信楼、指挥调度楼、广播电视楼（塔）等 2. 公共建筑（含多层、高层）：医院、疗养院；图书馆、（书库除外）、档案馆、展览馆（厅）；影剧院、音乐厅和礼堂（舞台除外）以及气体娱乐场所；火车站和飞机场及码头建筑；总面积小于5000m² 的商场、总建筑面积小于1000m² 的地下商场等 3. 文化遗产建筑：木结构古建筑、国家文物保护单位等 4. 工业建筑：食品、家用电器、玻璃制品等工厂的备料与生产车间等；冷藏库、钢屋架等建筑构件
	Ⅱ级	1. 民用建筑：书库、舞台（葡萄架除外）、汽车停车场、总建筑面积5000m² 及以上的商场、总建筑面积1000m² 及以下的地下商场等 2. 工业建筑：棉毛麻丝及化纤的纺织、织物及制品、木材木器及胶合板、谷物加工、烟草及制品、饮用酒（啤酒除外）、皮革制品、造纸及纸制品、制药等工厂的备料与生产车间
严重危险级	Ⅰ级	印刷厂、酒精制品、可燃液体制品等工厂的备料和车间等
	Ⅱ级	易燃液体喷雾操作区域、固体易燃物品、可燃的气溶胶制品、溶剂、油漆、沥青制品等工厂的备料及生产车间、摄影棚、舞台葡萄架下部
仓库危险级	Ⅰ级	食品、烟酒；木箱、纸包装的不燃难燃物品、仓储式商场的货架区等
	Ⅱ级	木材、纸、皮革、谷物及制品、棉毛麻丝化纤及制品、家用电器、电缆、B组塑料与橡胶及其制品、钢塑混合材料制品、各种塑料盒包装的不燃物品及各类物品混杂储存的仓库等
	Ⅲ级	A组塑料与橡胶及其制品；沥青制品等

A、B组塑料的举例见《自动喷水灭火系统设计规范》

6）国家级文物保护单位的重点砖木结构或木结构建筑；

7）建筑面积大于500m² 的地下商店；

8）设置在地下、半地下；设置在建筑的首层、二层和三层，且建筑面积超过300m²；设置在建筑的地上四层及四层以上的公共娱乐场所；

9）建筑高度超过100m的高层建筑，除面积小于5m² 的卫生间、厕所外均应设置自动喷水灭火系统；建筑高度不超过100m的一类建筑（除普通住宅外）及其裙房；设置集中空气调节系统的二类高层民用建筑；

10）二类高层民用建筑中的地下商场、商业营业厅、展览厅等公共活动用房、建筑面积超过200m² 的可燃物品库房、歌舞厅、卡拉OK厅（含有卡拉OK功能的餐厅）、夜总会、录像厅、放映厅、桑拿浴室（洗浴部分外）、游艺室（含电子游艺厅）、网吧等歌舞娱乐放映游艺场所。

（2）设有自动喷水灭火系统的建筑物，当其屋顶（包括中庭屋顶）承重结构采用金属结构时，其耐火极限达不到规范规定值，可采用自动喷水灭火系统作为防火措施。

（3）Ⅰ、Ⅱ、Ⅲ类地上汽车库、停车数超过10辆的地下汽车库、机械立体车库或复式汽车库以及采用垂直升降梯作汽车疏散出口的汽车库，Ⅰ类修车库。

（4）人防工程及其下列部位：

1）建筑面积大于$1000m^2$的人防工程；

2）大于800个座位的电影院和礼堂的观众厅，且吊顶下面至观众厅地坪高度不大于8m时；舞台使用面积大于$200m^2$时；观众厅与舞台之间的台口宜设置防火幕或水幕分隔；

3）采用防火卷帘代替防火墙或防火门，当防火卷帘不符合防火墙耐火极限条件时，应在防火卷帘的两侧设置闭式自动喷水灭火系统，其喷头间距应为2m，喷头与卷帘的距离应为0.5m；有条件时，也可设置水幕保护；

4）歌舞娱乐放映游艺场所；

（5）特大型、大型铁路旅客车站的地下行包库，应按危险级建筑物规定设置自动喷水灭火系统。

（6）下列部位应设雨淋喷水灭火设备：

1）日装瓶数量超过3000瓶的液化石油气储配站的灌瓶间、实瓶库；

2）超过1500个座位的剧院和超过2000个座位的会堂舞台的葡萄架下部；

3）建筑面积超过$400m^2$的演播室、建筑面积超过$500m^2$的电影摄影棚；

（7）下列部位应设置水幕设备：

1）超过1500个座位的剧院和超过2000个座位的会堂、礼堂的舞台口，以及与舞台口相连的侧台、后台的门窗洞口；高层民用建筑中超过800个座位的剧院、礼堂的舞台口宜设置防火幕或水幕分隔；

2）应设防火墙等防火分隔物而无法设置的开口部位；

3）防火卷帘或防火幕的上部

二、喷头布置

喷头的布置原则是使被保护房间、场所的任何部位都受到要求设计喷水强度的喷头保护。

喷头应布置在顶板或吊顶下易于接触到火灾热气流并有利于均匀布水的位置。当设置场所无吊顶，且配水管道沿梁下布置时，火灾热气流将在上升至顶板后水平蔓延，此时应采用直立型喷头，使热气流尽早接触和加热热敏元件；当室内有吊顶时，喷头将紧贴在吊顶下布置，应采用下垂型或吊顶型喷头；当中、轻危险级场所的走道、客房、居室无吊顶或虽有吊顶，但布管、设喷头不方便时，可采用边墙型喷头；当要求水幕形成密集喷洒水墙时采用洒水喷头；当要求水幕形成密集喷洒的水帘时，应采用开口向下的水幕喷头。

直立型、下垂型喷头的布置，包括同一根配水支管上喷头的间距及相邻配水支管的间距，应根据不同的火灾危险等级、系统的喷水强度、喷头的流量系数和工作压力确定，并不应大于表4-12的规定，且不宜小于2.4m。其布置形式可采用正方形、长方形或菱形。

同一根配水支管上喷头的间距及相邻配水支管的间距　　表4-12

喷水强度 [L/(min·m²)]	正方形布置的边长（m）	矩形或平行四边形布置的长边边长（m）	一只喷头的最大保护面积（m²）	喷头与端墙的最大距离（m）
4	4.4	4.5	20.0	2.2
6	3.6	4.0	12.5	1.8
8	3.4	3.6	11.5	1.7
12～20	3.0	3.6	9.0	1.5

注：1. 仅在走道设置单排喷头的闭式系统，其喷头间距应按走道地面不留漏喷空白点确定；

2. 货架内喷头的间距不应小于2m，并不应大于3m。

除吊顶型喷头及吊顶下安装的喷头外，直立型、下垂型标准喷头，其溅水盘与顶板的距离，不应小于75mm，且不应大于150mm；货架内喷头宜与顶板下喷头交错布置，其溅水盘与其下方货品顶面的垂直距离不应小于150mm。

净空高度大于800mm的闷顶和技术夹层内有可燃物时，应设置喷头；当局部场所设置自动喷水灭火系统时，与相邻不设自动喷水灭火系统场所连通的走道或连通开口的外侧，应设喷头。

装设通透性吊顶的场所，喷头应布置在顶板下；顶板或吊顶为斜面时，喷头应垂直于斜面，并应按斜面距离确定喷头间距；尖屋顶的屋脊处应设一排喷头。喷头溅水盘至屋脊的垂直距离，屋顶坡度>1/3时，不应大于0.8m；屋顶坡度<1/3时，不应大于0.6m。

边墙型标准喷头的最大保护跨度与间距，应符合表4-13的规定：

边墙型标准喷头的最大保护跨度与间距（m）　　表4-13

设置场所火灾危险等级	轻危险级	中危险级Ⅰ级
配水支管上喷头的最大间距	3.6	3.0
单排喷头的最大保护跨度	3.6	3.0
两排相对喷头的最大保护跨度	7.2	6.0

注：1. 两排相对喷头应交错布置；

2. 室内跨度大于两排相对喷头的最大保护跨度时，应在两排相对喷头中间增设一排喷头。

边墙型扩展覆盖喷头的最大保护跨度、配水支管上的喷头间距、喷头与两侧端墙的距离，应按喷头工作压力下能够喷湿对面墙和邻近端墙距溅水盘1.2m高度以下的墙面确定。

直立式边墙型喷头，其溅水盘与顶板的距离不应小于100mm，且不宜大于150mm，与背墙的距离不应小于50mm，并不应大于100mm。

水平式边墙型喷头溅水盘与顶板的距离不应小于150mm，且不应大于300mm。

防火分隔水幕的喷头布置，应保证水幕的宽度不小于6m。采用水幕喷头时，喷头不应少于3排；采用开式洒水喷头时，喷头不应少于2排。防护冷却水幕的喷头宜布置成单排。

喷头与其他障碍物的距离见《自动喷水灭火系统设计规范》。

三、管道和组件的布置

1. 管道的布置

湿式自动喷水灭火系统报警阀前的供水干管可布置成环状管网或枝状管网。环状管网的一条进水管发生故障时，另一条进水管仍能保证全部自喷系统的水量和水压。当自动喷水灭火系统中设有两个及以上报警阀组时，报警阀前宜设成环状管网。

报警阀后的管网可分为枝状管网、环状管网和格栅管网。一般轻危险级采用枝状管网；中危险级采用环状管网；严重危险级和仓库危险级采用环状管网和格栅状管网。

为了控制配水支管的长度避免水头损失过大，配水管两侧每根配水支管控制的标准喷头数，轻危险级、中危险级场所不应超过8只，同时在吊顶上下安装喷头的配水支管，上下侧均不应超过8只，严重危险级及仓库危险级场所均不应超过6只。短立管和末端试水装置的连接管管径不应小于25mm。

轻危险级、中危险级场所中配水支管、配水管控制的标准喷头数，不应超过表4-14的规定。

轻危险级、中危险级场所中配水支管、配水管控制的标准喷头数　　表4-14

公称管径（mm）	控制的标准喷头数（只）	
	轻 危 险 级	中 危 险 级
25	1	1
32	3	3
40	5	4
50	10	8
65	18	12
80	48	32
100	—	64

湿式自动喷水灭火系统配水管道工作压力不应大于1.2MPa，并不应设置其他用水设施。配水管道的布置应使配水管入口的压力平衡，轻危险级、中危险级场所中各配水管入口处压力均不宜大于0.40MPa。

配水管道应采用内外壁热镀锌钢管。当报警阀入口前管道采用内壁不防腐的钢管时，应在该管道的末端设过滤器。管道的连接，应采用沟槽式连接件（卡箍），或丝扣、法兰连接。报警阀前采用内壁不防腐钢管时，可焊接连接。

2. 组件的布置

自动喷水灭火系统的水平管道应有不小于0.2%坡度，坡向泄水阀。

系统中需要减静压的区段，可设减压阀；需要减动压的区段宜设置减压孔板或节流管。系统的立管顶部应设置自动排气阀。

自动喷水灭火系统应在每个报警阀组的最不利点喷头处，应设置末端试水装置，末端试水装置的出水应采用孔口出流的方式排入排水管道。其他防火分区、楼层的最不利点喷头处均应设置直径25mm的试水阀。

规范规定除报警阀组控制的喷头只保护不超过防火分区面积的同层场所外，每个防火分区、每个楼层、每个不同功能的区域均应设水流指示器。水流指示器前应设置信号阀作为控制阀。水流指示器的安装前后应有3倍直径直线管段距离，水流指示器应安装在便于检修的地点。

报警阀应设置在经常有人通行的地点，为了便于报警阀的日常维护和检修，报警阀前应有1.2m的空间、侧面有0.6m的间距、距地面高度宜为1.2m，报警阀附近应有排水管道。当报警阀服务于不同楼层时，其系统的最低喷头和最高喷头的高差不应大于50m。连接报警阀进出口的控制阀宜采用信号阀，湿式自动喷水灭火系统一个报警阀组控制的喷头数不宜超过800个。

水力警铃的工作压力不应小于0.05MPa，并应设在有人值班的地点附近；水力警铃与报警阀连接的管道，其管径应为20mm，总长不宜大于20m。

四、水力计算

闭式自动喷水灭火系统的水力计算的目的与消火栓系统相同，但采用的基本设计数据和计算方法不同。

（一）水量与水压

闭式自动喷水灭火系统的基本设计水量与水压数据，是应保证被保护建筑物的最不利点喷头有足够的喷水强度，以有效的扑灭火灾。各危险等级的建筑物的设计喷水强度、作用面积和喷头设计压力见表4-15。

民用建筑和工业厂房的自动喷水灭火系统设计基本参数　　表4-15

<table>
<tr><th colspan="2">火灾危险等级</th><th>喷水强度［L/(min·m²)］</th><th>作用面积（m²）</th><th>喷头工作压力（MPa）</th></tr>
<tr><td colspan="2">轻危险级</td><td>4</td><td rowspan="3">160</td><td rowspan="5">0.10</td></tr>
<tr><td rowspan="2">中危险级</td><td>Ⅰ级</td><td>6</td></tr>
<tr><td>Ⅱ级</td><td>8</td></tr>
<tr><td rowspan="2">严重危险级</td><td>Ⅰ级</td><td>12</td><td rowspan="2">260</td></tr>
<tr><td>Ⅱ级</td><td>16</td></tr>
</table>

注：1. 系统最不利点处的工作压力，不应低于0.05MPa；
2. 仅在走道设置单排喷头的闭式系统的作用面积按最大疏散距离对应的走道面积确定；
3. 消防用水量 =（设计喷水强度/60）× 作用面积；
4. 作用面积指一次火灾中系统按喷水强度保护的最大面积。

（二）喷头出水量

喷头的出水量与喷头处的水压有关，其计算公式如下：

$$q = K\sqrt{10P} \tag{4-9}$$

式中　q——喷头出水量，L/min；

K——喷头流量特性系数、标准玻璃球喷头 $K=80$；

P——喷头工作压力，MPa。

玻璃球喷头各种水压下喷头的出水量　　表4-16

喷头工作压力（×10⁴Pa）	4.90	5.39	5.88	6.37	6.86	7.35	7.84	8.33	8.82	9.31	
喷头出水量（L/min）	56.57	59.33	61.97	64.50	66.93	69.28	71.55	73.76	75.89	77.97	
喷头工作压力（×10⁴Pa）	9.80	10.29	10.78	11.27	11.76	12.25	12.74	13.23	13.72	14.21	14.70
喷头出水量（L/min）	80.00	81.98	83.90	85.79	87.64	89.44	91.21	92.95	94.66	96.33	97.98

（三）系统的设计流量

系统的设计流量，应保证任意作用面积内的平均喷水强度不低于表 4-15 的规定值。最不利点处作用面积内任意 4 个喷头围和范围内的平均喷水强度，轻危险级、中危险级不应低于表 4-15 规定的 85%；严重危险级不应低于表 4-15 的规定。按最不利点处作用面积内喷头同时喷水的总流量计算，其计算公式如下：

$$Q_S = \frac{1}{60}\sum_{i=1}^{n} q_i \tag{4-10}$$

式中 Q_S——系统设计流量，L/s；

q_i——最不利点处作用面积内各喷头节点的流量，L/min；

n——最不利点处作用面积内的喷头数。

在自动喷水系统计算管网的流量中，由于各个喷头的出流量不同，故其水力计算不同于给水。轻、中危险级可按作用面积法计算，其假定作用面积内各喷头出水量相等，即将作用面积内各喷头均按最不利点喷头的出水量（按表 4-15、表 4-16 和式(4-9)确定，标准玻璃球喷头在 0.01MPa 工作压力下的喷头出水量为 1.33L/s）计算。

严重危险级应按特性系数法进行水力计算，即作用面积内各喷头出水量按实际喷头处工作压力下的喷头出水量计算（按工作压力以式(4-6)或查表 4-16 确定），计算步骤如下：

（1）假定最不利点喷头 1#处水压为 P_1，求出该喷头流量为：

$$q_1 = K\sqrt{10P_1}$$

（2）以此流量求喷头 1#与后面的 2#喷头之间的 1～2 管段水头损失喷头 h_{1-2}，喷头 2#处的压力为 $P_2 = P_1 + h_{1-2}$，则喷头 2#处的流量为 $q_2 = K\sqrt{10(P_1 + h_{1-2})}$。

（3）以 1#、2#两个喷头流量之和为喷头 2#与后面的 3#喷头之间的 2～3 管段的管段流量，求得 2～3 管段的水头损失 h_{2-3}，喷头 3#处的流量为 $q_3 = K\sqrt{10(P_2 + h_{2-3})}$。以后以此类推，计算作用面积内所有喷头和管段流量和压力损失。

（4）当有分支喷头时，从分支末端喷头计算到同一节点的压力将小于从最不利点喷头 1#计算而来的节点压力，则低压方向（分支管段）上的管段流量应按下式修正：

$$\frac{P_1}{P_2} = \frac{Q_1^2}{Q_2^2} \qquad Q_2 = Q_1\sqrt{\frac{P_2}{P_1}} \tag{4-11}$$

式中 P_1——低压方向（分支管段）的管段计算至此点的压力；MPa；

P_2——最不利点喷头计算至此点的压力（高压方向，即主计算管段）；MPa；

Q_1——低压方向（分支管段）的管段计算至此点的流量；L/s；

Q_2——所求的低压方向（分支管段）的管段实际的流量（修正后的流量）；L/s。

（四）管道的水头损失计算

管道内的水流速度，宜采用经济流速，一般不大于 5m/s，必要时可超过 5m/s，但不应大于 10m/s。

1. 管道的沿程水头损失，可按下式计算：

$$h = iL \tag{4-12}$$

式中 h——沿程水头损失，MPa；

i——管道单位长度的水头损失，MPa/m；

L——计算管道长度，m。

对水力计算表中无法查到的高流速管道可按式（3-12）计算。

2．管道的局部水头损失计算：

管道的局部水头损失宜按表 4-17 用当量长度法计算，或按沿程水头损失的 20%取用。

阀门与螺纹钢管管件当量长度表 **表 4-17**

管件名称	管件直径（mm）								
	25	32	40	50	70	80	100	125	150
45°弯头	0.3	0.3	0.6	0.6	0.9	0.9	1.2	1.5	2.1
90°弯头	0.6	0.9	1.2	1.5	1.8	2.1	3.1	3.7	4.3
三通、四通	1.5	1.8	2.4	3.1	3.7	4.6	6.1	7.6	9.2
异径接头	32	40	50	70	80	100	125	150	200
	25	32	40	50	70	80	100	125	150
	0.2	0.3	0.3	0.5	0.6	0.8	1.1	1.3	1.6
蝶阀				1.8	2.1	3.1	3.7	2.7	3.1
闸阀				0.3	0.3	0.3	0.6	0.6	0.9
止回阀	1.5	2.1	2.7	3.4	4.3	4.9	6.7	8.3	9.8

（五）系统所需的水压

水泵的扬程或系统入口的供水压力按下式计算

$$H = H_1 + H_2 + H_3 + H_P \tag{4-13}$$

式中 H——自动喷水系统所需水压，MPa；

H_1——最不利点处喷头与消防水池的最低水位或系统入口管的高程差，MPa；当系统入口或消防水池最低水位高于最不利点处喷头时，应取负值；

H_2——计算管路总水头损失，MPa；

H_3——最不利点处喷头的工作压力，MPa；

H_P——湿式报警阀和水流指示器的水头损失，取 0.02MPa。

五、水力计算步骤

自动喷水灭火系统的水力计算，可按下述步骤进行：

（1）在管网系统图上，选定最不利区，并根据建筑物危险等级确定喷头的作用面积及选出最不利计算管路。水力计算确定的作用面积宜为矩形，其长边应平行于配水支管，其长度不宜小于作用面积平方根的 1.2 倍。

（2）在假定所选最不利区喷头全部同时开放的情况下，计算出各个洒水喷头及各管段的流量。要求在整个作用面积内的消防用水量为规定消防用水量的 1.15～1.3 倍，否则可适当扩大计算范围。当满足要求时，以后管段计算流量不再增加。在求得各管段流量的同时，管网管径一般可根据其所负担的喷头数直接按表 4-14 选定，管网各管段中流速不宜大于5m/s，否则应进行适当调整。在确定管段的直径后可计算出各管段的水头损失。

(3) 确定系统所需水压。可按公式（4-13）求得。

(4) 选择增压设备并确定贮水设备容积

消防泵的选择应根据消防用水量及所需水压来进行。

消防贮水池容积不应小于1h自动喷洒用水量。火灾时连续进水时，水池容积可减去连续补充的水量。

若设有消防水箱时，其容积按不小于10min消防用水量计算。

第五节　灭火器及其配置

一、灭火器的设置场所及危险等级

(1) 建筑物内灭火器的设置是为了迅速扑灭初期的火灾，减少火灾损失。故规范要求建筑灭火器配置的设置场所如下：

1) 新建、改建、扩建和已建成的生产、使用、贮存可燃物的各类工业与民用建筑。

2) 已安装消火栓和灭火系统（包括水喷淋、水喷雾、水幕、泡沫、干粉、卤代烷、二氧化碳、氮气、水蒸气等固定式、半固定式、悬挂式、柜箱式的有管网或无管网灭火装置）的各类建筑物，仍需灭火器作早期防护。

3)《建筑设计防火规范》允许不设室内消防给水的建筑物。

4) 有条件的9层及9层以下的普通住宅、包括集体宿舍和单位公寓等同类同层建筑。

(2) 灭火器配置场所的危险等级根据其建筑物的类型、使用性质、火灾危险性、可燃物数量、火灾蔓延速度以及扑救难易程度等进行划分，民用建筑为三级。见表4-18。

二、灭火器的灭火级别与类型

1. 灭火器配置场所的火灾种类

灭火器配置场所的火灾种类根据物质及其燃烧特性划分为以下几类：

民用建筑灭火器配置场所危险等级的划分举例　　表4-18

危险等级	举例
严重危险级	1. 重要的资料室、档案室 2. 设备贵重或可燃物多的实验室 3. 广播电视演播室、道具间 4. 电子计算机房及数据库 5. 重要电信机房 6. 高级旅馆的公共活动用房及大厨房 7. 电影院、剧院、会堂、礼堂的舞台和后台部位 8. 医院的手术室、药房和病历室 9. 博物馆、图书室和珍藏室、复印室 10. 电影、电视摄影棚

续表

危险等级	举例
中危险级	1. 设有空调设备、电子计算机、复印机等办公室 2. 学校或科研单位的理化实验室 3. 广播、电视的录音室、播音室 4. 高级旅馆的其他部位 5. 电影院、剧院、会堂、礼堂、体育馆的放映室 6. 百货楼、营业厅、综合商场 7. 图书馆、书库 8. 多功能厅、餐厅及厨房 9. 展览厅 10. 医院的理疗室、透视室、心电图室 11. 重点文物保护场所 12. 邮政信函和包裹分捡房、邮袋库 13. 高级住宅 14. 燃油、燃气锅炉房 15. 民用的油浸变压器和高、低压配电室
轻危险级	1. 电影院 2. 医院门诊部、住院部 3. 学校教学楼、幼儿园与托儿所的活动室 4. 办公室 5. 普通旅馆 6. 车站、码头、机场的候车、候船、候机厅 7. 商店 8. 十层及十层以上的普通住宅

（1）A类火灾：指含固体可燃物，如木材、棉、毛、麻、纸张等燃烧的火灾；

（2）B类火灾：指甲、乙、丙类液体，如汽油、煤油、柴油、甲醇、乙醚、丙酮等燃烧的火灾；

（3）C类火灾：指可燃气体，如煤气、天然气、甲烷、丙烷、乙炔等燃烧的火灾；

（4）D类火灾：指可燃金属，如钾、钠、镁、钛、锆、锂、铝镁合金等燃烧的火灾；

（5）带电火灾：指带电物体燃烧的火灾。

假若带电设备在起火后或开始喷射灭火剂之前确已切断电源，则可视为不带电火灾，可按与之同时存在的A或B类火灾进行灭火器的配置设计。

2. 灭火器的选择

根据保护场所的火灾种类和使用温度，根据表4-19和表4-20选择合适的灭火器和灭火剂。

3. 灭火器的灭火级别

灭火器的灭火级别是由数字和字母组成，数字表示灭火级别的大小，字母表示灭火级

灭火器的适用性 **表 4-19**

种类＼类型	水型		干粉型		泡沫型	二氧化碳型
	清水	酸碱	磷酸铵盐	碳酸氢钠	化学泡沫	
A类火灾	适用 水能冷却并穿透可燃物而灭火，有效防止复燃。		适用 粉剂能附着在燃烧物的表面层，起到窒息火焰作用，隔绝空气，防止复燃	不适用 碳酸氢钠对固体可燃物无黏附作用，只能控火，不能灭火。	适用 具有冷却和覆盖燃烧物表面与空气隔绝作用	不适用灭火器喷出的二氧化碳量少，无液体，全是气体，对A类火灾基本无效
B类火灾	不适用 水流冲击油面，会激溅油火，致使火势蔓延，灭火困难		适用 干粉灭火剂能快速窒息火焰，具有中断燃烧过程的链反应的化学活性		半适用 覆盖燃烧物表面使燃烧物表面与空气隔绝，可有效灭火。由于极性溶剂破坏泡沫，故不适用	适用 二氧化碳靠气体堆积在燃烧表面稀释并隔绝空气
C类火灾	不适用 灭火器喷出的细小水柱对立体型的气体火灾作用很小，基本无效		适用 喷射干粉灭火剂能迅速扑灭气体火焰，具有中断燃烧过程的链反应的化学活性		不适用 泡沫对平面灭火有效，但灭立体型气体火灾基本无效	适用 二氧化碳窒息灭火，不留残渍、不损坏设备
D类火灾	扑救D类火灾的灭火器材应由设计单位和当地公安消防监督部门协商解决。					
带电火灾	不适用 灭火剂含水、导电、有电击伤人等危险		适用 干粉灭火剂电绝缘性能合格，带电灭火安全		不适用 灭火剂含水、导电、有电击伤人等危险	适用 二氧化碳灭火剂含水、导电、有电击伤人等危险

灭火器的使用温度范围 **表 4-20**

灭火器类型		使用温度范围（℃）
清水灭火器、酸碱灭火器、化学泡沫灭火器		+4 ~ +55
干粉灭火器	贮瓶式	-10 ~ +55
	贮压式	-20 ~ +55
卤代烷灭火器		-20 ~ +55
二氧化碳灭火器		-10 ~ +55

别的单位及扑救火灾的种类。目前我国有A和B二类灭火级别。1A和1B是灭火器扑灭A类火灾、B类火灾的最低灭火级别，也是灭火级别的基本单位值。现行的标准系列规格灭火器的灭火级别有3A、5A、8A、13A、21A…55A等和1B、2B、3B、4B、5B…120B等两个系列。国产灭火器的灭火级别和规格型号见表4-21。

灭火器的级别 表 4-21

灭火器类型		灭火剂充量		灭火级别		型号规格
		(L)	(kg)	A类火灾	B类火灾	
水(清水酸碱)	手提式	7	—	5A	—	MS7(MSQ7)
		9	—	8A	—	MS9(MSQ9)
泡沫(化学泡沫)	手提式	6	—	5A	2B	MP6
		9	—	8A	4B	MP9
	推车式	40	—	13A	18B	MPT40
		65	—	21A	25B	MPT65
		90	—	27A	35B	MPT90
干粉(碳酸氢钠)	手提式	—	1	—	2B	MFN1
		—	2	—	5B	MFN2
		—	3	—	7B	MFN3
		—	4	—	10B	MFN4
		—	5	—	12B	MFN5
		—	6	—	14B	MFN6
		—	8	—	18B	MFN8
		—	10	—	20B	MFN10
	推车式	—	25	—	35B	MFNC25
		—	35	—	45B	MFNC35
		—	50	—	65B	MFNC50
		—	70	—	90B	MFNC70
		—	100	—	120B	MFNC100
干粉(磷酸铵盐)	手提式	—	1	3A	2B	MFAC1
		—	2	5A	5B	MFAC2
		—	3	5A	7B	MFAC3
		—	4	8A	10B	MFAC4
		—	5	8A	12B	MFAC5
		—	6	13A	14B	MFAC6
		—	8	13A	18B	MFAC8
		—	10	21A	20B	MFAC10
	推车式	—	25	21A	35B	MFAT25
		—	35	27A	45B	MFAT35
		—	50	34A	65B	MFAT50
		—	70	43A	90B	MFAT70
		—	100	55A	120B	MFAT100
二氧化碳	手提式	—	2	—	1B	MT2
		—	3	—	2B	MT3
		—	5	—	3B	MT5
		—	7	—	4B	MT7
	推车式	—	20	—	8B	MTT20
		—	50	—	10B	MTT25

三、灭火器的配置

灭火器的配置必须符合以下原则：

（1）灭火器的配置必须符合不同火灾种类和危险等级的最小配置规格要求，如表4-22。

（2）一个灭火器配置场所内的灭火器不应小于2具，每个设置点的灭火器不宜多于5具。

（3）灭火器的灭火剂充装量和灭火级别是不连续的，计算时出现两种规格的中间值时，应上靠选用配置较大规格的灭火器。

（4）选择灭火器的规格应考虑人员的素质。如钢铁厂可以选用较大规格的灭火器，纺织厂可以选用较小规格的灭火器，以适应人员的体质，有利于扑灭初期火灾。

灭火器最小配置规格 **表4-22**

危险等级	严重危险级	中危险级	轻危险级
A类灭火器每具最小配置灭火级别	5A	5A	3A
B类灭火器每具最小配置灭火级别	8B	4B	1B

四、灭火器的配置计算

灭火器的配置计算应包括以下几个内容：计算配置场所所需的灭火级别；每个灭火器设置点的灭火级别以及各计算单元、设置点实际配置灭火器灭火级别的验算。

1. 灭火器配置场所计算单元所需灭火级别的计算公式如下：

（1）地面建筑

$$Q = K\frac{S}{U}(\text{A或B}) \quad (4\text{-}14)$$

（2）地下建筑

$$Q = 1.3K\frac{S}{U}(\text{A或B}) \quad (4\text{-}15)$$

式中 Q——灭火器配置单元所需的灭火级别，A或B；

S——灭火器配置单元的保护面积，m^2；

U——A类火灾或B类火灾的灭火器配置场所相应危险等级的灭火器配置基准（见表4-23），m^2/A或m^2/B；

K——修正系数：无消火栓和灭火系统时，$K=1.0$；设有消火栓系统时，$K=0.7$；设有灭火系统时，$K=0.5$；设有消火栓和灭火系统或可燃物露天堆垛，甲、乙、丙类液体贮罐，可燃气体贮罐时，$K=0.3$。

A、B类灭火器的定额配置基准 **表4-23**

危险等级	严重危险级	中危险级	轻危险级
每A最大保护面积（m^2/A）	10	15	20
每B最大保护面积（m^2/B）	5	7.5	10

注：C类火灾特性与B类火灾有所近似，C类配置场所灭火器配置可参照B类配置基准执行。

2. 每个灭火器设置点的灭火级别计算，公式如下：

$$Q_e = \frac{Q}{N}(\text{A或B}) \quad (4\text{-}16)$$

式中　Q_e——每个设置点的灭火级别，A 或 B；

N——灭火器配置场所中设置点的数量；

Q——灭火器配置单元所需的灭火级别，A 或 B。

3. 灭火器配置单元和设置点实际配置灭火器的灭火级别验算，即要使得实际配置级别高于计算要求的灭火级别。

思考题和习题

1. 内消火栓给水系统由哪几部分组成？消火栓的布置原则是什么？
2. 何谓充实水柱？它与建筑物的类型有什么关系？
3. 如何解决火灾初期建筑物上层水压不足问题？
4. 消火栓系统的水力计算与给水系统的水力计算有何异同？
5. 什么情况下应采用湿式自动喷水灭火系统，闭式系统对管网布置和主要组件的布置有什么要求？
6. 开式系统自动喷水灭火系统和闭式系统在系统组成上有什么不同；使用场合有什么不同？
7. 闭式自动喷水灭火系统的水力计算与给水系统的水力计算有何异同？
8. 民用建筑哪些场所需要配置灭火器，灭火器的配置是如何计算的？

第五章 建筑排水

第一节 建筑排水系统的分类与组成

一、排水系统的分类

建筑排水系统的任务，是将建筑物内用水设备、卫生器具和车间生产设备产生的污（废）水，以及屋面上的雨雪水加以收集后，通过室内排水管道及时顺畅地排至室外排水管网中去。

根据所排污、废水的性质，室内排水系统可以分为以下三类：

1. 生活污水排水系统

在居住建筑、公共建筑和工厂车间的卫生间、休息室内安装的排水系统，用以排放人们日常生活中所产生的污水，包括盥洗、沐浴、洗涤所产生的生活废水和粪便污水。

2. 工业污（废）水排水系统

在工矿企业生产车间内安装的排水管道，用以排放工矿企业在生产过程中产生的污水和废水。其中工业废水指未受污染或轻微污染以及水温稍有升高的水（如使用过的冷却水）。工业污水指被污染的水。工业污（废）水一般应按排水的水质分别设置管道排出，以便回收利用或处理。如冷却水应循环使用，洗涤水可回收重复利用，排放有毒物质的工业污水分流可降低处理成本。

3. 雨雪水排水系统

用以排除建筑物屋面上的雨水和融化的雪水的排水系统。

二、排水体制

如果将污水、废水和雨水分别设置管道排出建筑物外的称为分流制，若将污水和废水合用一管道排出的，则称为合流制。合流制的优点是工程总造价比分流制少，而分流制的优点是有利于污水和废水的分别处理和再利用。室内排水系统选择分流制还是合流制，应综合考虑污（废）水性质、污染程度、室外排水体制、处理和再利用要求及排水点位置等因素后确定，但需遵守以下规定：

1. 新建居住小区应采用生活污水与雨水分流排水系统。

2. 建筑物内下列情况下宜采用生活污水与生活废水分流的排水体制：

（1）生活污水需经化粪池处理后才能排入市政排水管道时；

（2）建筑物使用性质对卫生标准要求较高时；

（3）生活废水需回收利用时。

3. 下列建筑排水应单独排至水处理或回收构筑物：

（1）公共饮食业厨房含有大量油脂的洗涤废水；

（2）洗车台冲洗水；

（3）含有大量致病菌，放射性元素超过排放标准的医院污水；

（4）水温超过40℃的锅炉、水加热器等加热设备的排水；

（5）用作中水水源的生活排水。

4．建筑物的雨水管道应单独设置，在缺水或严重缺水地区，宜设置雨水贮存池。

三、排水系统的组成

一般建筑物内部排水系统由下列各部分组成，如图5-1所示。

1．污（废）水受水器

污（废）水受水器系指各种卫生器具、排放工业生产污（废）水的设备及雨水斗等。

2．排水管道

排水管道由排水支管、排水横管、排水立管、排水干管与排出管等组成。排水支管系指只连接1个卫生器具的排水管，除坐式大便器和地漏外，其上均应设水封装置（存水弯），以防止排水管道中的有害气体及蚊蝇昆虫进入室内。排水横管系指连接2个或2个以上卫生器具排水支管的水平排水管。排水立管系指接受各层横管的污水并排至排出管的立管。排出管即室内污水出户管，是室内立管与室外检查井（窨井）之间的连接横管，它可接受一根或几根立管内的污（废）水。

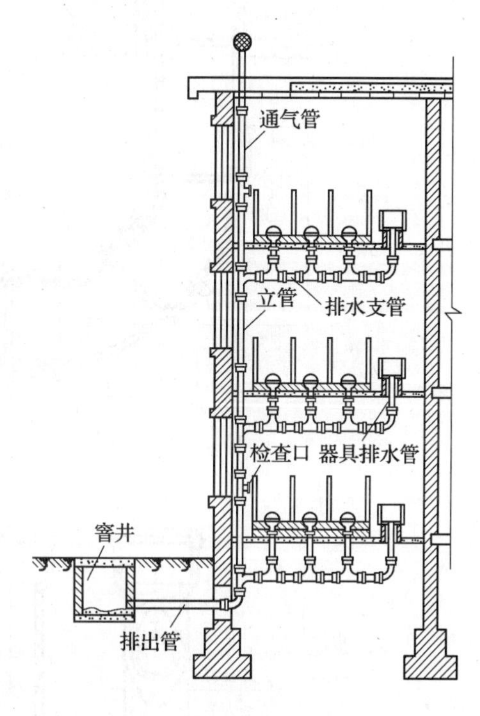

图5-1　建筑内部排水系统

3．通气管

通气管又称透气管，有伸顶通气管、专用通气立管、环形通气管等几种类型。通气管的作用是排出排水管道中的有害气体和臭气，平衡管内压力，减少排水管道内气压变化的幅度，防止水封因压力失衡而被破坏，保证水流畅通。

4．清通装置

一般指检查口、清扫口、检查井以及自带清通门的弯头、三通、存水弯等设备，用以疏通排水管道。室内常用检查口和清扫口。

检查口是一个带有盖板的开口配件，拆开盖板即可进行疏通。检查口通常设置在立管上，铸铁排水管立管检查口之间距不宜大于10m，塑料排水管立管宜每六层设置一个，但最底层和有卫生器具的最高层必须各设置1个；检查口中心高度距操作地面一般为1.0m，检查口的朝向应便于检修。暗装立管，在检查口处应安装检修门。

清扫口是设置在排水横管上的一种清通装置。在排水横管上连接2个或2个以上大便器、3个或3个以上其他卫生器具的铸铁排水横管上及在连接4个及4个以上的大便器的塑料排水横管上宜设置清扫口。端部清扫口与管道相垂直的墙面距离不得小于150mm，若在横管的始端设置堵头代替清扫口时，其与墙面距离不得小于400mm，也可利用带清扫口的弯头配件代替清扫口。若横管较长时，每隔一定距离也应设置地面清扫口，清扫口开口应与地面相平，如图5-2。

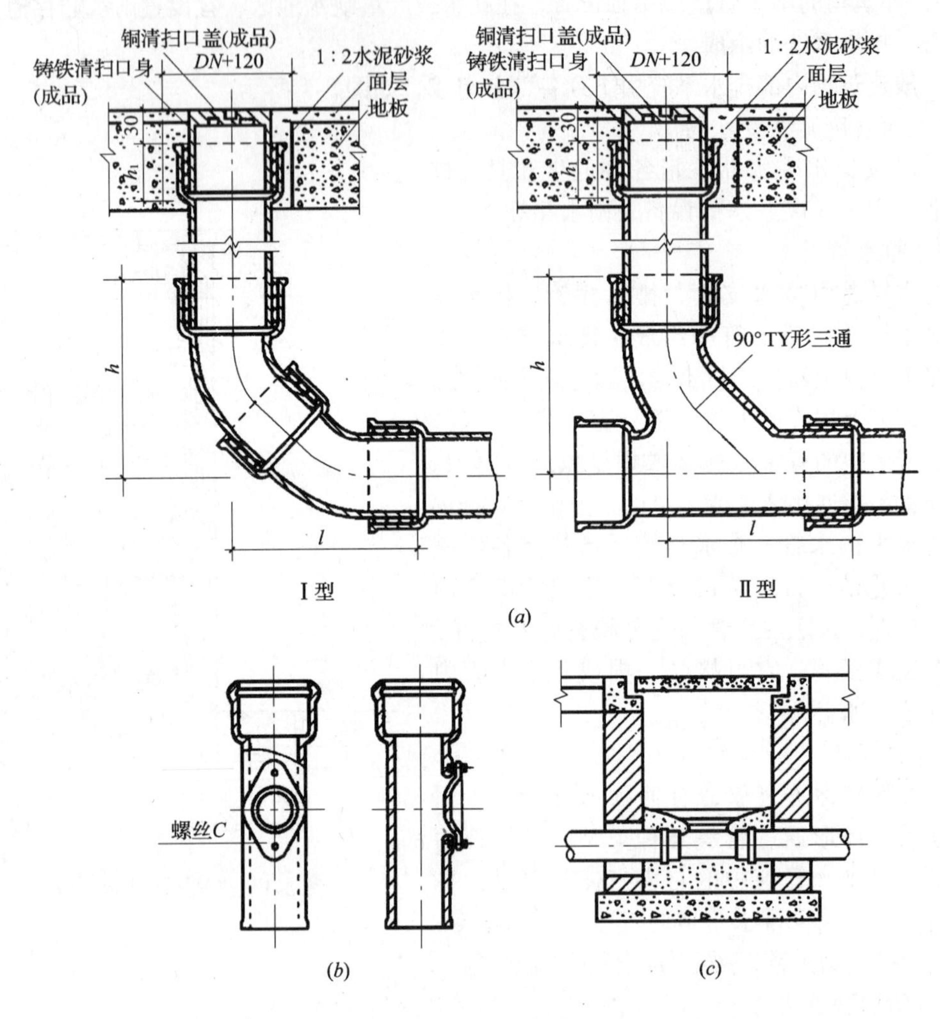

图 5-2 排水管道清通装置

（a）清扫口；（b）检查口；（c）检查井

5．提升设备

当民用建筑的地下室、人防建筑物、高层建筑的地下设备层等地下建筑内的污（废）水不能自流排至室外时，必须设置提升设备。常用建筑内部污水提升设备包括污水泵和污水集水池。

第二节 建筑污废水排水管道的布置及敷设

一、排水管道的布置原则

室内排水管道布置应力求管线最短、转弯最少，使污水以最佳水力条件排至室外管网；管道的布置不得影响、妨碍房屋的使用和室内各种设备的正常运行；管道布置还应便于安装和维护管理，满足经济和美观的要求。此外，还应遵守以下规定：

（1）排水管道一般宜地下埋设或在地面上、楼板下明设，如建筑有特殊要求时，可在管槽、管道井、管窿、管沟或吊顶内暗设，但应便于安装和维修。在室外气温较高、全年不结冻的地区，可沿建筑物外墙敷设。

（2）排水管道不得布置在遇水会引起燃烧、爆炸的原料、产品和设备的上方。

（3）排水管道不得穿过沉降缝、伸缩缝、变形缝、烟道和风道等。

（4）排水立管不得穿越卧室、病房等对卫生、安静有较高要求的房间，并不宜靠近与卧室相邻的内墙。

（5）排水立管宜设在靠近排水量最大的排水点处。排水管道不宜穿越橱窗、壁柜。

（6）架空管道不得敷设在对生产工艺或卫生有特殊要求的生产厂房内，以及食品、贵重商品仓库、通风小室和变配电间和电梯机房内。

（7）排水横管不得布置在食堂、饮食业厨房的主副食操作烹调备餐的上方。当受条件限制不能避免时，应采取防护措施。

（8）塑料排水管应避免布置在热源附近，如不能避免，并导致管道表面受热，温度大于60℃时，应采取隔热措施。塑料排水立管与家用灶具边净距不得小于0.4m。

（9）塑料排水立管应避免布置在易受机械撞击处，如不能避免时，应采取保护措施。

（10）排水埋地管道，不得穿越生产设备基础或布置在可能受重物压坏处。在特殊情况下，应与有关专业协商处理。如保证一定的埋深和做金属防护套管，并应在适当位置加设清扫口。

二、排水管道的敷设

根据建筑物的性质及对卫生、美观等方面要求的不同，建筑排水管道的敷设分明装和暗装两种。

1．明装

指管道在建筑物内沿墙、梁、柱、地板暴露敷设。明装的优点是：造价低，安装维修方便。缺点是影响建筑物的整洁，不够美观，管道表面易积灰尘和产生凝结水。一般民用建筑及大部分生产车间均以明装方式为主。

2．暗装

指管道敷设在地下室的天花板下或吊顶中以及专门的管廊、管道井、管道沟槽中等隐蔽敷设。暗装的优点是整洁、美观。缺点是施工复杂，工程造价高，维护管理不便。一般用于标准较高的民用建筑、高层建筑及生产工艺要求高的工业企业建筑中。

排水管道安装应遵守以下规定：

（1）排水立管与排出管端部的连接，宜采用两个45°弯头或弯曲半径不小于4倍管径的90°弯头。排水管应避免轴线偏置，当受条件限制时，宜用乙字管或两个45°弯头连接。

（2）卫生器具排水管与排水横管垂直连接，应采用90°斜三通。

（3）支管接入横管、立管接入横干管时，宜在横干管管顶或其两侧45°范围内接入。

(4) 塑料排水管道应根据环境温度变化、管道布置位置及管道接口形式等考虑设置伸缩节，但埋地或埋设于墙体、混凝土柱体内的管道不应设置伸缩节。硬聚氯乙烯管道设置伸缩节时，应遵守下列规定：

1) 当层高小于或等于4m时，污水立管和通气立管应每层设一伸缩节；当层高大于4m时，其数量应根据管道设计伸缩量和伸缩节允许伸缩量（表5-1）综合确定。

伸缩节最大允许伸缩量 **表5-1**

管径（mm）	50	75	90	110	125	160
最大允许伸缩量（mm）	12	15	20	20	20	25

2) 排水横支管、横干管、器具通气管、环形通气管和汇合通气管上无汇合管件的直线管段大于2m时，应设伸缩节。排水横管应设置专用伸缩节且应采用锁紧式橡胶圈管件，当横干管公称外径大于或等于160mm时，宜采用弹性橡胶密封圈连接。伸缩节之间最大间距不得大于4m。排水管、通气管伸缩节设置的位置如图5-3所示。

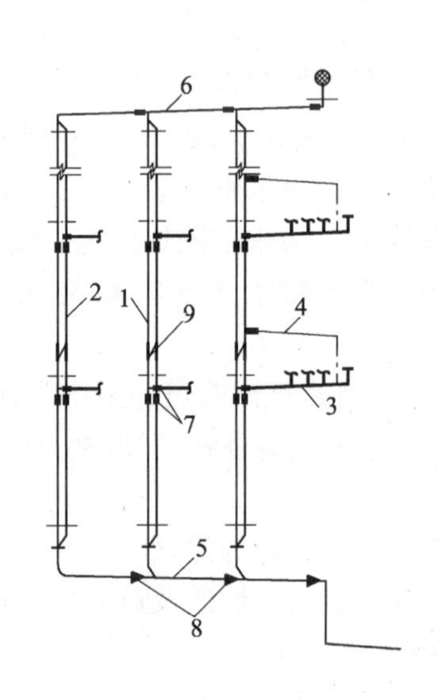

图5-3 排水管、通气管伸缩节设置位置

1—排水立管；2—专用通气立管；3—横支管；4—环行通气管；5—排水横干管；6—汇合通气管；7—伸缩节；8—弹性密封圈伸缩节；9—H管管件

伸缩节设置位置应靠近水流汇合管件处，如图5-4所示。其中（*a*）~（*d*）为在立管穿越楼层处设固定支撑，伸缩节不固定；（*e*）~（*g*）为伸缩节为固定支撑，但立管穿越楼层处不固定；（*h*）为伸缩节设于横管上的位置（应设于水流汇合管件上游端）。当排水立管穿越楼层处为固定支撑且支管在楼板之下接入时，伸缩节应设置于水流汇合管件之下；当排水立管穿越楼层处为固定支撑且支管在楼板之上接入时，伸缩节应设置于水流汇合管件之上；当排水立管穿越楼层处为非固定支撑时，伸缩节设置在水流汇合管件之上、之下均可。当排水立管无排水支管接入时，伸缩节可按伸缩节设计间距设置于楼层任何部位。伸缩节插口应顺水流方向。

(5) 排水管道的横管与立管的连接，宜采用45°斜三通、45°斜四通和顺水三通或顺水四通。

(6) 靠近排水立管底部的排水支管连接，除应符合表5-2和图5-6的规定外，排水支管连接在排出管或排水横干管上时，连接点距立管底部下游水平距离不宜小于3.0m，见图5-5，即$L \geqslant 3.0$m。当靠近排水立管底部的排水支管的连接不能满足本条的要求时，排水支管应单独排至室外检查井或采取有效的防反压措施。

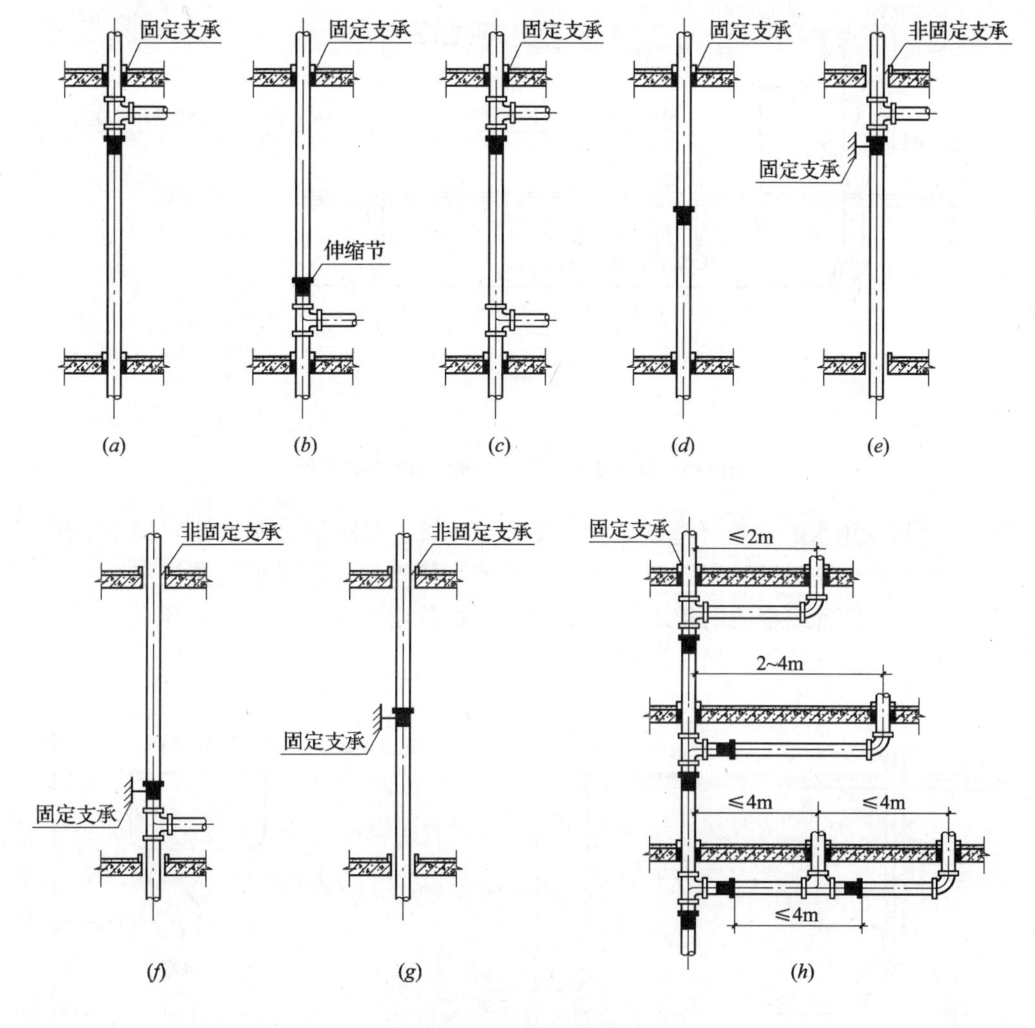

图 5-4　伸缩节设置位置

(a)~(d) 立管穿越楼层处为固定支撑（伸缩节不得固定）；
(e)~(g) 伸缩节为固定支撑（立管空越楼层处不得固定）；(h) 横管上伸缩节位置

最低横支管与立管连接处至立管管底的垂直距离 h_1　　　　**表 5-2**

立管连接卫生器具的层数	垂直距离 h_1（m）	立管连接卫生器具的层数	垂直距离 h_1（m）
≤4	0.45	13~19	3.0
5~6	0.75	≥20	6.0
7~12	1.2		

（7）竖支管接入横干管竖直转向管段时，连接点应在转向处以下，且垂直距离 h_2 不得小于 0.6m，见图 5-5。

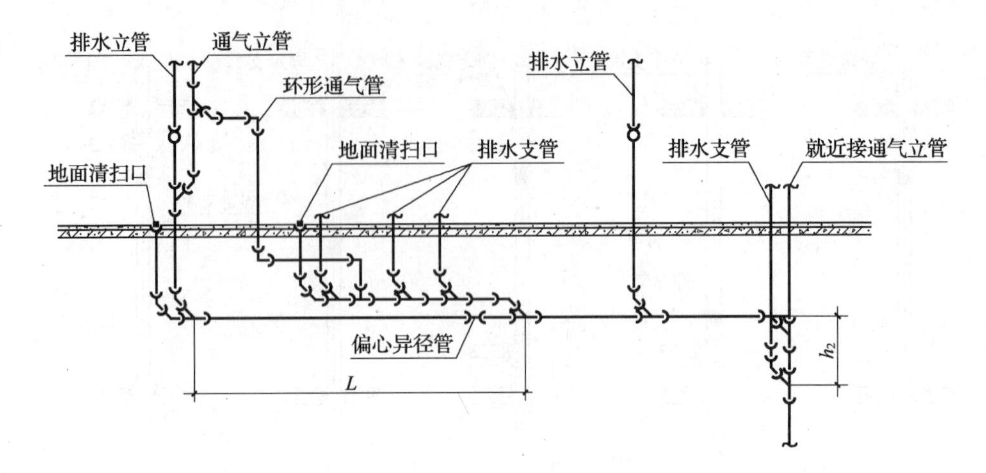

图 5-5　排水支管、排水立管与横干管连接

（8）生活饮用水贮水箱（池）的泄水管和溢流管、开水器（热水器）排水、医疗灭菌消毒设备的排水等不得与污（废）水管道系统直接连接，应采取间接排水的方式，所谓间接排水是指设备或容器的排水管与污（废）水管道之间不但要设有存水弯隔气，而且还应留有一段空气间隔，如图 5-7 所示。

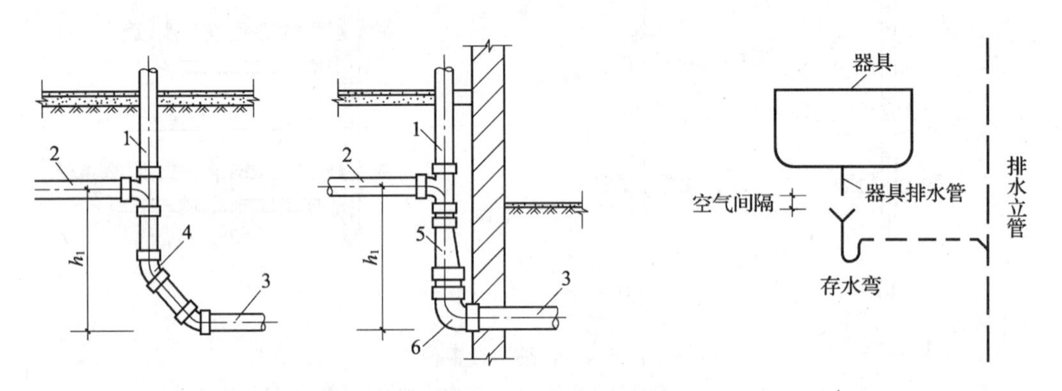

图 5-6　最低横支管渔利管连接处至排出管管底垂直距离

1—立管；2—横支管；3—排出管；4—弯头（45°）；
5—偏心异径管；6—大转弯半径弯头

图 5-7　间接排水

（9）室内排水管与室外排水管道的连接，应用检查井连接；排出管管顶标高不得低于室外接户管管顶标高；其连接处的水流转角不得小于 90°；当跌落差大于 0.3m 时，可不受角度的限制。

（10）如穿过地下室外墙或地下构筑物的墙壁处，应采取防水措施。

（11）当建筑物沉降可能导致排出管倒坡时，应采取防倒坡措施。

（12）排水管道在穿越楼层设套管，立管底部架空时，应在立管底部设支墩或其他固定措施。地下室立管与排水管转弯处也应设置支墩或固定措施。

（13）塑料排水管道支、吊架间距应符合表 5-3 的规定。

塑料排水管道支、吊架最大间距　　表5-3

管径（mm）	40	50	75	90	110	125	160
立管（m）	—	1.2	1.5	2.0	2.0	2.0	2.0
横管（m）	0.4	0.5	0.75	0.90	1.10	1.25	1.60

（14）住宅排水管道的同层布置：为避免住宅建筑排水上下户间的相互影响，对住宅建筑宜采用同层排水技术，即卫生器具排水管不穿越楼板进入他户。同层排水管道布置的方法有：1）卫生间和厨房不设地漏或卫生间采用埋设在楼板层中的特种地漏，大便器采用后出水型（如图2-26所示）；2）厨房不设地漏，将卫生间楼板下降或上升一个高度，即降板或升板法，如图5-8所示；3）设排水集水器的同层排水技术。

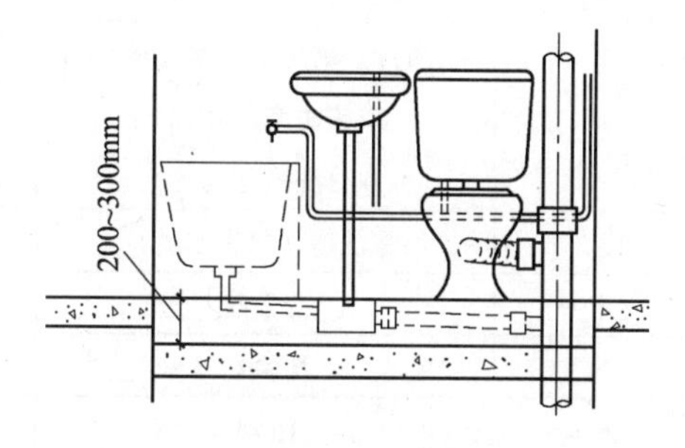

图5-8　降板法同层排水技术

三、排水系统的灌水试验、通球试验

（1）隐蔽或埋地的排水管道在隐蔽前必须做灌水试验，其灌水高度应不低于底层卫生器具的上边缘或底层地面高度。检验方法为：满水15min水面下降后，再灌满观察5min，液面不降，管道及接口无渗漏为合格。

（2）排水主立管及水平干管均应做通球试验（用木球），通球球径不小于排水管道管径的2/3，通球率必须达到100%。

（3）卫生器具在安装完毕交工前应做满水和通水试验，检验方法是满水后各连接件不渗不漏；给排水通畅。

第三节　建筑污废水排水量和设计秒流量

一、排水量标准

生活排水系统排水定额是其相应的生活给水系统用水定额的85%～95%。居住小区生活排水系统小时变化系数与其相应的生活给水系统小时变化系数相同，同样公共建筑生活排水定额和小时变化系数与公共建筑生活给水定额和小时变化系数也相同。

卫生器具排水的流量、当量、排水管管径，应按表5-4确定。

二、设计秒流量的确定

建筑内部排水系统的设计秒流量是按瞬时高峰排水量制定的。目前国内使用的计算公式有下列两种形式：

1. 住宅、集体宿舍、旅馆、医院、疗养院、幼儿园、养老院、办公楼、商场、会展中心、中小学教学楼等建筑生活排水管道设计秒流量，应按下式计算：

$$q_p = 0.12\alpha\sqrt{N_p} + q_{max} \tag{5-1}$$

式中　q_p——计算管段排水设计秒流量，L/s；

N_P——计算管段的卫生器具排水当量总数；

α——根据建筑物用途而定的系数，按表5-5确定；

q_{max}——计算管段上最大一个的卫生器具排水流量，L/s。

卫生器具排水的流量、当量、排水管管径 **表5-4**

序　号	卫生器具名称	排水量（L/s）	当　量	排水管管径（mm）
1	洗涤盆、污水盆（池）	0.33	1.0	50
2	餐厅、厨房洗菜盆（池）			
	单格洗涤盆（池）	0.67	2.0	50
	双格洗涤盆（池）	1.00	3.0	50
3	盥洗槽（每个水嘴）	0.33	1.00	50～75
4	洗手盆	0.10	0.3	32～50
5	洗脸盆	0.25	0.75	32～50
6	浴盆	1.00	3.00	50
7	淋浴器	0.15	0.45	50
8	大便器			
	高水箱	1.50	4.50	100
	低水箱			
	冲落式	1.50	4.50	100
	虹吸式、喷射虹吸式	2.00	6.00	100
	自闭式冲洗阀	1.50	4.50	100
9	医用倒便器	1.50	4.50	100
10	大便槽≤4个蹲位	2.50	7.50	100
	>4个蹲位	3.00	9.00	150
11	小便器　自闭式冲洗阀	0.10	0.30	40～50
	感应式冲洗阀	0.10	0.30	40～50
12	小便槽（每米长）			
	自动冲洗水箱	0.17	0.50	
13	化验盆（无塞）	0.20	0.60	40～50
14	净身器	0.10	0.30	40～50
15	饮水器	0.05	0.15	25～50
16	家用洗衣机	0.50	1.50	50

注：家用洗衣机排水软管，直径为30mm，有上排水的家用洗衣机排水软管内径为19mm。

2. 工业企业生活间、公共浴室、洗衣房、职工食堂或营业餐厅的厨房、实验室、影剧院、体育馆、候车（机、船）室等建筑的生活管道排水设计秒流量，应按下式计算：

$$q_p = \sum q_0 \cdot N_0 \cdot b \tag{5-2}$$

式中　q_p——计算管段排水设计秒流量，L/s；

q_0——同类型的一个卫生器具排水流量；

N_0——同类型卫生器具数；

b——卫生器具的同时排水百分数，按表3-9、表3-10、表3-11选用。冲洗水箱大便器的同时排水百分数按12%计算。

当计算排水流量小于一个大便器排水流量时，应按一个大便器的排水流量计算。

根据建筑物用途而定的系数值 **表5-5**

建筑物名称	住宅、宾馆、医院、疗养院、幼儿园、养老院的卫生间	集体宿舍、旅馆和其他公共建筑的公共盥洗室和厕所间
α值	1.5	2.0～2.5

注：如计算所得流量值大于该管段上按卫生器具排水流量累加值时，则污水流量应按卫生器具排水流量累加值计。

第四节 建筑污废水排水管道的水力计算

一、水力计算

水力计算的目的是根据排水设计秒流量，经济、合理地确定排水管的管径和管道的坡度，同时确定是否需要设置专用通气立管，以保证管道系统正常工作。

（一）根据经验确定的最小管径

（1）医院污物洗涤盆（池）和污水盆（池）的排水管管径，不得小于75mm。

（2）浴池的泄水管管径宜采用100mm。

（3）小便槽或连接3个或3个以上的小便器，其污水支管管径，不宜小于75mm。

（4）公共食堂厨房内的污水采用管道排除时，其管径比计算管径大一级，但干管管径不得小于100mm，支管管径不得小于75mm。

（5）大便器排水管最小管径不得小于100mm。

（6）建筑物内排出管最小管径不得小于50mm。多层住宅厨房间的立管管径不宜小于75mm。

（二）排水横管的水力计算

1. 计算规定

为了使排水管道在良好的水力条件下工作，必须满足下述三个水力要素的规定：

（1）管道坡度　排水管道的坡度应满足流速和充满度的要求，一般情况下应采用标准坡度，建筑物内生活排水铸铁管道的最小坡度见表5-6。

建筑物内生活排水铸铁管道的最小坡度和最大充满度 **表5-6**

管径（mm）	标准坡度	最小坡度	最大设计充满度
50	0.035	0.025	0.5
75	0.025	0.015	
100	0.020	0.012	
125	0.015	0.010	
150	0.010	0.007	0.6
200	0.008	0.005	

建筑排水塑料管排水横支管的标准坡度为0.026。排水横干管的坡度可按表5-7进行调整。

（2）管道充满度　排水管道内的污水是在非满管流动的情况下自流排出室外的，管道充满度为管内水深 h 与管径 D 的比值。管道顶部未充满水的目的在于排出管道内的臭气和有害气体、容纳超过设计的高峰流量，以及减少管道内气压波动。因此，设计规范规定了排水管道的最大设计充满度，见表5-6、表5-7。

建筑排水塑料管排水横干管的最小坡度和最大设计充满度　　表5-7

外　径（mm）	最 小 坡 度	最大设计充满度
110	0.004	0.5
125	0.0035	0.5
160	0.003	0.6
200	0.003	0.6

（3）管内流速　污（废）水在排水管道内的流速对管道的正常工作有很大的影响。为使悬浮在污水中的杂质不致沉落在管底，须有一个最小保证流速（或称自清流速）见表5-8；为了防止管壁因受污水中坚硬杂质长期高速流动的摩擦而损坏和防止过大的水流冲击，也须有一个最大允许流速，见表5-9。

各种排水管道的自清流速值　　表5-8

管道类别	生活污水管道（mm）			明渠（沟）	雨水管道及合流制排水管道
	$d<150$	$d=150$	$d=200$		
自清流速（m/s）	0.60	0.65	0.70	0.40	0.75

管道内最大允许流速值（m/s）　　表5-9

管 道 材 料	生 活 污 水	含有杂质的工业废水、雨水
金属管	7.0	10.0
陶土及陶瓷管	5.0	7.0
混凝土、钢筋混凝土及石棉水泥管	4.0	7.0

（4）建筑底层排水管与其楼层管道分开独立排出时，其排水横管管径可按表5-12中立管工作高度≤2m的数值确定。

2. 计算公式及计算表

排水横管按重力流计算，水力计算公式为：

$$q_0 = W \cdot v \tag{5-3}$$

$$v = \frac{1}{n} \cdot R^{2/3} \cdot i^{1/2} \tag{5-4}$$

式中　q_p——计算管段排水设计秒流量，L/s；

W——管道或明渠的水流断面积，m^2；

v——速度，m/s；

R——水力半径，m；

i——水力坡度，采用排水管的坡度；

n——粗糙系数。铸铁管为0.013；混凝土管、钢筋混凝土管为0.013～0.014；钢管为0.012；塑料管为0.009。

为方便计算，已制有排水管道的水力计算表。排水管道实际设计计算时，在符合最小管径和表5-6、表5-7规定的最大设计充满度、最小坡度的前提下，查相应的水力计算表。本书附录D为目前最常用的UPVC排水塑料管的水力计算表。

（三）排水立管计算

根据排水管道的设计流量，在控制立管管径不小于横支管的前提下，查表5-10、表5-11、表5-12、表5-13确定立管的管径，要使得排水管道的设计流量小于排水立管的最大排水能力。

设有通气管系的铸铁排水立管最大排水能力　　表5-10

排水立管管径（mm）	排水能力（L/s）	
	仅设伸顶通气管	有专用通气立管或主通气立管
50	1.0	—
75	2.5	5
100	4.5	9
125	7.0	14
150	10.0	25

设有通气管系的塑料排水立管最大排水能力　　表5-11

排水立管管径（mm）	排水能力（L/s）	
	仅设伸顶通气管	有专用通气立管或主通气立管
50	1.2	—
75	3.0	—
90	3.8	—
110	5.4	10.0
125	7.5	16.0
160	12.0	28.0

注：表内数据系在立管底部放大一号管径条件下的通水能力，如不放大时，可按表5-9确定。

不通气的生活排水立管最大排水能力　　表5-12

立管工作高度（m）	排水能力（L/s）				
	立管管径（mm）				
	50	75	100	125	150
≤2	1.00	1.70	3.80	5.00	7.00
3	0.64	1.35	2.40	3.40	5.00
4	0.50	0.92	1.76	2.70	3.50
5	0.40	0.70	1.36	1.90	2.80
6	0.40	0.50	1.00	1.50	2.20
7	0.40	0.50	0.76	1.20	2.00
≥8	0.40	0.50	0.64	1.00	1.40

注：1. 排水立管工作高度，按最高排水横支管和立管连接处距排出管中心线间的距离计算。
2. 如排水立管工作高度在表中是列出的两个高度值之间时，可用内插法求得排水立管的最大排水能力数值。
3. 排水管管径为100mm的塑料管外径为110mm，排水管管径为150mm的塑料管外径为160mm。

单立管排水系统的立管最大排水能力　　表 5-13

排水立管管径（mm）	排水能力（L/s）		
	混合器	塑料螺旋管	旋流器
75	—	3.0	—
100	6.0	6.0	7.0
125	9.0	—	10.0
150	13.0	13.0	15.0

【例 5-1】 图 5-9 为某 6 层集体宿舍男厕排水系统轴测图，管材为排水 UPVC 管。每层横支管设污水盆 1 个，自闭式冲洗阀小便器 2 个，自闭式冲洗阀大便器 3 个，试计算确定管径。

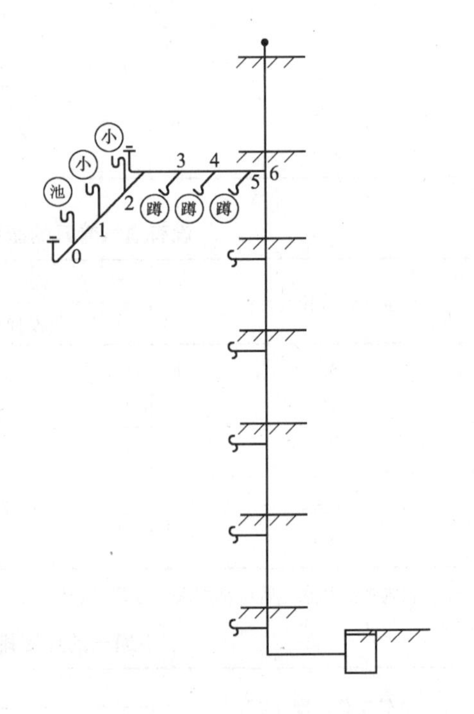

图 5-9　排水管计算草图

【解】 1. 横支管计算

按公式（5-1）计算排水设计秒流量，其 α 取 1.5，卫生器具当量和排水流量按表 5-4 选取，计算结果见表 5-14。

求出排水设计流量后，查附录 D，确定排水横支管管径。3#节点后，由于有大便器排水，所以取管径 $DN=110$mm。

2. 立管计算

立管接纳的排水当量总数为：

$$N_{P}=15.10\times6=90.6$$

最下部管段排水设计秒流量：

$$q_{p}=0.12\times1.5\sqrt{90.6}+1.5=3.2\text{L/s}$$

查表 5-11，选用立管管径 $DN=110$mm，因设计秒流量 3.2L/s 小于最大允许排水流量 5.4L/s，故不用设专用通气立管。立管选用管径 $DN=110$mm 是由于排水横管的管径为 $DN=110$mm，立管管径不能小于排水横管的管径。

3. 伸顶通气管管径的确定

取与立管管径相同，即伸顶通气管管径为 $DN=110$mm。

4. 排出管计算

排出管选用埋地 UPVC 排水管，根据设计秒流量 3.2L/s，查附录 D 得：

$DN=110$mm，管道坡度取 0.007，充满度为 0.5，允许最大流量 3.43L/s，流速为 0.81m/s，符合要求。

排水横支管计算表 **表 5-14**

管段编号	卫生器具名称数量			排水当量总数 N_P	设计秒流量 q_p（L/s）	管径（mm）	坡度	备 注
	污水盆 $N_P=1.0$	小便器 $N_P=0.3$	大便器 $N_P=4.5$					
0－1	1			1.0	0.33	50	0.026	（1）0－1 管段按表 5.3-1 确定；（2）1－2、2－3 管段按 5.3-1 式计算结果大于卫生器具流量累加值，设计秒流量按累加值计算
1－2	1	1		1.30	0.43	50	0.026	
2－3	1	2		1.60	0.53	50	0.026	
3－4	1	2	1	6.10	1.94	110	0.004	
4－5	1	2	2	10.60	2.09	110	0.004	
5－6	1	2	3	15.10	2.20	110	0.004	

第五节 污废水的局部处理与提升

一、污废水的局部处理

在建筑内部污水未经处理不允许直接排入市政排水管网或水体时，应在建筑物内或附近设置局部处理构筑物予以处理，如化粪池、隔油池、降温池、沉砂池等。

（一）化粪池

化粪池是一种利用沉淀和厌氧发酵原理去除生活污水中悬浮性有机物的最低级处理构筑物，目前仍是我国广泛采用的一种分散、过渡性的污水处理设施。

1. 化粪池的有效容积应按下式计算：

$$V = V_1 + V_2 \tag{5-5}$$

$$V_1 = \frac{Nqt}{24 \times 1000} \tag{5-6}$$

式中 V——化粪池有效容积，单位为 m^3；

V_1——污、废水部分的容积，m^3；

V_2——浓缩污泥部分的容积，按式（5-5）计算，m^3；

N——化粪池实际使用人数，在计算单独建筑物化粪池时，为总人数乘以 δ（%）；

δ——化粪池使用人数百分数（%），见表 5-15；

q——每人每日污、废水量，L/(人·d)，见表 5-16；

t——污、废水在池中停留时间，根据污、废水量分别采用 12～24 小时。

$$V_2 = \frac{\theta \cdot N \cdot T(1-b) \cdot k \times 1.2}{(1-c) \times 1000} \tag{5-7}$$

θ——每人每日污泥量，L/(人·d)，见表 5-16；

T——污泥清掏周期，d；一般为 90、180、360d（根据污、废水温度和当地气候条件，并结合建筑物性质确定）；

b——进入化粪池新鲜污泥含水率，按 95% 取用；

k——污泥发酵后体积缩减系数，按 0.8 取用；

c——化粪池中发酵浓缩后污泥含水率，按95%取用；

1.2——清掏污泥后遗留的熟污泥量容积系数。

化粪池使用人数百分数（δ值） **表5-15**

建筑物类型	δ值（%）
医院、疗养院、养老院、幼儿园（有住宿）	100
住宅、集体宿舍、旅馆	70
办公楼、教学楼、实验楼、工业企业生活间	40
职工食堂、公共餐饮业、影剧院、商场、体育馆（场）及其他类似场所（按座位计）	10

每人每日污、废水量和污泥量 **表5-16**

分　类	生活污水与生活废水合流排出	生活污水单独排出
每人每日污、废水量	与用水量相同	20～30
每人每日污泥量	0.7	0.4

2. 化粪池的选型

化粪池有矩形和圆形两种，对于矩形化粪池，当日处理污水量小于或等于10m^{3}时，采用双格，当日处理污水量大于10m^{3}时，采用3格。图5-10为双格矩形化粪池的构造。根据上面计算的化粪池有效容积，在相应的国家和地方标准图中选取合适的化粪池。

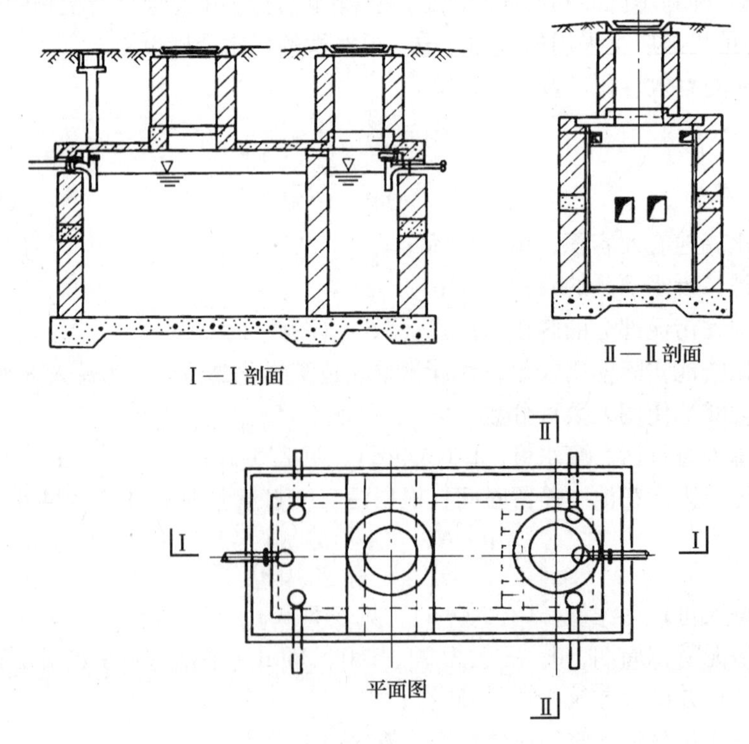

图5-10　双格化粪池

3. 化粪池设置要求

（1）化粪池应设在室外，外壁距建筑物外墙不宜小于5m，并不得影响建筑物基础；化粪池外壁距地下水取水构筑物外壁宜有不小于30m的距离。当受条件限制化粪池不得不设置在室内时，必须采取通气、防臭、防爆等措施。

（2）化粪池应根据每日排水量、交通、污泥清掏等因素综合考虑集中设置；宜设置在接户管的下游端，便于机动车清掏的位置。

（二）隔油池

也称除油装置。公共食堂和饮食业排放的污水中含有植物油和动物油脂。污水中含油量的多少与地区、生活习惯有关，一般在50～150mg/L之间。厨房洗涤水中含油量约为750mg/L。据调查，含油量超过400mg/L的污水排入下水道后，随着水温的下降，污水中挟带的油脂颗粒便开始凝固，粘附在管壁上，使管道过水断面减少，堵塞管道。故含油污水应经除油装置后方可排入污水管道。除油装置还可以回收废油脂，变废为宝。汽车修理厂、汽车库及其他类似场所排放的污水中含有汽油、煤油等易爆物质，也应经除油装置进行处理。图5-11所示为隔油井示意图。

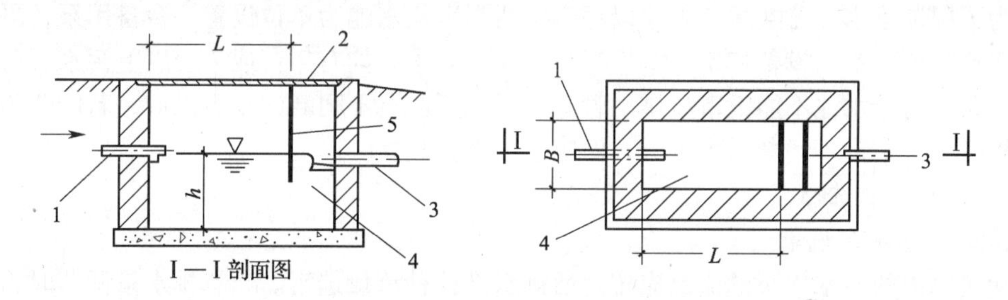

图5-11　隔油井示意图

1—进水管；2—盖板；3—出水管；4—出水间；5—隔板

隔油池设计应符合下列规定：

（1）污水流量应按设计秒流量计算。

（2）含食用油污水在池内的流速不得大于0.005m/s，在池内停留的时间宜为2～10min。

（3）人工除油的隔油池内存油部分的容积，不得小于该池有效容积的25%。

（4）隔油池应设活动盖板。进水管应考虑有清通的可能，出水管管底至池底的深度，不得小于0.6m。

（三）沉砂池

沉砂池的作用是阻止污水中粗大颗粒杂质排入城市排水管道。小型沉砂池的构造如图5-12。

其他的小型污水局部处理设施还有对于排水温度高于40℃的污废水需设降温池降温，对于游泳池、浴室和理发店需设毛发聚集器等。此外，对于医院的污水需设置医院污水处理装置进行消毒等处理。

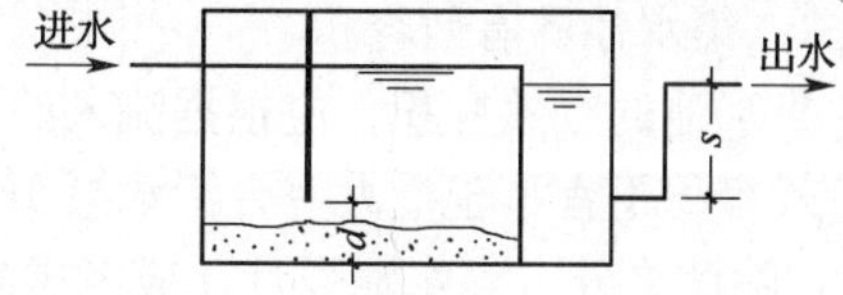

图5-12　沉砂池

二、污废水提升

(一) 污水泵

建筑内部常用的污水泵有潜水排污泵、液下排水泵、立式污水泵和卧式污水泵等。

1. 污水泵房的位置

污水泵房应设在有良好通风的地下室或底层单独的房间内，并应有卫生防护隔离带，且宜靠近集水池；应使室内排水管道和水泵出水管尽量简短，并应考虑维修检测上的方便。污水泵房不得设在对卫生环境有特殊要求的生产厂房和公共建筑内，且不得设在有安静和防振要求的房间内。

2. 污水泵的管线和控制

污水泵的排出管为压力排水，宜单独排至室外，不要与自流排水合用排出管，排出管的横管段应有坡度坡向出口。由于建筑物内场地一般较小，排水量不大，故污水泵应优先选用潜水排污泵和液下排水泵；其中液下排水泵一般在重要场所使用。当2台或2台以上水泵共用一条出水管时，应在每台水泵出水管上装设阀门和止回阀；单台水泵排水有可能产生倒灌时，应设置止回阀。

为了保证排水，公共建筑内应以每个生活污水集水池为单位设置一台备用泵，平时宜交互运行。地下室、设备机房、车库冲洗地面的排水，如有2台或2台以上污水泵时可不设备用泵。当集水池不能设事故排出管时，污水泵应有不间断的动力供应；若能关闭污水进水管时，可不设不间断动力供应，但应设置报警装置。

3. 污水泵的选择

(1) 污水水泵流量

建筑物内的污水水泵的流量应按生活排水设计秒流量选定。当有排水量调节时，可按生活排水最大小时流量选定。消防电梯集水池内的排水泵流量不小于10L/s。

(2) 污水水泵扬程

污水水泵扬程与其他水泵一样，应按提升高度、管路系统水头损失、另附加20～30kPa流出水头计算而得。污水泵吸水管和出水管流速不应小于0.7m/s，但不宜大于2.0m/s。

(二) 集水池(井)

1. 集水池(井)的位置

集水池宜设在地下室或最低层卫生间、淋浴间的底板下或邻近位置；地下厨房集水坑不宜设在细加工和烹炒间内，但应在厨房邻近处；消防电梯井集水池应设在电梯邻近处，但不能直接设在电梯井内，池底宜低于电梯井底0.7m以上；车库地面排水集水池应设在使排水管、沟尽量简洁的地方；收集地下车库坡道处的雨水集水井应尽量靠近坡道尽头处。

2. 集水池的有效容积

集水池的有效容积，应根据流入的污水量和水泵工作情况确定，当水泵自动启动时，其有效容积不宜小于最大一台污水泵5min的出水量，且污水泵每小时启动次数不宜超过6次。除此之外，集水池设计还应考虑满足水泵设置、水位控制器、格栅等安装、检查要求，集水池设计最底水位，应满足水泵吸水要求。生活排水调节池的有效容积不得大于6小时生活排水平均小时流量。消防电梯井集水池的有效容积不得小于$2.0m^3$。

3. 集水池构造要求

因生活污水中有机物易分解成酸性物质，腐蚀性大，所以生活污水集水池内壁应采取防腐防渗漏措施。集水池底应有不小于0.05的坡度坡向泵位，并在池底设置自冲管。集水坑的深度及其平面尺寸，应按水泵类型而定。集水池应设置水位指示装置，必要时应设置超警戒水位报警装置，将信号引至物业管理中心。集水池如设置在室内地下室时，池盖应密封，并设通气管系；室内有敞开的集水池时，应设强制通风装置。

第六节　屋面雨水排水系统

降落在屋面的雨水和融化的雪水，必须妥善地予以迅速排除。屋面雨水系统按设计流态可划分为压力流（虹吸式）雨水系统、重力流（87型斗）雨水系统、重力流（堰流式斗）雨水系统；按管道设置的位置，可分为内排水和外排水系统。根据建筑结构形式、气候条件及生产使用要求，在技术经济合理的条件下，屋面雨水应尽量采用外排水。

一、屋面雨水排水系统的主要类型

1. 檐沟外排水系统

檐沟外排水系统由檐构、雨水斗、雨水立管（水落管）等组成，如图5-13所示。檐沟外排水系统是目前使用最广泛的屋面雨水排除系统，适用于一般居住建筑、屋面积较小且体形不复杂的公共建筑和单跨工业建筑。水落管目前常采用$\Phi75$和$\Phi110$UPVC排水塑料管、镀锌钢管，间距一般为6～8m。

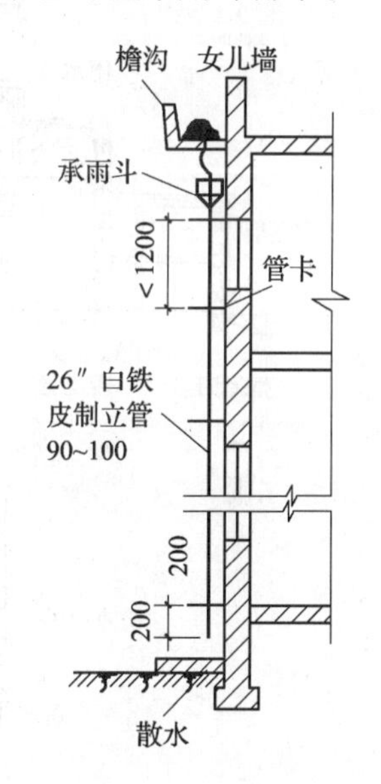

图5-13　檐沟外排水

2. 天沟外排水系统

天沟外排水系统由天沟、雨水斗、雨水立管等组成，如图5-14所示。天沟外排水是由天沟汇集雨水，雨水斗置于天沟内，天沟布置以伸缩缝、沉降缝、变形缝为分水线。天沟坡度不小于0.003，天沟一般伸出山墙0.4m。屋面雨水经天沟、雨水斗和排水立管排至地面或雨水管。天沟外排水适合多跨度厂房、库房的屋面雨水排除。

3. 内排水系统

将雨水管道系统设置在建筑物内部的称为屋面雨水内排水系统，如图5-15所示，其由雨水斗、连接管、悬吊管、立管、排出管、检查井等组成。屋面雨水内排水系统用于不宜在室外设置雨水立管的多层、高层和大屋顶民用和公共建筑及大跨度、多跨工业建筑。按每根雨水立管连接的雨水斗的个数，可以分为单斗和多斗雨水排水系统。按雨水管中水流的设计流态可分为重力流雨水系统和虹吸式压力流雨水系统。

重力流雨水系统是屋面雨水经雨水斗进入排水系统后，雨水是以汽水混合状态依靠重力作用顺着立管面排除，计算时按重力流考虑。由于是汽水混合物，所以管径计算都较大。而虹吸式雨水系统采用防漩涡虹吸式雨水斗，当屋面雨水高度超过雨水斗高度时，极大地减少了雨水进入排水系统时所夹带的空气量，使得系统中排水管道呈满流状态，利用建筑物屋面的高度和雨水所具有的势能，在雨水连续流经雨水悬吊管转入雨水立管跌落时形成虹吸作用，并在该处管道内呈最大负压。屋面雨水在管道内负压的抽吸作用下以较高

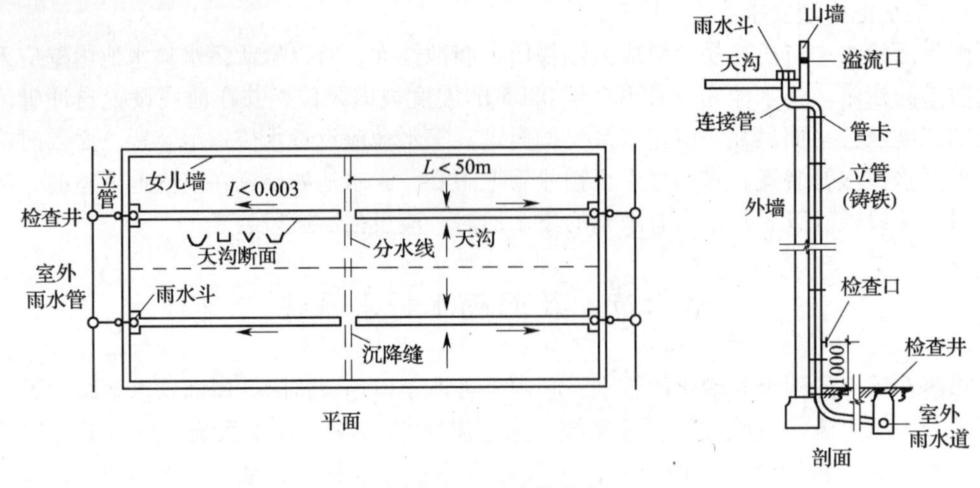

图 5-14　天沟外排水

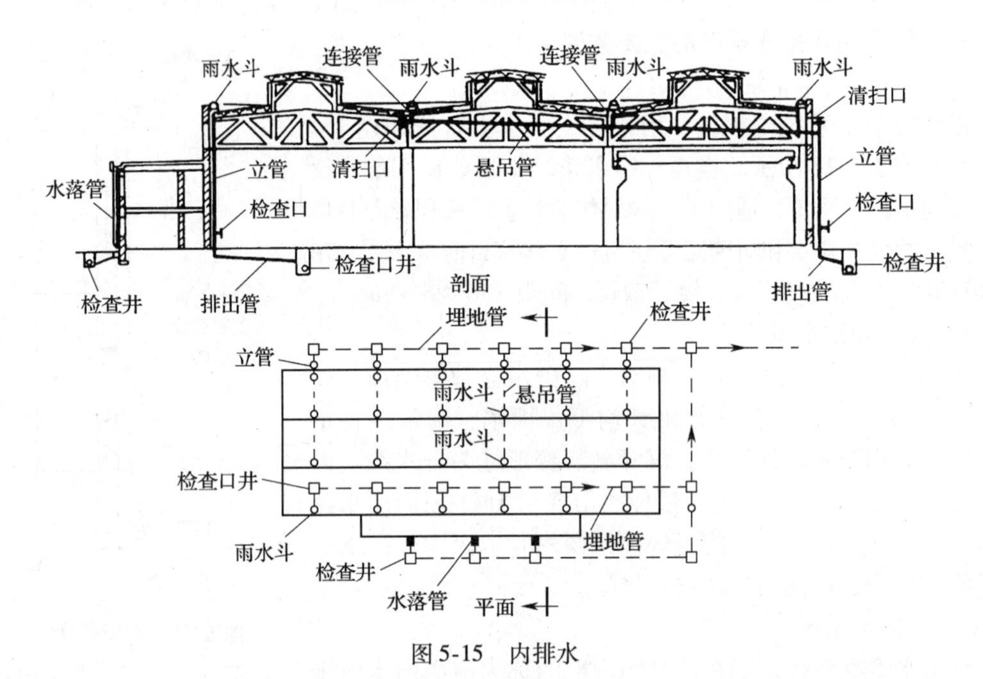

图 5-15　内排水

流速被排至室外，从而提高了排水能力，即在排除相同雨水量时，雨水管管径可缩小或减少雨水管的根数。

二、雨水管材与雨水斗

（1）雨水管管材　重力流排水系统的多层建筑宜采用建筑排水塑料管，高层建筑宜采用承压塑料管、金属管。对于压力流排水系统宜采用内壁较光滑的带内衬的承压排水铸铁管、承压塑料管和钢塑复合管等，其管材工作压力应大于建筑物净高度产生的静水压。用于压力流排水的塑料管，其管材抗环形变形压力应大于0.15MPa。

（2）雨水斗　雨水斗的作用是迅速地排除屋面雨雪水，减少空气的掺入，并能将粗大杂物拦阻下来。目前常用的雨水斗为65型、79型、87型雨水斗，平箅式雨水斗和虹吸式雨水斗等，见图5-16。

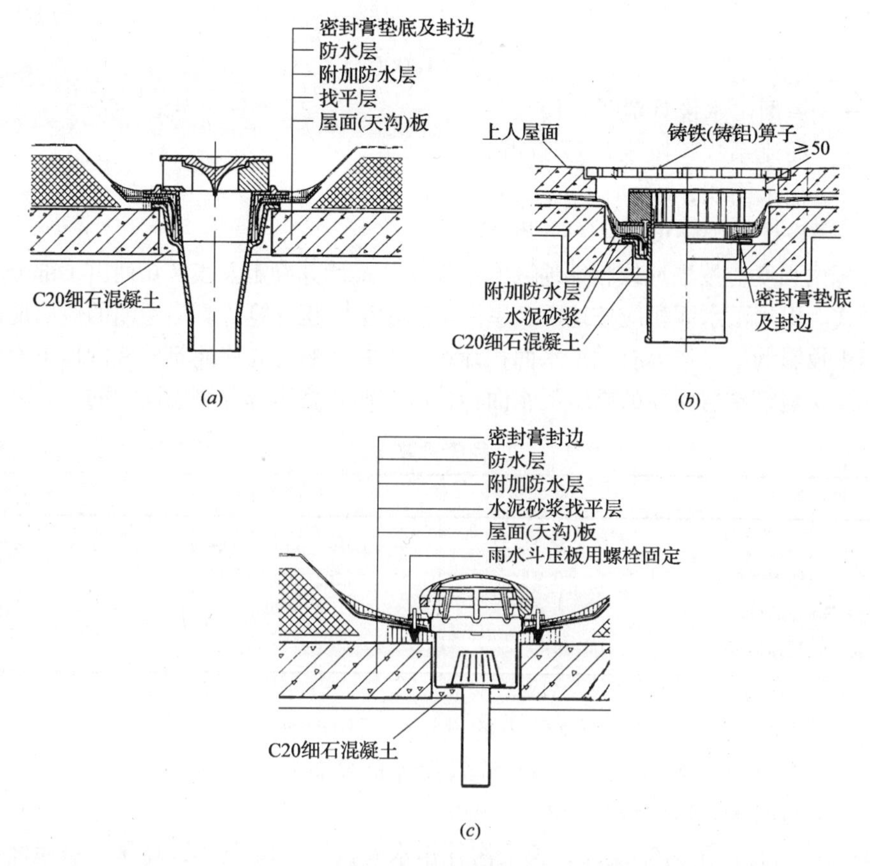

图 5-16　雨水斗

(*a*) 65 型雨水斗；(*b*) 87 型雨水斗；(*c*) 虹吸式雨水斗

三、雨水管道布置要求

(1) 建筑屋面各汇水范围内，雨水排水立管不宜少于 2 根。

(2) 高层建筑裙房屋面的雨水应单独排放；阳台排水系统应单独设置。阳台雨水立管底部应间接排水。

(3) 屋面排水系统应设置雨水斗。不同设计排水流态、排水特征的屋面雨水排水系统应选用相应的雨水斗。对于屋面雨水管道如按压力流设计时，同一系统的雨水斗宜在同一水平面上。

(4) 屋面雨水排水管的转向处宜做顺水连接，并应根据管道直线长度、工作环境、选用管材等情况设置必要的伸缩装置。

(5) 重力流雨水排水系统中长度大于 15m 的雨水悬吊管，应设检查口，其间距不宜大于 20m，且应布置在便于维修操作处。有埋地排出管的屋面雨水排出管系，立管底部应设清扫口。

(6) 寒冷地区，雨水立管应布置在室内。雨水管应牢固地固定在建筑物的承重结构上。

四、雨水系统的水力计算

(一) 雨水设计流量

雨水设计流量按公式 (5-8) 计算：

$$Q = \frac{q\Psi F}{10000} \tag{5-8}$$

式中 Q——屋面雨水设计流量，L/s；

Ψ——径流系数，按表 5-17 选取；

F——汇水面积，m^2；

q——设计降雨强度，$L/(s \cdot hm^2)$。

设计降雨强度应按当地或相邻地区暴雨强度公式计算确定。表 7-6 列出了部分城市的暴雨强度公式。雨水汇水面积应按地面、屋面水平投影面积计算，高出屋面的侧墙应附加其最大受雨面正投影的一半作为有效汇水面积计算。窗井、贴近高层建筑外墙的地下汽车库出入口坡道和高层建筑裙房屋面的雨水汇水面积，应附加其高出部分侧墙面积的二分之一。

径流系数 Ψ **表 5-17**

地面种类	径流系数	地面种类	径流系数
屋面	0.9	干砌砖、石及碎石路面	0.4
混凝土和沥青路面	0.9	非铺砌的土路面	0.3
块石等铺砌路面	0.6	公园绿地	0.15
级配碎石路面	0.45		

在计算暴雨强度时，屋面雨水管道的设计降雨历时按 5min 计算，设计重现期根据建筑物的重要性按表 7-7 选取，对一般性建筑设计重视期为 2～5 年。

（二）屋面雨水管道的设计流态

檐沟外排水宜按重力流设计，长天沟外排水宜按压力流设计，高屋建筑屋面雨水排水宜按重力流设计，工业厂房、库房、公共建筑的大型屋面雨水排水宜按压力流设计。

（三）雨水管道的最小管径和横管的最小设计坡度

各种雨水管道的最小管径和横管的最小设计坡度宜按表 5-18 确定。

雨水管道的最小管径和横管的最小设计坡度 **表 5-18**

管　别	最小管径（mm）	横管最小设计坡度	
		铸铁管、钢管	塑料管
建筑外墙雨水落水管	75（75）		
雨水排水立管	100（110）		
重力流排水悬吊管、埋地管	75（75）	0.01	0.005
压力流屋面排水悬吊管	50（50）	0.00	0.00
小区建筑物周围雨水接户管	200（225）	0.005	0.003
小区道路下干管、支管	300（315）	0.003	0.0015
13#沟头的雨水口的连接管	200（225）	0.01	0.01

（四）水力计算

1. 重力流雨水系统计算

（1）单斗系统　单斗系统的雨水斗、连接管、悬吊管、立管、排出横管的口径均应相同，系统的设计流量不应超过表 5-19 的规定。

（2）多斗系统雨水斗　在悬吊管上有 1 个以上雨水斗的多斗系统中，雨水斗的设计流量应根据表5-19括号中的数值取值。但最远端雨水斗的设计流量不得超过此值，由于距立管越近的雨水斗泄流量越大，因此其他各雨水斗的设计流量应依次比上游雨水斗递增10%，但到第五个雨水斗时不宜再增加。

单斗系统的最大排水能力（87型和65型雨水斗的设计流量） **表5-19**

口径（mm）	75	100	150	200
排水能力（L/s）	8	16（12）	32（26）	52（40）

（3）多斗系统悬吊管　重力流屋面雨水排水管系的悬吊管应按非满流设计，其充满度不宜大于0.8，管内流速不宜小于0.75m/s。悬吊管管径根据各雨水斗流量之和和悬吊管坡度查表5-20、表5-21确定。悬吊管管径不得小于雨水斗连接管管径。

（4）重力流雨水排水立管　重力流雨水排水立管的排水能力应满足表5-22的要求，立管管径不得小于悬吊管管径。

（5）排出管和其他横管　排出管（又称出户管）和其他横管（如管道层的汇合管等）可近似按悬吊管的方法计算，见表5-20、表5-21。排出管的管径根据系统的总流量确定，并且从起点起管径不宜改变，排出管在出建筑外墙时流速如果大于1.8m/s，管径应适当放大。

多斗悬吊管（钢管、铸铁管）的最大排水能力（L/s） **表5-20**

管径（mm） 水力坡度 i	75	100	150	200	250
0.02	3.07	6.63	19.55	42.10	76.33
0.03	3.77	8.12	23.94	51.56	93.50
0.04	4.35	9.38	27.65	59.54	107.96
0.05	4.86	10.49	30.91	66.57	120.19
0.06	5.33	11.49	33.86	72.92	132.22
0.07	5.75	12.41	36.57	78.76	142.82
0.08	6.15	13.26	39.10	84.20	142.82
0.09	6.52	14.07	41.47	84.20	142.82
≥0.10	6.88	14.83	41.47	84.20	142.82

注：表中 $n=0.014$，充满度 $h/D=0.8$。

多斗悬吊管（塑料管）的最大排水能力（L/s） **表5-21**

De（mm） 水力坡度 i	90×3.2	110×3.2	125×3.7	160×4.7	200×5.9	250×7.3
0.02	5.76	10.20	14.30	27.66	50.12	91.02
0.03	7.05	12.49	17.51	33.88	61.38	111.48
0.04	8.14	14.42	20.22	39.12	70.87	128.72
0.05	9.10	16.13	22.61	43.73	79.24	143.92
0.06	9.97	17.67	24.77	47.91	86.80	157.65
0.07	10.77	19.08	26.75	51.75	93.76	170.29
0.08	11.51	20.40	28.60	55.32	100.23	170.29
0.09	12.21	21.64	30.34	58.68	100.23	170.29
≥0.10	12.87	22.81	31.98	58.68	100.23	170.29

注：表中 $n=0.01$，充满度 $h/D=0.8$。

雨水斗排水能力（L/s） **表5-22**

名义口径（mm） 种类	*D*50	*D*75	*D*100
国标 OIS302 斗（L/s）	6.0	12.0	25.0

重力流屋面雨水排水立管的泄流量 **表5-23**

铸铁管		塑料管		钢管	
公称直径	最大泄流量	公称外径×壁厚	最大泄流量	公称外径×壁厚	最大泄流量
（mm）	（L/s）	（mm）	（L/s）	（mm）	（L/s）
75	5.46	75×2.3	5.71	108×4	11.77
100	11.77	90×3.2	9.22	133×4	21.34
		110×3.2	15.98		
125	21.34	125×3.2	22.92	159×4.5	34.69
		125×3.7	22.41	168×6	38.52
150	34.69	160×4.0	44.43	219×6	81.90
		160×4.7	43.34		
200	74.72	200×4.9	80.78	245×6	112.28
		200×5.9	78.53		
250	135.47	250×6.2	146.21	273×7	148.87
		250×7.3	142.63		
300	220.29	315×7.7	271.34	325×7	242.49
		315×9.2	264.15		

2. 虹吸式雨水系统计算

（1）雨水斗　雨水斗的名义口径一般有 *D*50、*D*75、*D*100 三种。表5-22是常用的雨水斗排水能力。

（2）悬吊管和立管　虹吸式雨水系统的雨水斗和管道一般由专业设备商配套供应，系统按压力流计算，但悬吊管和立管的管径计算应同时满足以下条件：

1）悬吊管最小流速不宜小于1m/s，立管最小流速不宜小于2.2m/s。管道最大流速宜在6～10m/s之间。

2）系统的总水头损失（从最远雨水斗到排出口）与出口处的速度水头之和，不得大于雨水管进、出口的几何高差 *H*。系统中各个雨水斗到系统出口的水头损失之间的差值，不应大于10kPa；各节点压力的差值：当 *DN*≤75mm 时，不应大于10kPa；当 *DN*≥100mm 时，不应大于5kPa。

3）系统中的最大负压绝对值，金属管应小于80kPa，塑料管应小于70kPa；否则应放大悬吊管管径或缩小立管管径。

4）当立管管径 *DN*≤75mm 时，雨水斗顶面和系统出口的几何高差 *H* 应大于等于3m；当 *DN*≥90mm 时，*H* 应大于等于5m。如不能满足要求，应增加立管根数，减小管径。

5）立管管径应经计算确定，可小于上游横管管径。

6）压力流排水管系出口应放大管径，其出口水流速度不宜大于1.8m/s，如其出口水流速度大于1.8m/s时，应采取消能措施。

第七节　通气管及高层建筑排水系统

一、通气管

卫生器具排水时，排水立管内的空气由于受到水流的抽吸或压缩，管内气流会产生正压或负压变化，这个压力变化幅度如果超过了存水弯水封深度就会破坏水封。因此，为了平衡排水系统中的压力，就必须设置通气管与大气相通，以泄放正压或通过补给空气来减小负压，使排水管内气流压力接近大气压力，保护卫生器具水头使排水管内水流畅通，并可排除排水管道中污浊的有害气体至大气中。

（一）室内排水管道的通气方式

目前国内外建筑中经常采用的通气管系统有下列几种形式：

1. 仅有伸顶通气的通气管系统

如图5-17所示，通常称为单立管排水系统，在低层建筑排水系统中，多采用此种方式，以排除污浊气体，同时向排水立管内补充新鲜空气。

2. 辅助通气管系统

随着建筑物层数的增加，单靠单立管排水系统已不能克服高层建筑排水立管中出现的诸如水封被破坏等弊病，需在原有排水系统中增加辅助通气管系统。目前常用辅助通气管系统包括专用通气立管、主通气立管、副通气立管、环行通气管、器具通气管、结合通气管等形式。如图5-17所示。

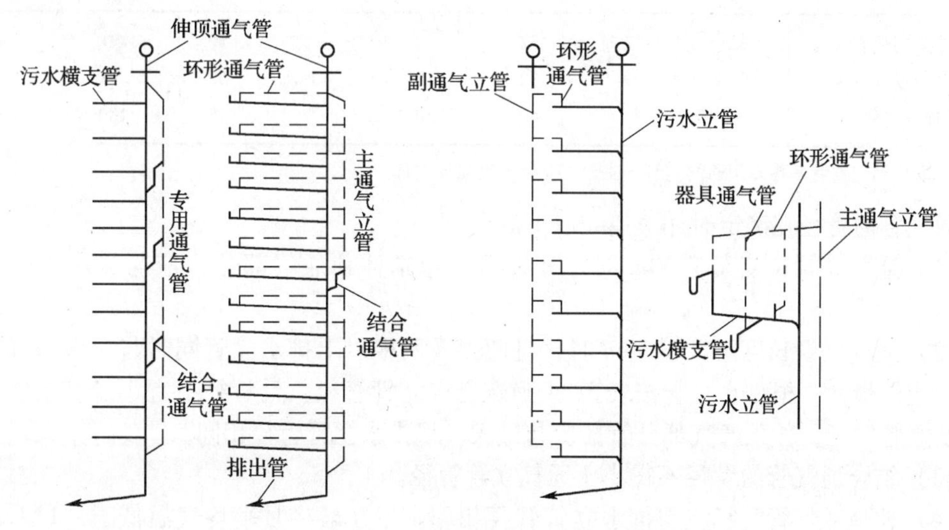

图5-17　几种典型的通气管形式

（1）专用通气立管。生活排水立管所承担的卫生器具排水设计流量，当超过表5-9、表5-10中仅设伸顶通气管的排水立管最大排水能力时，应设专用通气立管。对于建筑标准要求较高的多层住宅和公共建筑，10层及10层以上高层建筑生活污水立管也宜设置专用通气立管。

（2）环行通气管。当横管上连接的卫生器具数较多（接纳 4 个及 4 个以上卫生器具且横支管的长度大于 12m、连接 6 个及 6 个以上大便器的污水横支管），相应排放的水量较多时，易造成管内压力波动，使水流前方的卫生器具的水封被压出，后方卫生器具的水封被吸入，此时应采用设置环形通气管。当建筑物内各层的排水管道设有环行通气管时，应设置连接各层环行通气管的主通气立管，或副通气立管。设有器具通气管的排水管段处也应设环形通气管。

（3）结合通气管。为加强管内气流的环行，排水立管应每隔 2 层与专用通气管、每隔 8 ~9 层与主通气立管连以结合通气管。它的上端应在卫生器具上边缘以上不小于 0.15m 处与通气立管的斜三通连接，下端连接在排水横支管以下与排水立管以斜三通连接。

（4）器具通气管。每个卫生器具都设置通气管，这种通气方式通气效果最佳，尤其是能防止器具自吸破坏水封作用。但这种方式造价最高，建筑上管道隐蔽处理较困难，一般用于标准较高的高层建筑。

（二）通气管的管材和管径

通气管的管材一般与排水管的管材相同，可采用塑料排水管和柔性接口机制排水铸铁管等。

通气管管径应根据排水管负荷、管道的长度等来确定，一般不宜小于排水管管径的 1/2，其最小管径可按表 5-24 确定。

通气管最小管径 **表 5-24**

通气管名称	排水管管径							
	32	40	50	75	90	100	125	150
器具通气管	32	32	32	—	—	50	50	—
环形通气管	—	—	32	40	40	50	50	—
通气立管	—	—	40	50	—	75	100	100

注：表中通气立管系指专用通气立管、主通气立管、副通气立管。

通气管的管径在确定时还应遵守以下规定：

（1）通气立管长度大于 50m 时，其管径（包括伸顶通气部分）应与排水立管管径相同。

（2）通气立管长度不大于 50m 时，且两根及两根以上排水立管同时与一根通气立管相连，应以最大一根排水立管按表 5-24 确定通气立管管径，且管径不宜小于其余任何一根排水立管管径，伸顶通气部分管径应与最大一根排水立管管径相同。

（3）结合通气管的管径不得小于通气立管管径。

（4）伸顶通气管管径宜与排水立管管径相同。但在最冷月平均气温低于 －13℃ 的地区，应在室内平顶或吊顶以下 0.3m 处将管径放大一级。

（5）当两根或两根以上污水立管的通气管汇合连接时，汇合通气管的断面积应为最大一根通气管的断面积加其余通气管断面积之和的 0.25 倍。

（三）通气管的连接与敷设

（1）器具通气管应设在存水弯出口端。环形通气管的连接点通常宜设在横支管最始端的第一个与第二个卫生器具之间，并应在排水支管中心线以上与排水支管呈垂直或45°向上连接。这两种连接方式均应在卫生器具上边缘以上不小于0.15m处按不小于0.01的上升坡度与通气立管相连。

（2）专用通气立管和主通气立管的上端可在最高层卫生器具上边缘或检查口以上与排水立管通气部分以斜三通连接。下端应在最低排水横支管以下与排水立管以斜三通连接。

（3）当用H管件替代结合通气管时，H管与通气管的连接点应设在卫生器具上边缘以上不小于0.15m处。

（4）当污水立管与废水立管合用一根通气立管时，H管配件可隔层分别与污水立管和废水立管连接。但最低横支管连接点以下应装设结合通气管。

（5）通气管高出屋面不得小于0.3m，且应大于最大积雪厚度，通气管顶端应装设风帽或网罩（屋顶有隔热层时，应从隔热层板面算起）。在通气管口周围4m以内有门窗时，通气管口应高出窗顶0.6m或引向无门窗一侧；在经常有人停留的平屋面上，通气管口应高出屋面2m并应根据防雷要求考虑防雷装置。

二、高层建筑排水系统

（一）高层建筑排水系统的特点

高层建筑多为民用和公共建筑，其排水系统主要是接纳盥洗、沐浴等洗涤废水、粪便污水、雨雪水，以及附属设施如餐厅、车库和洗衣房等的排水。高层建筑的排水立管长、水量大、流速高，污水在排水立管中的流动既不是稳定的压力流，也不是一般的重力流，是一种呈水、气两相的流动状态。高层建筑排水系统的特点，造成了管内气压波动剧烈，在系统内易形成气塞使管内水气流动不畅，破坏了卫生器具中的水封，造成排水管道中的臭气及有害气体侵入室内从而污染了环境。因此，高层建筑中，建筑排水系统功能的优劣很大程度上取决于通气管系统的设计、设置、敷设是否合理，排水体制选择是否切合实际，这是高层建筑排水系统最重要的问题。此外，高层建筑排水管系统考虑到建筑的抗震与变形要求，排水管材一般采用柔性铸铁排水管。

（二）新型单立管排水系统

普通的排水系统排水性能虽好，但造价较高，管道安装复杂，单立管排水系统是指取消专门通气管系的排水系统。新型单立管排水系统在节约管材、提高排水立管的排水能力、加快施工进度、降低工程造价等方面都优于普通的排水系统。

目前，比较典型的新型单立管排水系统有苏维脱单立管排水系统、旋流式排水系统、芯形排水系统等。

1. 苏维脱单立管排水系统

是瑞士苏玛（Fritzsommer）在1961年研制的产品，其方式是各层排水横支管与立管的连接采用混合器排水配件（见图5-18）和在排水立管底部设置跑气器的接头配件（见图5-19），从而可取消辅助通气立管。混合器的作用是限制立管中水及空气的速度，使污水与空气有效的混合，以保持水气压力的稳定。跑气器的作用是分离污水中的空气，以保证污水通畅地流入横干管。

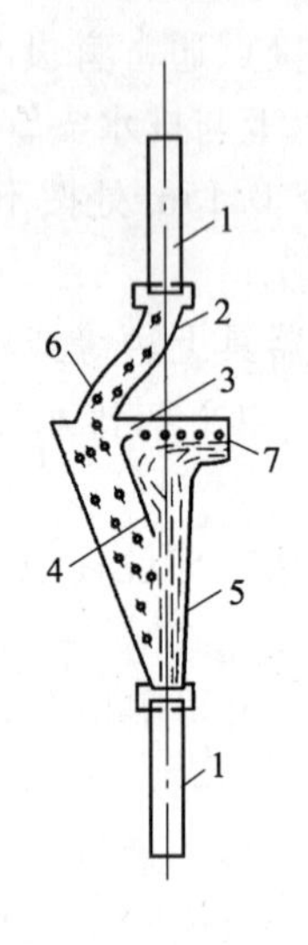

图 5-18　气水混合接头配件

1—立管；2—乙字管；3—孔隙；4—隔板；
5—跑气管；6—气水混合物；7—空气

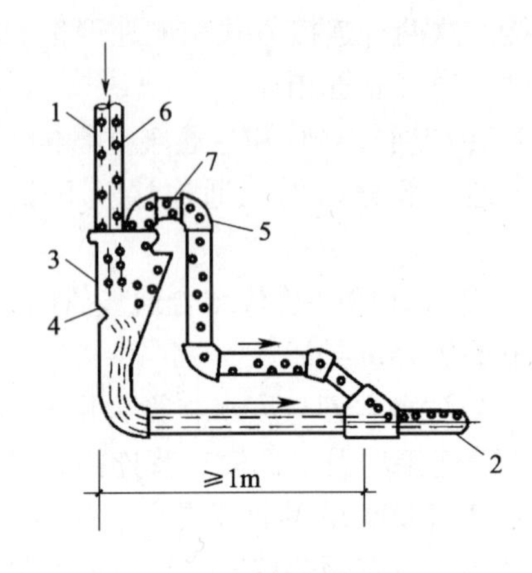

图 5-19　气水分离接头配件

1—立管；2—横管；3—空气分离室；4—交块；
5—混合室；6—气水混合物；7—空气

苏维脱单立管排水系统的主要优点是减少立管内的压力波动，降低正负压绝对值。

2. 旋流排水系统

这种排水系统是由法国勒格（Roger Legg）、理查（Georges Richard）和鲁夫（M. Louve）共同于1967年研究发明的，设有把各个排水立管相连接起来的“旋流连接配件”和设于立管底部的“特殊排水弯头”（见图5-20旋流连接配件、图5-21特殊排水弯头）。旋流连接配件的作用是使立管水流沿管壁旋下，管中为空气芯，因此管内压力较为稳定。特殊排水弯头的作用是使污水沿横干管畅通流出。

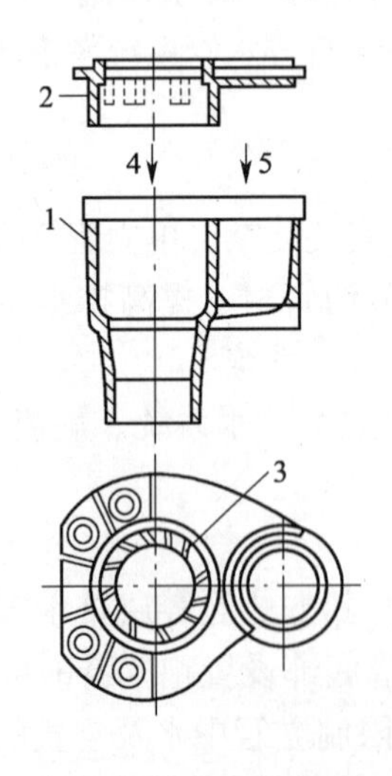

图 5-20　旋流连接配件

1—底座；2—盖板；3—叶片；
4—接立管；5—接大便器

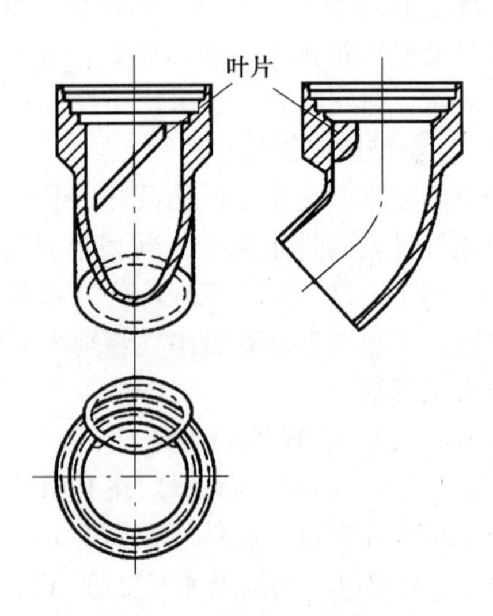

图 5-21　特殊排水弯头

3. 芯型排水系统

它是日本小岛德厚在1973年开发的，由上部环流器及下部的角笛弯头两个特殊配件组成，如图5-22、图5-23所示。环流器的作用是使从立管流下的水通过内管产生扩散下落，形成气水混合物，其多向接口减少了水塞的产生；角笛弯头能消除水跃和水塞现象，弯头内部的较大空间使立管内的空气和横主管的上部空间充分地连通。

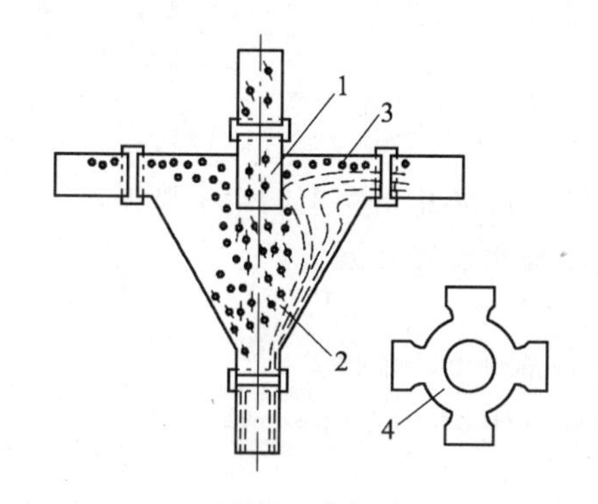

图5-22 环流器

1—内管；2—气水混合物；3—空气；4—环流通路

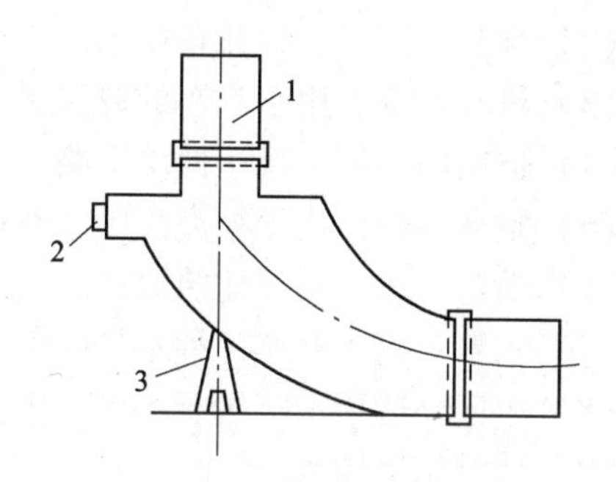

图5-23 角笛弯头

1—立管；2—检查口；3—支墩

新型单立管排水系统的适用条件为：

（1）排水设计流量超过仅设伸顶通气排水系统排水立管的最大排水能力。

（2）设有卫生器具层数在10层及10层以上的高层建筑或同层接入排水立管的横支管数等于或大于3根的排水系统。

（3）卫生间或管道井面积较小，难以设置专用通气立管的建筑。

（4）此类排水系统的立管最大排水能力，应根据配件产品水力参数确定，产品参数应有国家主管部门指定的检测机构认证。立管设计流量的选用值不得超过表5-12中的数值。

第八节 建筑中水技术概述

一、建筑中水的概念

建筑中水是建筑物中水和小区中水的总称，是指以建筑的冷却水、淋浴用水、盥洗排水、洗衣排水及雨水等为水源，经过物理、化学方法的工艺处理后用于冲洗便器、绿化、洗车、道路浇洒、空调冷却及水景等的供水系统。“中水”一词来源于日本，为节约水资源和减轻环境污染，20世纪60年代日本设计出了中水系统。中水指各种排水经处理后，达到规定的水质标准。中水水源可取自建筑物的生活排水和其他可利用的水源。其水质比生活用水水质差，比污水、废水水质好；当中水用做城市杂用水时，其水质应符合《城市污水再生利用城市杂用水水质》（GB/T 18920—2002）的规定。当中水用于景观环境用水，其水质应符合《城市污水再生利用景观环境用水水质》（GB/T 18921—2002）的规定。中水用于食用作物、蔬菜浇灌用水时，应符合《农田灌溉水质标准》（GB 5084—92）水质要求。中水系统是由中水原水的收集、储存、处理和中水供给等工程设施组成的有机结合体，是建筑物或建筑小区的功能配套设施之一。

中水系统在日本，美国，以色列，德国，印度，英国等国家都有广泛应用。近年来我国也加大了对中水技术的研究利用，先后在北京，深圳，青岛等大中小城市开展了中水技术的应用，并制订了《建筑中水设计规范》（GB 50336—2002），促进了我国中水技术的发展和建设，对节水节能、缓解用水矛盾、保持经济可持续发展十分有利。

二、建筑中水的用途

（1）冲洗厕所：用于各种便溺卫生器具的冲洗。

（2）绿化：用于各种花草树木的浇灌。

（3）汽车冲洗：用于汽车的冲洗保洁。

（4）道路的浇洒：用于冲洗道路上的污泥脏物或防止道路上的尘土飞扬。

（5）空调冷却：用于补充集中式空调系统冷却水蒸发和漏失。

（6）消防灭火：用于建筑灭火。

（7）水景：用于补充各种水景因蒸发或漏失而减少的水量。

（8）小区环境用水：用于小区垃圾场地冲洗，锅炉的湿法除尘等。

（9）建筑施工用水。

三、中水系统的基本类型

1. 建筑中水系统

建筑中水系统的原水取自建筑物内的排水，经处理达到中水水质指标后回用，是目前使用较多的中水系统。考虑到水量的平衡，可利用生活给水补充中水水量。建筑中水系统具有投资少，见效快的优点。如图 5-24 所示：

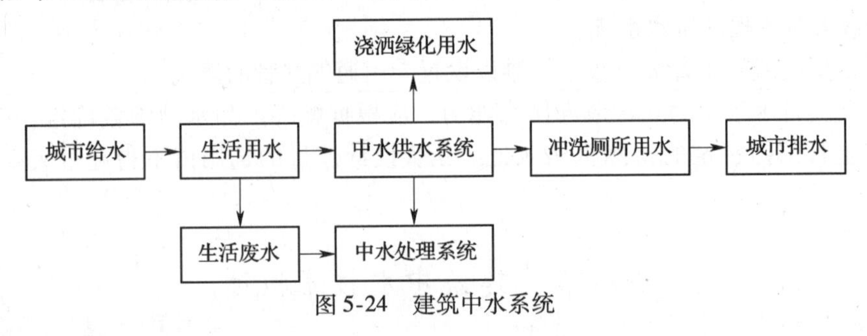

图 5-24　建筑中水系统

2. 建筑小区中水系统

建筑小区中水系统的原水取自居住小区的公共排水系统（或小型污水处理厂），经处理后回用于建筑小区。在建筑小区内建筑物较集中时，宜采用此系统，并可考虑设置雨水调节池或其他水源（如地面水或观赏水池等）以达到水量平衡。如图 5-25 所示：

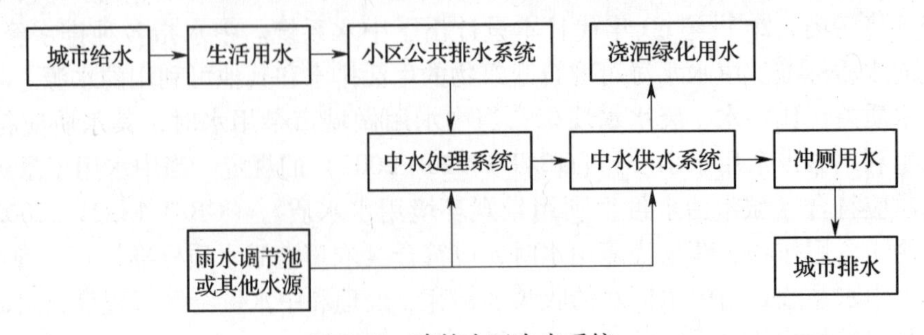

图 5-25　建筑小区中水系统

3. 城市区域中水系统

城市区域中水系统是将城市污水经二级处理后再进一步经深度处理作为中水使用。目前采用较少。该系统中水的原水主要来自城市污水处理厂、雨水或其他水源作为补充水。如图 5-26 所示。

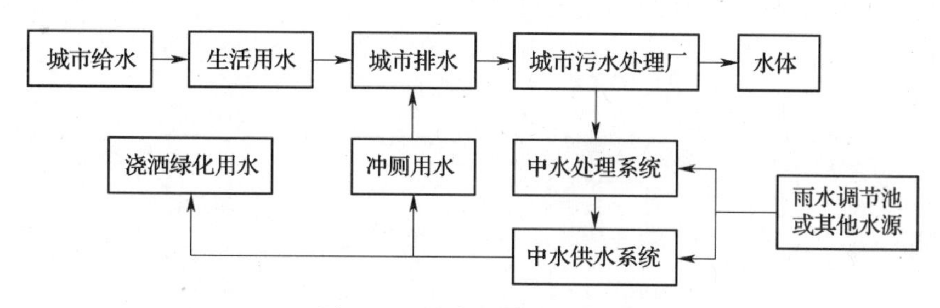

图 5-26 城市区域中水系统

四、建筑中水系统的组成

建筑中水系统有中水原水系统、中水原水处理系统、中水供水系统组成。

1. 中水原水系统

中水原水指被选作中水水源而未经处理的水。

中水原水系统包括室内生活污、废水管网、室外中水原水集流管网及相应分流、溢流设施等。

2. 中水原水处理系统

中水原水处理系统包括原水处理系统设施，管网及相应的计量检测设施。

3. 中水供水系统

中水供水系统包括中水供水管网及相应的增压，储水设备，如中水储水池、水泵、高位水箱等。

思 考 题 与 习 题

1. 室内排水工程的任务是什么？室内排水是如何分类的？分为哪几类？
2. 简述室内排水系统的组成。
3. 什么是分流制和合流制？各有何特点，排水体制的确定原则是什么？
4. 试述排水管道的布置原则、敷设要求。
5. 清通装置有哪几种？其设置要求是什么？
6. 通气管的作用是什么？分别在什么条件下设置通气立管、器具通气管和环形通气管？如何设置？
7. 试述排水管道最小管径的各项规定。
8. 什么是排水管道的充满度？管道顶部为什么要留有一定的空间？
9. 什么是排水管道的自清流速和最大允许流速？为什么对排水流速要做出规定？
10. 屋面雨水排放方式有哪几种，简述其特点。
11. 各雨水系统安全性、经济性排列次序是什么？
12. 如何选用雨水系统，在安装时应注意哪些事项？
13. 试述如何检验排水管道的安装质量。
14. 排水管道管径确定的方法。

15. 高层建筑排水系统通气管系的形式及特点是什么，为什么通气系统特别重要？
16. 通气管和排水管的连接应遵守哪些规定？
17. 高出屋面的通气管应符合哪些要求？
18. 87 型斗雨水系统和虹吸式雨水系统水力计算的不同点是什么？
19. 卫生器具满水和通水试验的检验方法是怎样的？

第六章　建筑热水供应

第一节　热水供应系统的类型和选择

一、分类与组成

1．热水供应系统的分类

建筑热水供应系统，按照热水供应范围的大小可分为：局部热水供应系统、集中热水供应系统和区域热水供应系统三类。

（1）局部热水供应系统，即采用各种小型加热器就地加热，供局部范围内的一个或几个用水点使用的热水系统。系统中常采用小型煤气加热器、电加热器、蒸汽加热器、太阳能热水器及小型锅炉等。该系统适用于标准较低的民用及部分公共建筑，如普通多高层住宅、办公楼等。

（2）集中热水供应系统，即在锅炉房、热交换站或加热间将水集中加热，并通过热水管网输送至一幢或多幢建筑各用水点的热水系统。该系统适用于热水用量较大，用水点集中的建筑，如宾馆、医院、商务楼、高级住宅等。

（3）区域热水供应系统，即水在热电站、区域性的锅炉房或热交换站集中加热，通过市政热力网送至建筑群的各个建筑中，然后经过室内热水管网送至各用水点使用的热水系统。在我国，不少城市已建设有城市热力网，但该热力网一般作为热源来使用。

2．热水供应系统的组成

建筑热水供应系统中，集中热水供应系统应用较普遍，其主要有下列各部分组成，如图 6-1 所示。

（1）热水制备系统（第一循环系统）：热水制备系统由热源、水加热器和热媒管网组成。由锅炉生产的蒸汽或过热水通过热媒管网送到水加热器加热冷水，经过热交换蒸汽变成冷凝水，并靠余压送到冷凝水池，冷凝水和新补充的软化水经冷凝循环泵再送回锅炉加热成蒸汽，如此循环完成水的加热。

（2）热水供应系统（第二循环系统）：热水供应系统由热水配水管网和回水管网组成。被加热到一定温度的热水，由水加热器流出经配水管网送至各个热水配水点，而水加热器的冷水由屋顶水箱或给水管网补给。为保证各用点随时都有规定水温的热水，在立管和水平干管甚至支管设置回水管，使一定量的热水经过循环水泵流回水加热器以补充管网所散失的热量。考虑管网中的水因温度变化引起的膨胀，需采取措施消除热水体积膨胀引起的超压问题。

（3）附件：包括蒸汽、热水的控制附件及管道的连接附件。如：温度自动调节器、疏水器、减压阀、安全阀、膨胀罐、管道补偿器、自动排气阀、闸阀、水嘴等。

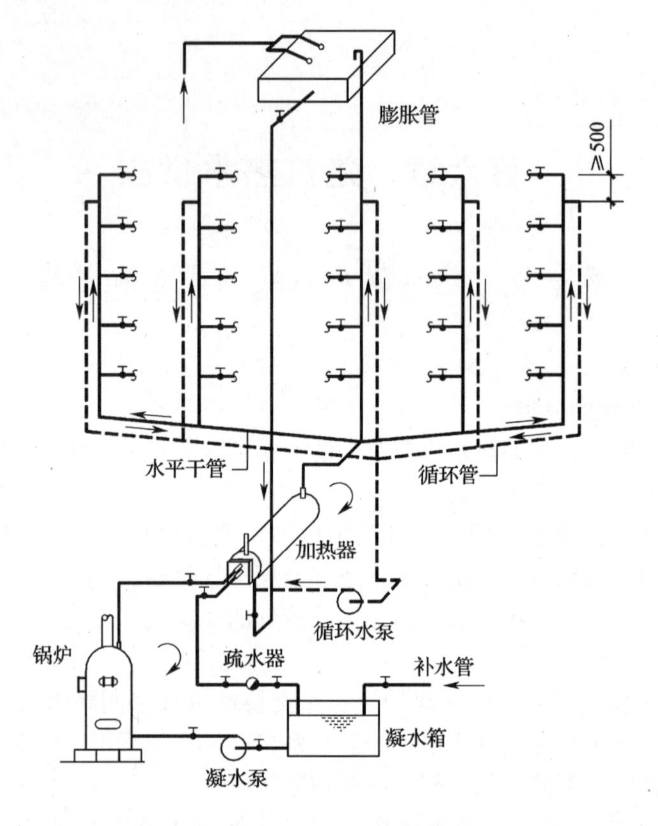

图 6-1　热媒为蒸汽的集中热水供应系统

二、热水加热方式

根据热水加热方式的不同有直接加热和间接加热之分，如图 6-2 所示。

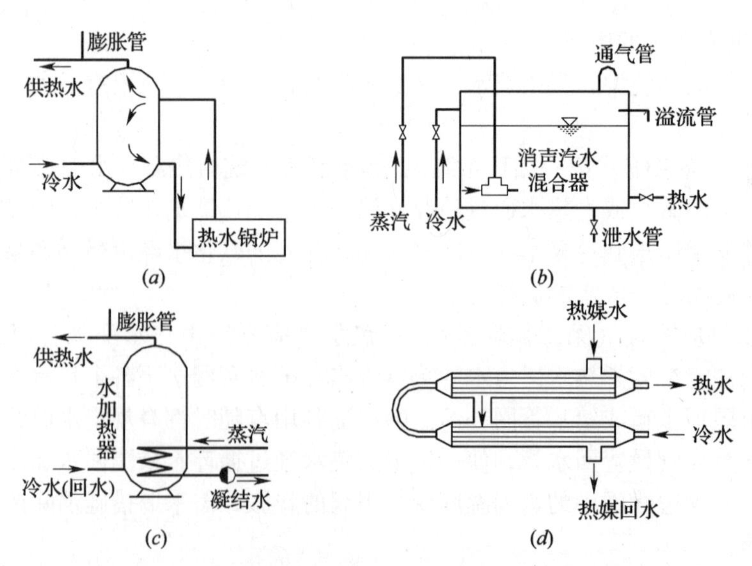

图 6-2　热水加热方式

（*a*）热水锅炉直接加热；（*b*）汽—水直接混合加热；

（*c*）汽—水间接加热；（*d*）水—水间接加热

（1）直接加热也称一次换热，是利用以燃气、燃油、燃煤为燃料的热水锅炉，把冷水直接加热到所需要的温度，或是将蒸汽直接通入冷水混合制备热水。热水锅炉直接加热具有热效率高、节能的特点。蒸汽直接加热方式具有设备简单、热效率高、无需冷凝水管的优点，但噪声大，对蒸汽质量要求高，而且由于冷凝水不能回收使锅炉的补充水量增大，导致水质处理费用大大提高。蒸汽直接加热方式仅适用于具有合格的蒸汽热媒、且对噪声无严格要求的公共浴室、洗衣房、工矿企业等用户。

（2）间接加热也称二次换热，是将热媒通过水加热器把热量传递给冷水达到加热冷水的目的，在加热过程中热媒与被加热水不直接接触。蒸汽直接加热方式的优点是回收的冷凝水可重复利用，只需对少量补充水进行软化处理，运行费用低，且加热时不产生噪声，蒸汽不会对热水产生污染，供水安全稳定。适用于要求供水稳定、安全，噪声要求低的宾馆、住宅、医院、写字楼等建筑。

三、热水供应方式

1．闭式和开式热水供应方式

按热水供应系统是否敞开，可分为闭式热水供应系统和开式热水供应系统。

（1）闭式热水供应系统的热水管网不与大气相通，在所有配水点关闭后，整个系统与大气隔绝，形成密闭系统，如图6-3所示。闭式热水供应方式的优点是水质不易受外界污染，但为避免水加热膨胀而引起水压超高，需设置隔膜式压力膨胀罐或安全阀。

（2）开式热水供应系统设有高位热水箱或开式膨胀水箱或膨胀管，在所有配水点关闭后，系统内的水仍与大气相连通，如图6-4所示。开式热水供应系统的优点是热水供应系统的水压稳定，与给水水压基本相当。

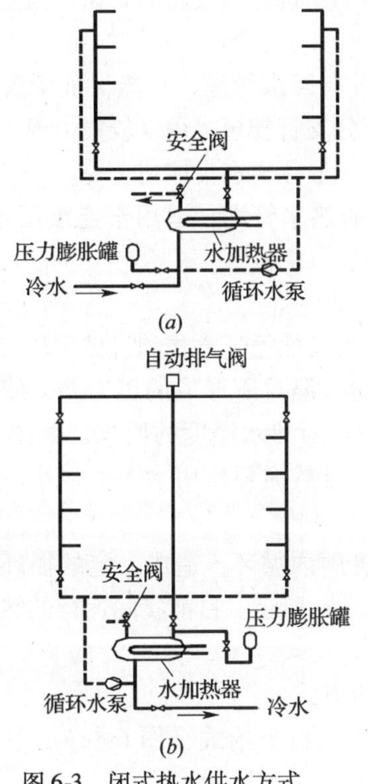

图6-3　闭式热水供水方式

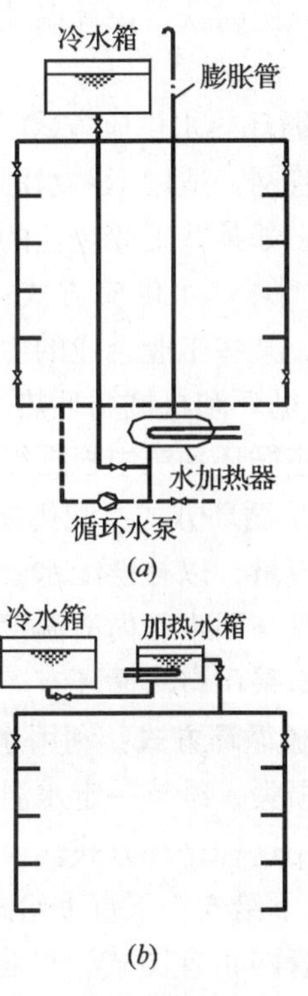

图6-4　开式热水供水方式

2. 全循环、半循环和无循环热水供应方式

为保证热水管网中的水随时保持一定的温度，热水管网除配水管道外，根据具体情况和使用要求还应设置不同形式的回水管道，当配水管道停止配水时，使管网中仍维持一定的循环流量，以补偿管网热损失，防止温度降低过多。按热水管网设置循环管网的方式不同，有全循环、半循环和无循环热水供应方式之分，如图 6-5 所示。

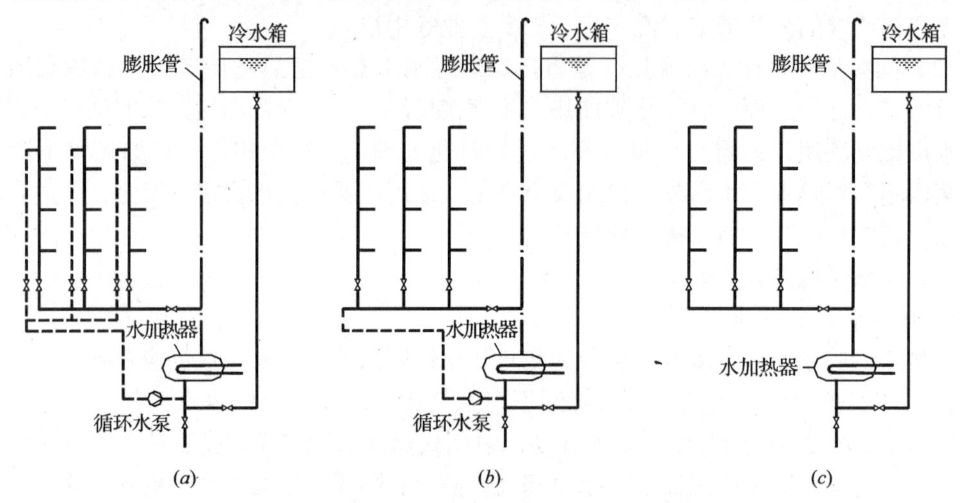

图 6-5　全循环、半循环和无循环热水供应方式

（a）全循环热水供应方式；（b）半循环热水供应方式；（c）无循环热水供应方式

（1）全循环热水供应方式：指对热水干管、立管（甚至支管）设有循环回水管道，能保证用水点随时获得设计温度的热水管网，适用于建筑标准较高的宾馆、医院、疗养院等建筑。

（2）半循环热水供应方式：指仅对热水干管设有回水管道，只能保证干管中的设计温度的热水管网，适用于对水温不甚严格，支管、分支管较短，用水较集中或一次用水量较大的建筑，如某些工业企业的生产和生活用水，一般住宅和集体宿舍等。

（3）无循环热水供应方式：指不设回水管道的热水管网，适用于连续用水的建筑，如公共浴室、某些工业企业的生产和生活用热水等。

3. 自然循环和机械循环热水供应方式

热水供应循环系统中根据循环动力的不同可分为自然循环方式和机械循环方式。

（1）自然循环方式：利用配水管和回水管中的水温差所形成的压力差，使管网维持一定的循环流量，以补偿配水管道热损失，保证用户对热水温度的要求，如图 6-6 所示。因一般配水管与回水管内的温度差仅为 10 ~ 15℃，自然循环作用水头值很小，所以对于中、大型建筑采用自然循环有一定的困难。

（2）机械循环方式：利用水泵强制水在热水管网内循环，造成一定的循环流量，以补偿管网热损失，维持一定水温，如图 6-5（*a*）、（*b*）所示。目前实际运行的热水供应系统，多数采用这种循环方式。

4. 上行下给式、下行上给式、分区式热水供应方式

按热水管网布置图式，可将热水供应方式分为上行下给式（图 6-4*a*）、下行上给式（图 6-3*a*）和分区供应方式（图 6-7）。

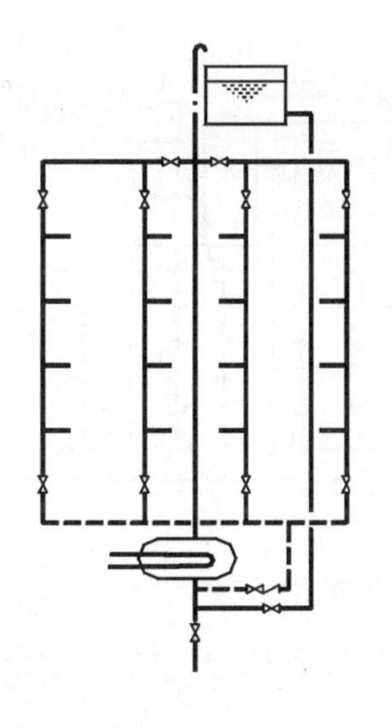

图 6-6　自然循环热水供应方式

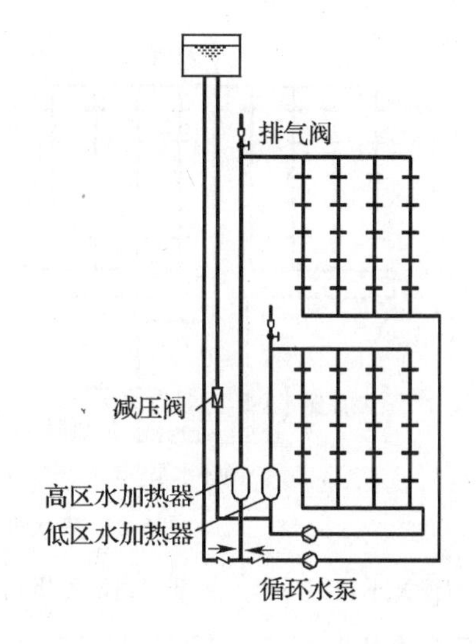

图 6-7　分区热水供应方式

四、热水供应系统的选择

选择热水供应系统的主要原则：

（1）热水供应系统应根据使用对象、建筑物的特点、热水用水量、用水规律、用水点分布、热源类型、水加热设备及操作管理条件等因素，经技术经济比较后选择合适的供水方式。

（2）设计小时耗热量不超过 293100kJ/h（约折合 4 个淋浴器的耗热量）时，或热水用水点分散且耗热量不大的建筑（如只为洗手盆设热水供应的办公楼），或采用集中热水供应不合理的地方，宜采用局部热水供水的方式。

（3）热水用水量大时（耗热量超过 293100kJ/h），宜采用集中热水供应系统。

（4）在设有集中热水供应系统的建筑内，对用水量较大的公共浴室、洗衣房、厨房等用户，宜设单独的热水管网，以避免对其他用水点造成大的水量水压波动。如热水为定时供水，个别用水对热水供应有特殊要求者（如供水时间、水温等），宜对个别用水点采用局部热水供水方式。

（5）集中热水供应系统的热源，当条件允许时，应首先利用工业余热、废热、地热和太阳能，优先采用能保证全年供热能力的热力管网作为热源，当无上述可利用的热源时，才考虑设置专用锅炉房。

（6）局部热水供应系统的热源宜采用热媒水、蒸汽、燃气、燃油、太阳能和电。

（7）采用蒸汽直接加热方式应符合下列条件：不回收凝结水在经济上比较合理，蒸汽中不含油质和有害物质，加热时应采用消声加热混合器。

（8）热水循环管网的设置原则：一般的热水供应系统应保证干管和立管的热水循环。要求随时取得不低于规定温度的热水的建筑物，应保证支管中的热水循环，当支管循环难以实现时，可采用自控调温电加热等措施保持支管中热水温度。

（9）热水循环宜采用机械循环的方式，自然循环只适用于系统小、管路简单、干管水平方向很短、竖向高的系统及对水温要求不严的个别场合。

（10）循环管道应采用同程的布置方式，如图 6-8 所示，以利于保证热水系统的有效循环。

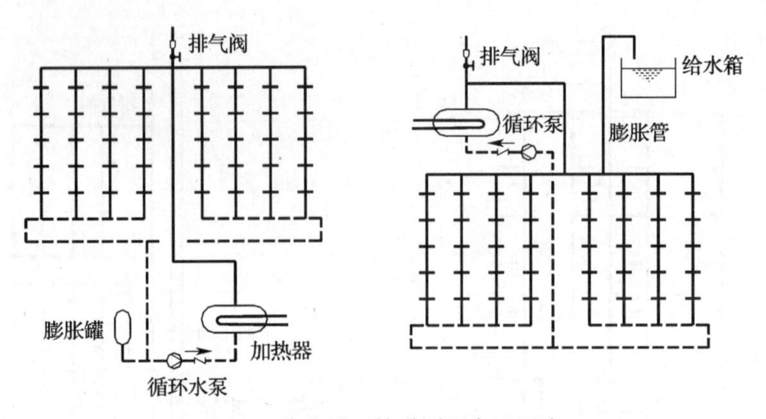

图 6-8　热水循环管道同程布置图式

(11) 住宅小区设统一的集中热水供应系统时，宜在每栋建筑的热水回水干管上分设循环泵。如图 6-9 所示。

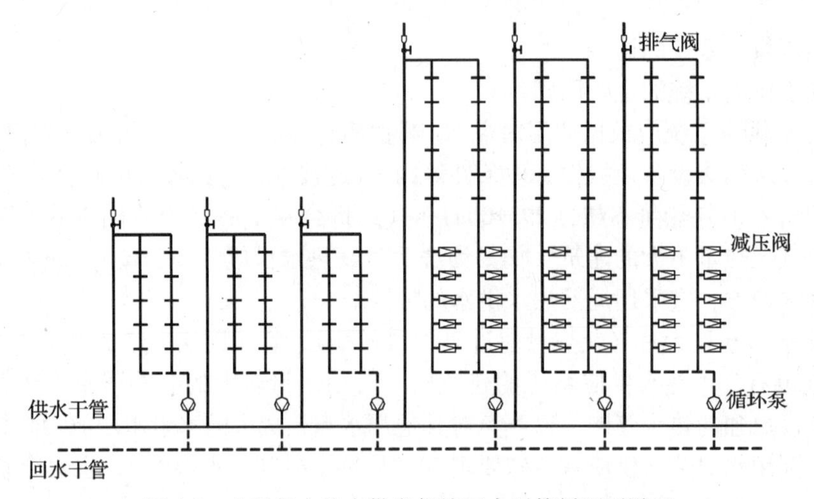

图 6-9　小区集中热水供应每栋回水干管循环泵设置

(12) 当给水管道的水压变化较大且用水点要求水压稳定时，宜采用开式热水供应系统。

第二节　热水水质、水温及用水量标准

一、热水水质与水质处理要求

生活用热水的水质应符合现行的国家标准《生活饮用水卫生标准》的要求。生产用热水的水质应满足生产工艺的要求。

由于水在加热后钙镁离子受热析出，在设备和管道内结垢，水中的溶解氧也会因受热逸出，并加速金属管材的腐蚀，因此对集中热水供应系统加热前的水质是否需软化和进行水质处理应根据水质、水量、水温、使用要求、环境卫生、水稳定性等因素，经技术经济比较按下列条件确定。

(1) 洗衣房日用热水量（按 60℃计）大于或等于 $10m^3$ 且原水总硬度（以碳酸钙计）

大于300mg/L时，应进行水质软化处理；原水总硬度（以碳酸钙计）为150～300mg/L时，宜进行水质软化处理。

（2）其他生活日用热水量（按60℃计）大于或等于10m^3且原水总硬度（以碳酸钙计）大于300mg/L时，宜进行水质软化或稳定处理。

（3）经软化处理的水质总硬度（以碳酸钙计）宜为：洗衣房用水：50～100mg/L；其他用水：75～150mg/L。

（4）水质稳定处理应根据水的硬度、流速、温度、作用时间及工作电压等选择合适的物理处理或化学稳定剂处理方法。

水质处理包括原水软化处理与原水稳定处理：

（1）生活热水的原水软化处理一般采用离子交换的方法，可采用全部软化法和部分软化法。全部软化法是将全部生活热水用水经过离子交换软化处理；部分软化法是将部分生活热水用水经过离子交换柱软化，软化后再与另一部分未经软化处理的原水混合，使混合后的水质总硬度达到上述指标。

（2）原水的稳定性处理有物理处理和化学稳定剂处理两种方法。物理处理法主要有磁水器、电子除垢器、静电除垢器、碳铝式离子水处理器等；化学处理有聚磷酸盐、聚硅酸盐等。

选用上述水质软化与水质稳定方法时，选用的药剂或离子交换树脂应符合食品级的要求，水质稳定装置应尽量靠近水加热设备的进水侧，并符合厂家所提出的技术要求和使用条件。对于集中热水供应系统，为减少热水管道和设备的腐蚀，加热前原水或软化处理后的水中的溶解氧不宜超过5mg/L，二氧化碳不宜超过20mg/L，否则宜采取除气措施。

冷水计算温度 **表6-1**

地　区	地面水温度（℃）	地下水温度（℃）
黑龙江、吉林、内蒙古的全部，辽宁的大部分，河北、山西、陕西偏北部分，宁夏偏东部分	4	6～10
北京、天津、山东全部，河北、山西、陕西的大部分，河北北部，甘肃、宁夏、辽宁的南部，青海偏东和江苏偏北的一小部分	4	10～15
上海、浙江全部，江西、安徽、江苏的大部分，福建北部，湖南、湖北东部，河南南部	5	15～20
广东、台湾全部，广西大部分，福建、云南的南部	10～15	20
重庆、贵州全部，四川、云南的大部分，湖南、湖北的西部，陕西和秦岭以南地区，广西偏北的小部分	7	15～20

二、热水水温

生活用热水水温应满足生活使用的各种需要。水温过高，会使热水系统的设备、管道结垢速度加快，并易发生烫伤人体事故；水温过低，又满足不了用水设备的要求。因此，需要规定锅炉和水加热器出口的最高温度和配水点的最低水温。

直接制备生活热水的热水锅炉、热水机组或水加热器出口的最高水温和配水点的最低水温可按表6-2采用。盥洗用、沐浴用和洗涤用的热水水温参见表6-3。生产用热水的水温应根据生产工艺要求确定。

热水锅炉、热水机组或水加热器出口的最高水温和配水点的最低水温表　　表 6-2

水质处理情况	热水锅炉、热水机组或水加热器出口的最高水温（℃）	配水点的最低水温（℃）
原水水质无需软化处理，原水水质需水质处理且有水质处理	75	50
原水水质需水质处理但未进行水质处理	60	50

注：1. 当热水供应系统只供淋浴和盥洗用水，不供洗涤用水时，配水点最低水温不低于 40℃。
2. 从安全、防垢考虑，适宜的热水供水温度为 55～60℃，医院的水加热温度不宜低于 60℃。

盥洗用、沐浴用和洗涤用的热水水温　　表 6-3

用 水 对 象	热 水 水 温（℃）
盥洗用（包括洗脸盆、盥洗槽、洗手盆用水）	30～35
沐浴用（包括浴盆、淋浴器用水）	37～40
洗涤用（包括洗涤盆、洗涤池用水）	≈50

在计算热水系统的耗热量时，使用的冷水温度应以当地最冷月平均水温资料确定。无水温资料时，可参照表 6-1 确定。

三、热水用水定额

住宅和公共建筑内，生活热水用水定额应根据水温、卫生设备完善程度、热水供应时间、当地气候条件、生活习惯和水资源情况等确定。集中供应热水时，各类建筑的热水用水定额按表 6-4 确定。卫生器具的一次和一小时热水用水定额和水温按表 6-5 确定。生产用热水定额应根据生产工艺参数确定。

热水用水定额　　表 6-4

序号	建筑物名称	单位	各温度时最高日用水定额（L）			
			50℃	55℃	60℃	65℃
1	住宅					
	有自备热水供应和淋浴设备	每人每日	49～98	44～88	40～80	37～73
	有集中热水供应和淋浴设备	每人每日	73～122	66～110	60～100	55～92
2	别墅	每人每日	86～134	77～121	70～110	64～101
3	单身职工宿舍、学生宿舍、招待所、培训中心、普通旅馆					
	设公用盥洗室	每人每日	31～94	28～44	25～40	23～37
	设公用盥洗室、淋浴室	每人每日	49～73	44～88	40～60	37～55
	设公用盥洗室、淋浴室、洗衣室	每人每日	61～98	55～88	50～80	46～73
	设单独卫生间、公用洗衣室	每人每日	73～122	66～110	60～100	55～92
4	宾馆、客房					
	旅客	每床位每日	147～196	132～176	120～160	110～146
	员工	每人每日	49～61	44～55	40～50	37～56

续表

序号	建筑物名称	单位	各温度时最高日用水定额（L）			
			50℃	55℃	60℃	65℃
5	医院住院部					
	设公用盥洗室	每床位每日	55～122	50～110	45～100	41～92
	设公用盥洗室、淋浴室	每床位每日	73～122	66～110	60～100	55～92
	设单独卫生间	每床位每日	134～244	121～220	110～200	101～184
	门诊部、诊疗所	每病人每日	9～16	8～14	7～13	6～12
	疗养院、休养所住房部	每床位每日	122～196	110～176	100～160	92～146
6	养老院	每床位每日	61～86	55～77	50～70	46～64
7	幼儿园、托儿所					
	有住宿	每儿童每日	25～49	22～44	20～40	19～37
	无住宿	每儿童每日	12～19	11～17	10～15	9～14
8	公共浴室					
	淋浴	每顾客每日	49～73	44～66	40～60	37～55
	淋浴、浴盆	每顾客每日	73～98	66～88	60～80	55～73
	桑拿浴、（淋浴、按摩池）	每顾客每日	85～122	77～110	70～100	64～91
9	理发室、美容院	每顾客每日	12～19	11～17	10～15	9～14
10	洗衣房	每千克干衣	19～37	17～33	15～30	14～28
11	餐饮厅					
	营业餐厅	每顾客每日	19～25	17～22	15～20	14～19
	快餐店、职工及学生食堂	每顾客每日	9～12	8～11	7～10	7～9
	酒吧、咖啡厅、茶座、卡拉OK房	每顾客每日	4～9	4～9	3～8	3～8
12	办公楼	每人每班	6～12	6～11	5～10	5～9
13	健身中心	每人每次	19～31	17～28	15～25	14～23
14	体育场（馆）					
	运动员淋浴	每人每次	31～43	28～39	25～35	23～34
15	会议厅	每座位每次	2～4	2～4	2～3	2～3

注：1. 表内所列用水量已包括在冷水用水定额之内。

2. 本表热水温度为计算温度，冷水温度按5℃计。

卫生器具的一次和小时热水用水定额及水温 **表6-5**

序 号	卫生器具名称	一次用水量（L）	小时用水量（L）	使用水温（℃）
1	住宅、旅馆、别墅、宾馆			
	带有淋浴器的浴盆	150	300	40
	无淋浴器的浴盆	125	250	40
	淋浴器	70～100	140～200	37～40
	洗脸盆、盥洗槽水嘴	3	30	30
	洗涤盆（池）	—	180	50

续表

序　号	卫生器具名称	一次用水量（L）	小时用水量（L）	使用水温（℃）
2	集体宿舍、招待所、培训中心、营房			
	淋浴器：有淋浴小间	70～100	210～300	37～40
	无淋浴小间	—	450	37～40
	盥洗槽水嘴	3～5	50～80	30
3	餐饮业			
	洗涤盆（池）	—	250	50
	洗脸盆　工作人员用	3	60	30
	顾客用	—	120	30
	淋浴器	40	400	37～40
4	幼儿园、托儿所			
	浴盆：幼儿园	100	400	35
	托儿所	30	120	35
	淋浴器：幼儿园	30	180	35
	托儿所	15	90	35
	盥洗槽水嘴	1.5	25	30
	洗涤盆（池）	—	180	50
5	医院、疗养院、休养所			
	洗手盆	—	15～25	35
	洗涤盆（池）	—	300	50
	浴盆	125～150	250～300	40
6	公共浴室			
	浴盆	125	250	40
	淋浴器：有淋浴小间	100～150	200～300	37～40
	无淋浴小间	—	450～540	37～40
	洗脸盆	5	50～80	35
7	办公楼　洗手盆	—	50～100	35
8	理发室、美容院　洗脸盆	—	35	35
9	实验室			
	洗脸盆		60	50
	洗手盆		15～25	30
10	剧场			
	淋浴器	60	200～400	37～40
	演员用洗脸盆	5	80	35
11	体育场馆　淋浴器	30	300	35
12	工业企业生活间			
	淋浴器：一般车间	40	360～540	37～40
	脏车间	60	180～480	40
	洗脸盆或盥洗槽水龙头：一般车间	3	90～120	30
	脏车间	5	100～150	35
13	净身器	10～15	120～180	30

第三节　热水供应系统的管材、附件和管道敷设

一、管材

热水管道应选用耐腐蚀、安装连接方便可靠、符合饮用水卫生要求的管材。一般可采用薄壁铜管、薄壁不锈钢管、塑料热水管、塑料和金属复合热水管等。各种管材性质见第二章。

塑料热水管由于对温度变化较敏感，因此不宜在水温周期性变化大的定时热水供应系统中采用。此外，设备机房内的管道也不应采用塑料热水管。

二、附件

热水供应系统常用的附件有自动排气阀、疏水器、减压阀、自动温度调节装置、膨胀罐等，常用附件的功能和原理见第二章。

三、管道的布置和敷设

热水管道的布置和敷设要求和冷水管道基本相同。除相同点外，热水管道尚有自己的特殊要求，需要考虑由于水温高带来的体积膨胀、管道伸缩补偿、排气和保温等问题。

1. 管道的敷设

（1）热水管道可根据建筑、工艺要求暗设或明设。暗设管道可布置在管道竖井、预留沟槽、吊顶、找平层、垫层内，一般不得直接敷设在建筑物结构层内。一般干管、立管应敷设在吊顶、管井、管廊内，支管宜敷设在地坪的找平层、垫层或墙槽内。热水管若明设，立管宜布置在不受撞击处，对于塑料管应注意防紫外线照射。

（2）室外热水管道一般在管沟内敷设，当不可能时，也可直埋敷设。

（3）热水管道穿过建筑物的楼板、墙壁和基础时应加套管，以防管道胀缩时损坏建筑结构和管道设备。在地面有积水可能时，套管应高出地面 50 ~ 100mm。套管与热水管间的孔隙宜充填松软材料。对于在吊顶内穿墙时，可留孔洞。暗设在墙体或垫层内的铜管宜用覆塑铜管，敷设在找平层、垫层内的塑料支管宜用热熔连接。

（4）热水管道敷设尚应考虑系统的排气。对于上行下给管网最高点应设自动排气装置（见图 6-3*b*）；下行上给管网可利用最高配水点排气，循环回水立管应在配水立管最高配水点下≥0.5m 处连接（见图 6-1）。为便于排气和泄水，热水横管应设大于等于 0.003 的坡度，坡向与水流方向最好相反，并在管网的最低处设泄水阀门，以便检修时泄空管网存水。

（5）为调节平衡热水管网的循环流量和检修时缩小停水范围，在配水和回水环形管网的分干管处，配水立管和回水立管的端点，以及热水支管上，均应设阀门。

（6）热水管道由于采取温度伸缩的补偿措施，其支架形式有固定支架和滑动导向支架。

2. 管道温度伸缩的补偿

热水系统中管道因受热膨胀而伸长，为保证管网使用安全，在热水管网上应采取补偿管道温度伸缩的措施，以避免管道因为承受了超过自身许可的内应力而导致弯曲或破裂。

（1）自然补偿：自然补偿是利用管道敷设的自然弯曲、转折等吸收管道的温度变形。弯曲两侧管段的长度不宜超过表 6-6 所列数值：

弯管两侧管段允许的长度 　　**表 6-6**

管　材	薄壁铜管	薄壁不锈钢管	衬塑钢管	PP－R	PEX	PB	铝塑管 PAP
长度（m）	10.0	10.0	8.0	1.5	1.5	2.0	1.5

（2）伸缩器补偿：当直线管段较长无法利用自然补偿时，应设置伸缩器。常用的伸缩器有管套伸缩器、方型伸缩器、波型管伸缩器和多球橡胶软接头等。图 6-10 为不锈钢波纹管伸缩器。

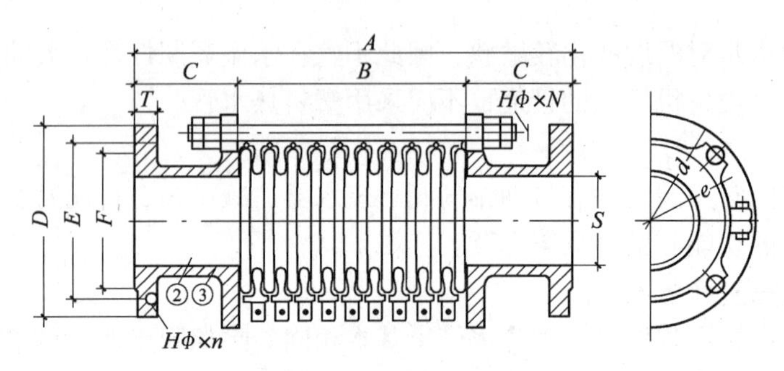

图 6-10　波纹管伸缩器

铜管、不锈钢管、衬塑钢管、塑料热水管直线段长度大于表 6-7 时，应设不锈钢波纹管、多球橡胶软管等伸缩器解决管道伸缩量。对于在垫层内敷设的小管径热水管可不用考虑管道的伸缩措施。

直线管段最大固定支承（固定支架）间距表 　　**表 6-7**

管　材	铜管	不锈钢	衬塑钢管	PP－R	PEX	PB	PAP
间距（m）	20.0	20.0	20.0	3.0	3.0	6.0	3.0

（3）管道的伸缩长度

管道的热伸长量 ΔL 按下式计算：

$$\Delta L = \Delta T \cdot L \cdot \alpha \tag{6-1}$$

$$\Delta T = 0.65\Delta t_s + 0.10\Delta t_g \tag{6-2}$$

式中　ΔL——管道的热伸长量，mm；

ΔT——计算温差，℃；

Δt_s——管道内水的最大变化温度，℃；

Δt_g——管道外空气的最大变化温度，℃；

L——自由管段长度，m；

α——线膨胀系数，mm/（m·℃），见表 6-8。

几种不同管材的 α 值［mm/（m·℃）］ 　　**表 6-8**

管材	钢	薄壁铜管	薄壁不锈钢管	PP－R	PEX	PB	PAP	PVC－U	PVC－C
α	0.012	0.02 （0.017～0.018）	0.0166	0.16 （0.14～0.18）	0.15 （0.2）	0.13	0.025	0.07	0.08

（4）热水管道立管与干管的连接处理

热水管道系统的立管与干管连接处应在立管两端加弯头以补偿立管的伸缩应力，其接管方法见图6-11。

四、热水膨胀问题

冷水被加热后，水的体积膨胀会使管网和设备造成超压。为解决此问题，在工程设计中常用的措施是采用加设膨胀管或压力膨胀水罐。

（1）膨胀管：膨胀管设于热水供应的开式系统，在加热器上引出膨胀管连至建筑物高位冷水箱（非饮用水水箱）上，热水膨胀后，其膨胀的热水排至高位冷水箱，见图6-12。

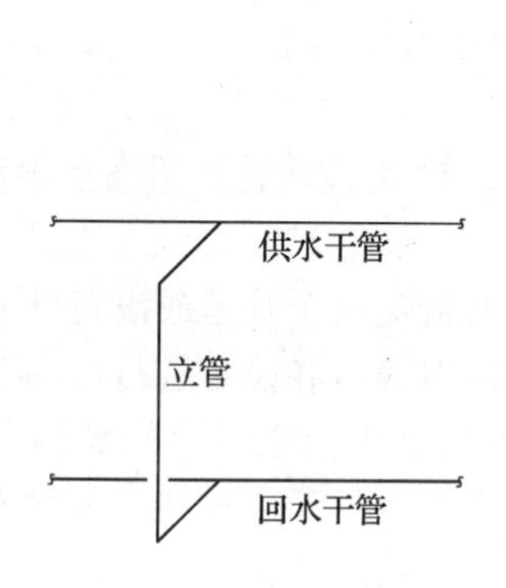

图6-11　立管与干管的连接（伸缩应力补偿）

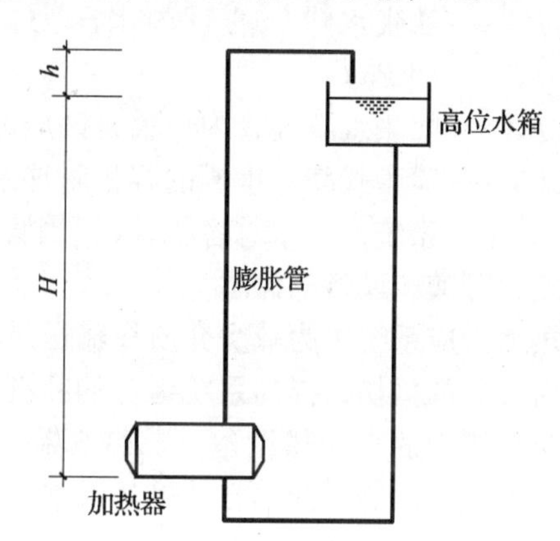

图6-12　膨胀管的设置

图6-12中高出水箱液位 h，可由式（6-3）计算：

$$h = 1.2H\left(\frac{\rho_L}{\rho_r} - 1\right)(\mathrm{m}) \tag{6-3}$$

式中　H——加热器底部至冷水箱最高液位的高度；

ρ_L——冷水的密度，kg/m^3；

ρ_r——热水的密度，kg/m^3。

膨胀管设置要求：膨胀管上严禁装设阀门，膨胀管如有冰冻可能时，应采取保温措施，膨胀管最小管径，可按表6-9选用。

膨胀管最小管径　　**表6-9**

锅炉或水加热器的传热面积（m^2）	<10	10～15	16～20	>20
膨胀管最小管径（mm）	25	32	40	50

（2）膨胀水罐：膨胀水罐设于热水供应的闭式系统，具体设置在水加热器冷水进水管上或放在回水总管上，吸收贮热设备及管道内水升温时的膨胀量。图3-18为隔膜式压力膨胀水罐。

膨胀水罐总容积按下式计算：

热水的总膨胀量：

$$V_P = \left(\frac{1}{\rho_r} - \frac{1}{\rho_L}\right)V_c \tag{6-4}$$

膨胀水罐总容积：
$$V=\frac{1.05V_P}{1-P_1/P_2}=\frac{1.05(\rho_f-\rho_r)P_2}{(P_2-P_1)\ \rho_r}V_c \qquad (6\text{-}5)$$

式中 V——膨胀水罐容积，L；

ρ_f——加热前水加热贮热器内水的密度，kg/L；相应 ρ_f 的水温可按冷水 t_L 计算；对于有多台加热设备的集中热水供应系统，为减小膨胀水罐容积，可按热水的回水温度计算，但在系统初次运行时，需与安全阀配合以解决开始升温阶段的膨胀量；

ρ_r——加热后的热水密度，kg/L；

P_1——膨胀水罐处的管内水压力，MPa（绝对压力）；P_1 = 管内工作压力 + 0.1（MPa）；

P_2——膨胀水罐处管内最大允许压力，MPa（绝对压力）；

1.05——隔膜式膨胀水罐的容积附加系数；

V_c——系统内热水总容积，L；当管网系统不大时，V_c 可按水加热设备的容积计算。

五、管道和设备的保温

热水供应系统中为减少介质在输送过程中的热散失及避免由于管道或设备外表面温度过高而导致的烫伤，提高系统运行的经济性和安全性，需对管道和设备进行保温处理。热水供应系统中的水加热设备，贮热水器，热水箱，热水供水干、立管，机械循环的回水干、立管，有冰冻可能的自然循环回水干、立管，均应保温。保温层材料、厚度确定和做法详见第二章。

第四节 热水量及耗热量的计算

一、耗热量计算

（1）全日供应热水的住宅、别墅、招待所、培训中心、旅馆、宾馆的客房（不含员工）、医院住院部、养老院、幼儿园等建筑的集中热水供应系统的设计小时耗热量按下式计算：

$$Q_h = K_h\frac{mq_rC(t_r-t_L)\rho_r}{86400} \qquad (6\text{-}6)$$

式中 Q_h——设计小时耗热量，W；

m——用水计算单位数，人数或床位数；

K_h——热水小时变化系数，按表6-10、6-11、6-12采用；

q_r——热水用水量定额，L/(人·d) 或 L/(床·d) 等，按表6-4确定；

C——水的比热，C_B =4187J/(kg·℃)；

t_r——热水温度,℃；

t_L——冷水计算温度,℃，按表6-1确定；

ρ_r——热水密度，kg/L。

（2）定时供应热水的住宅、旅馆、医院及工业企业生活间、公共浴室、学校、剧院、体育场（馆）等建筑的集中热水供应系统的设计小时耗热量可按下式计算：

$$Q_h = \sum\frac{q_h(t_r-t_L)\rho_rN_obC}{3600} \qquad (6\text{-}7)$$

式中 Q_h——设计小时耗热量，W；

q_h——卫生器具的热水小时用水定额，L/h，按表6-5确定；

N_o——同类卫生器具数；

C——水的比热，$C_B = 4187 J/(kg \cdot ℃)$；

t_r——热水温度，℃；

t_L——冷水计算温度，℃，按表6-1确定；

ρ_r——热水密度，kg/L；

b——同类卫生器具使用百分数：住宅、旅馆，医院、疗养院病房，卫生间的浴盆和淋浴器可按70%～100%计，其他器具不计，但定时连续供水时间应不小于2h；工业企业生活间、公共浴室、学校、剧院及体育馆（场）等的浴室内的淋浴器和洗脸盆均按100%计；住宅一户带多个卫生间时，只按一个卫生间计算。

住宅的热水小时变化系统 K_h 值 **表6-10**

居住人数 m	100	150	200	250	300	500	1000	3000	6000
K_h	5.12	4.49	4.13	3.88	3.70	3.28	2.86	2.48	2.34

旅馆的热水小时变化系统 K_h 值 **表6-11**

床位数 m	150	300	450	600	900	1200
K_h	6.84	5.61	4.97	4.58	4.19	3.90

（3）具有多个不同使用热水部门的单一建筑或具有多种使用功能的综合建筑，当热水由同一热水供应系统供应时，设计小时耗热量，可按同一时间内出现用水高峰的主要用水部门的设计小时耗热量加其他用水部门的平均小时耗热量计算。

医院的热水小时变化系统 K_h 值 **表6-12**

床位数 m	50	75	100	200	300	500	1000
K_h	4.55	3.78	3.54	2.93	2.60	2.23	1.95

注：招待所、培训中心、旅馆、宾馆的客房（不含员工）、养老院、幼儿园等建筑的 K_h 可参照表6-10选用，办公楼见表3-3。

二、热水量计算

设计小时热水量可按下式计算：

$$Q_r = \frac{Q_h}{1.163(t_r - t_l)\rho_r} \tag{6-8}$$

式中 Q_r——设计小时热水量，L/h；

Q_h——设计小时耗热量，W；按式（6-6）、（6-7）确定；

t_r——设计热水温度，℃；

t_L——设计冷水温度，℃；

ρ_r——热水密度，kg/L。

三、热源热媒耗量计算

根据热水被加热方式不同，热源、热媒耗量按下列方法计算：

（1）燃油、燃气耗量按下式计算：

$$G = 3.6k \frac{Q_h}{Q \cdot \eta} \tag{6-9}$$

式中　G——热源耗量，kg/h、m^3/h；

k——热媒管道热损失附加系统数，$k = 1.05 \sim 1.10$；

Q_h——设计小时耗热量，W；

Q——热源发热量，kJ/kg、kJ/m^3，按表6-13采用；

η——水加热设备的热效率，按表6-13采用。

热源发热量及加热装置热效率　　**表6-13**

热源种类	消耗量单位	热源发热量 Q	加热设备效率 η（%）	备　注
轻柴油	kg/h	41800 ~ 44000kJ/kg	≈85	η 为热水机组的 η
重油	kg/h	38520 ~ 46050kJ/kg		
天然气	m^3/h	34400 ~ 35600kJ/m^3	65 ~ 75（85）	η 栏中（　）内为热水机组 η，（　）外为局部加热的 η
城市煤气	m^3/h	14653kJ/m^3	65 ~ 75（85）	
液化石油气	m^3/h	46055kJ/m^3	65 ~ 75（85）	

注：表中热源发热量及加热设备热效率均系参考值，计算中应以实际参数为准。

（2）电热水器耗电量按下式计算：

$$W = \frac{Q_h}{1000\eta} \tag{6-10}$$

式中　W——耗电量，kW；

Q_h——设计小时耗热量，W；

1000——单位换算数；

η——水加热设备的热效率95% ~97%。

（3）以蒸汽为热媒的水加热器设备，蒸汽耗量按下式计算：

$$G = 3.6k \frac{Q_h}{i'' - i'} \tag{6-11}$$

式中　G——蒸汽耗量，kg/h；

Q_h——设计小时耗热量，W；

k——热媒管道热损失附加系统数，$k = 1.05 \sim 1.10$；

i''——饱和蒸汽的热焓，kJ/kg，见表6-14；

i'——凝结水的焓，kJ/kg，$i' = 4.187t_{mz}$

t_{mz}——热媒终温，应由经过热力性能测定的产品样本提供，参考值见表6-15 ~ 表6-18。

饱和蒸汽的热焓　　**表6-14**

蒸汽压力（MPa）	0.1	0.2	0.3	0.4	0.5	0.6
温度	120.2	133.5	143.6	151.9	158.8	165.0
焓（kJ/kg）	2706.9	2725.5	2738.5	2748.5	2756.4	2762.9

（4）以热水为热媒的水加热器设备，热媒耗量按下式计算：

$$G=\frac{k\cdot Q_{h}\cdot\rho_{r}}{1.163(t_{mc}-t_{mz})} \tag{6-12}$$

式中　G——热媒耗量，kg/h；

Q_h——设计小时耗热量，W；

k——热媒管道热损失附加系统数，$k=1.05\sim1.10$；

t_{mc}、t_{mz}——热媒的初温与终温,℃；由经过热力性能测定的产品样本提供，参考值见表6-15～表6-18。

1.163——单位换算系数；

ρ_r——热水密度，kg/L。

第五节　加热设备的类型与选择

一、加热设备类型

在热水供应系统中，将冷水加热到所需温度的水，需通过加热设备来实现，热水加热方式可分为一次换热和二次换热。一次换热是热源将冷水通过一次性热交换达到所需温度的热水，其主要加热设备有燃气热水器、电热水器及燃煤、燃油、燃气热水机组等。二次换热是热源先生产出热媒（蒸汽或高温热水），然后热媒再通过换热器进行第二次热交换，用于第二次热交换的水加热设备有容积式水加热器、半容积式水加热器、半即热式水加热器和快速水加热器等。

1．燃气、燃油热水锅炉

燃油锅炉其构造示意如图6-13，该锅炉通过燃烧器向正在燃烧的炉堂内喷射成雾状的油，燃烧迅速，燃烧比较完全。该锅炉具有构造简单，体积小，热效率高，排污总量少的优点。目前，城市对环境的要求在提高，燃气、燃油热水锅炉的应用已较广。

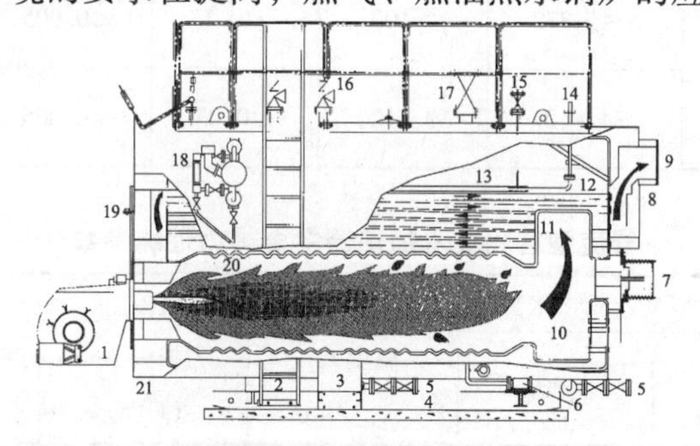

图6-13　燃油（燃气）锅炉构造示意图

1—燃烧器；2—梯子；3—电控柜；4—底座；5—手动排污口；6—水泵；7—防爆门；8—后烟箱；9—出烟口；10—回燃室；11—第二回程烟管；12—第三回程烟管；13—壳程；14—连续排污管；15—副蒸汽口；16—安全阀；17—主蒸汽口；18—水位显示及控制装置；19—前烟箱；20—波形炉胆；21—炉体保温层

2．容积式水加热器

容积式水加热器是一种间接式加热器设备，内部设有换热管束，并具有一定贮热容积，既可加热冷水又可贮备热水，其热媒为蒸汽或高温水，有立式和卧式之分。图6-14为卧式容积式水加热器构造示意图。卧式容积式水加热器的容积为0.5～15m³，换热面积0.86～50.82m²，有

10 种型号。立式容积式水加热器的容积为 0.53 ~4.28m^3，换热面积 1.42 ~6.46m^2。

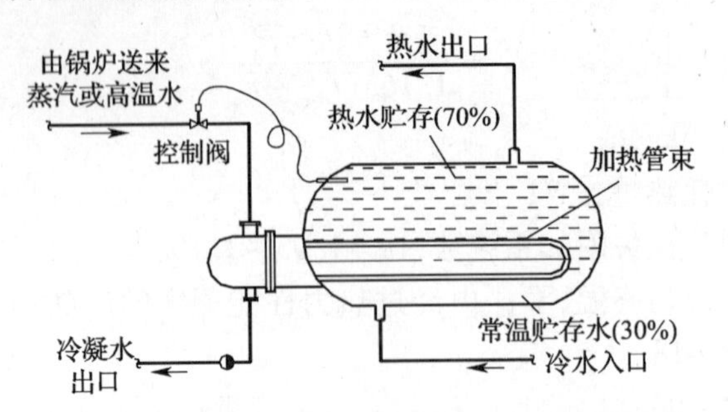

图 6-14　卧式容积式水加热器构造示意图

容积式水加热器的优点是具有较大的贮存和调节能力，被加热水通过时压力损失较小，出水水温较为稳定。但该加热器传热系数小，热交换效率低，且体积庞大占用过多的建筑空间，尤其是卧式容积式水加热器占用过大的建筑面积。此外，在热媒导管中心线以下约有 30% 的贮水容积中的水低于规定水温，所以贮罐的容积利用率也较低。为了克服容积式水加热器的缺点，采用在罐内增设导流、阻流装置，并采用新型多流程换热管束，提高热媒的利用率和传热系数，形成了改进型产品——导流型容积式水加热器，其容器内的冷水区容积也下降到 15% 以内。

表 6-15 为传统的二行程光面 U 形管式容积式水加热器的主要热力性能参数，而表 6-16为导流型容积式水加热器的主要热力性能参数。

容积式水加热器热力性能参数　　　　**表 6-15**

参数 热媒	传热系数 K[W/(m^2·K)]		热媒出口温度 t_{mz}（℃）	热媒阻力损失 Δh_1（MPa）	被加热水水头损失 Δh_2（MPa）	被加热水温升 Δt（℃）	容器内冷水区容积 V_L（%）
	钢盘管	铜盘管					
0.1 ~0.4MPa 的饱和蒸汽	698 ~756	814 ~872	≥100	≤0.1	≤0.005	≥40	25
70 ~150℃ 的高温水	926 ~349	384 ~407	60 ~120	≤0.03	≤0.005	≥23	25

导流型容积式水加热器主要热力性能参数　　　　**表 6-16**

参数 热媒	传热系数 K[W/(m^2·K)]		热媒出口温度 t_{mz}（℃）	热媒阻力损失 Δh_1（MPa）	被加热水水头损失 Δh_2（MPa）	被加热水温升 Δt（℃）
	钢盘管	铜盘管				
0.1 ~0.4MPa 的饱和蒸汽	791 ~1093	872 ~1204 2100 ~2550 2500 ~3400	40 ~70	0.1 ~0.2	≤0.005 ≤0.01 ≤0.01	≥40
70 ~150℃ 的高温水	616 ~945	680 ~1047 1150 ~1450 1800 ~2200	50 ~90	0.01 ~0.03 0.5 ~0.1 ≤0.1	≤0.005 ≤0.01 ≤0.01	≥35

注：表中铜盘管的 K 值及 Δh_1、Δh_2 中的三列数字由上而下分别表示 U 形管、浮动盘管和铜波节管三种导流型容积式水加热器的相应值。

3．快速式水加热器

快速式水电热器是通过提高热媒和被加热水的流动速度进行快速换热的一种间接式加热器。新型快速式水电热器通过增加热媒和被加热水流动中的湍流脉动运动，减薄了传热边界层，传热系数得以提高，强化了传热的效果。

根据热媒的不同，快速式加热器有汽—水（热媒为蒸汽）和水—水（热媒为高温水）两种类型。快速式水加热器已有由传统的管式水加热器改型出的螺旋管式水加热器、波节管式水加热器、板式水加热器（见图6-15）等新型快速水加热器。

4．半容积式水加热器

半容积式水加热器是热水贮罐和快速换热器的组合。被加热水首先进入快速换热器被迅速加热，然后由下降管强制送至贮热水罐的底部，再向上流动，以保持整个贮罐内的热水同温。热水贮罐容积有不少于15min设计小时耗热量的贮热容积，因此具有适量贮存与调节的功能。图6-16为HRV型高效半容积式水加热器构造与工作示意图。HRV型半容积式水加热器用于机械循环的热水供应系统中，当管网中热水用水达到设计用水量时，热水循环系统的循环泵不启动，被加热水仅为冷水。当管网中热水用水低于设计用水量时，启动系统循环泵将循环回水打入快速换热器内加热，继续保持罐内热水的连续循环，使罐体容积利用率达100%。

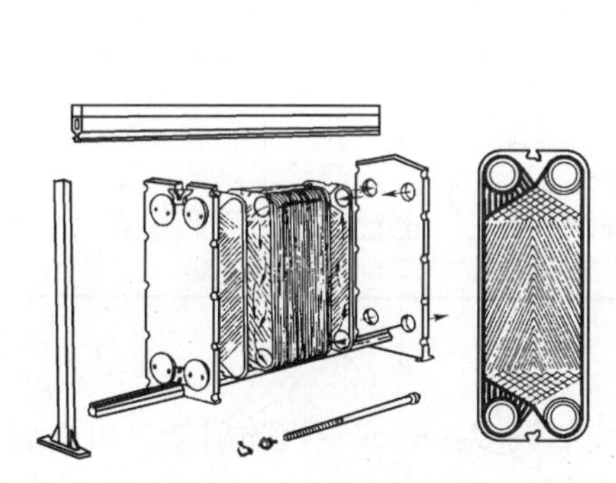
图6-15　板式水加热器

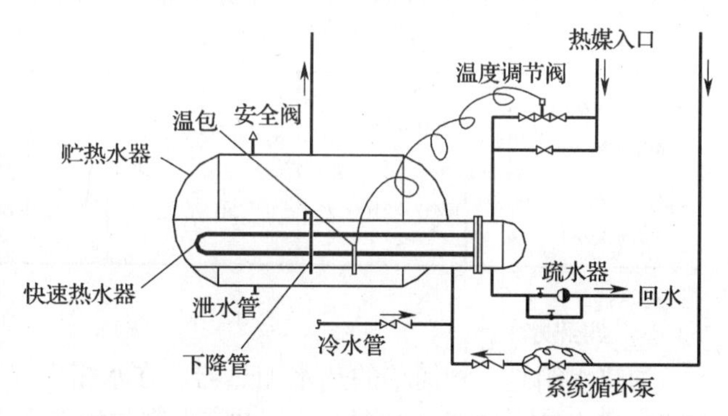

图6-16　HRV型半容积式水加热器工作系统图

半容积式水加热器具有体积小（为容积式水加热器的1/3左右）、加热快、换热充分以及供水温度稳定等优点，其主要热力参数见表6-17。

半容积式水加热器主要热力性能参数　　**表6-17**

参数 / 热媒	传热系数 K[W/(m^2·K)]		热媒出口温度 t_{mz}（℃）	热媒阻力损失 Δh_1（MPa）	被加热水水头损失 Δh_2（MPa）	被加热水温升 Δt（℃）
	钢盘管	铜盘管				
0.1～0.4MPa的饱和蒸汽	1047～1465	1163～1628 2900～3600	70～80 30～50	0.1～0.2	≤0.005	≥40
70～150℃的高温水	733～942	814～1047 1500～2000	50～85	0.02～0.04 0.01～0.1	≤0.005 ≤0.01	≥35

注：1．表中铜盘管的K值及Δh_1、Δh_2中的三列数字由上而下分别表示U形管、U形波节管的相应值。

2．热媒为蒸汽时，K值与t_{mz}对应；热媒为热媒水时，K值与Δh_1对应。

5. 半即热式水加热器

半即热式水加热器是带有超前控制，具有少量贮存容积的快速式水加热器，其构造如图6-17所示。浮动盘管半即热式水加热器的主要特点是换热管采用浮动盘管，加热盘管内的热媒由于不断改向，使壳体内换热管束产生一种高频颤动，使被加热水产生扰动，强化了传热效果。同时，由于盘管为悬臂安装，胀缩自如，产生的高频浮动可使盘管外壁的污垢自行脱落，具有一定的自动除垢功能。

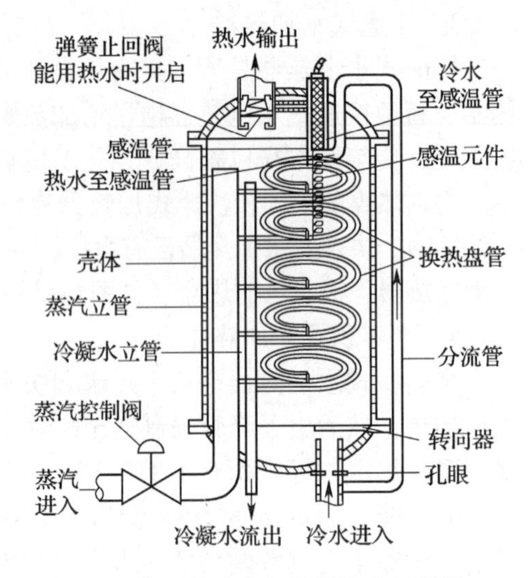

图6-17　半即热式水加热器构造示意图

浮动盘管半即热式加热器其传热系统大，换热速度快，具有预测温控装置，其热水贮量就可减小，一般为半容积式水加热器的1/5，其热力参数见表6-18。

半即热式水加热器主要热力性能参数　　表6-18

热媒 \ 参数	传热系数 $K[W/(m^2 \cdot K)]$	热媒出口温度 t_{mz}（℃）	热媒阻力损失 Δh_1（MPa）	被加热水水头损失 Δh_2（MPa）	被加热水温升 Δt（℃）
0.1～0.4MPa的饱和蒸汽	2300～3500	≈50		0.02	≥40
70～150℃的高温水	1600～2100	50～90	0.04	0.02	≥35

6. 加热水箱

加热水箱是一种简单的热水加热器。在水箱中安装蒸汽多孔管或蒸汽喷射器，可构成直接加热水箱，如图6-2（*b*）。在水箱内安装排管或盘管即构成间接加热水箱。加热水箱适用于公共浴室等用水量大而均匀的定时热水供应系统。

加热水箱采用盘管的传热系数见表6-19。

加热水箱内加热盘管的传热系数　　表6-19

热媒性质	热媒流速（m/s）	被加热水流速（m/s）	$K[W/(m^2 \cdot K)]$	
			钢盘管	铜盘管
蒸汽	—	<0.1	698～756	814～872
高温热水	<0.5	<0.1	326～349	384～407

二、加热设备的选择与布置

1. 加热设备的选择原则

集中热水供应系统的加热、贮热设备应根据用户的特点、水质情况、加热方式、耗热量、热源、维护管理等因素确定，一般应符合下列要求：

（1）效率高、换热效果好，节能、环保性能好，节省设备用房，附属设备简单；

（2）生活用水侧阻力损失小，有利于整个供水系统冷热水压力的平衡；

（3）构造简单、安全可靠、操作管理维修方便；

（4）采用自备热源时，宜选用以燃气、燃油为燃料的热水机组；

（5）以蒸汽或高温水为热源采用间接换热时，间接换热设备的选型（导流型容积式水加热器、半容积式水加热器、半即热式水加热器、快速水加热器）宜结合热媒的供给能力、热水用途、用水均匀性及水加热设备本身的特点等因素，经技术经济比较后确定；

（6）采用燃气、燃油热水机组或热水锅炉作为水加热设备时宜采用直接供给生活热水的直接加热热水机组，若系统不能满足设直接加热热水机组的要求或设直接加热热水机组的供水方式难以保证系统的冷热水压力平衡时，宜采用间接加热热水锅炉。间接加热热水锅炉可自带换热装置，也可采用热水锅炉配置水加热器组合供应热水。机组和锅炉应具备程序控制功能，实现全自动或半自动运行（机组设自动仪表显示本体的工作状况），并应有超压、超温、缺水、水温、水流、火焰等自动报警功能。直接加热热水机组的冷水供水水质总硬度宜 $<150mg/L$（以 $CaCO_3$ 计）。

2. 加热设备的布置要求

（1）燃油燃气热水机组的布置要求：

1）机组不宜露天布置，机组设备间宜与其他建筑物分离独立设置。当机组设备间设在高层和裙房内时不应直接设置在人员密集的场所内或在其上、下和贴邻。机组设备间设在高层和多层建筑内时，应布置在靠外部部位，并应设置对外的安全出口。

2）机组前方宜留出不少于机组长度2/3的空间，后方宜留出0.8～1.5m空间，两侧通道宽度宜为机组宽度，且不得小于1.00m，机组最上部部件（烟窗可拆部分除外）至安装房间最低净距不得小于0.80m。机组安装位置宜有高出地面50～100mm的安装基座。

（2）水加热器的布置要求：

1）加热器间宜靠近用热水的负荷中心；加热器间可与锅炉房合建在一个建筑物内，但宜与锅炉间分隔开；加热器间设在地下室时，应设置安装检修用的运输孔和通道。加热器间的高度应满足设备、管道的安装和运行要求，并保证检修时能起吊搬运设备。辅助设备（如水泵、分水器、水软化设备等）可单设用房与水加热器间贴邻或设在加热器间内。加热器间应有排除地面积水和设备及管道泄水的措施。

2）容积式、导流型容积式、半容积式水加热器在平面布置时其前端应有满足检修时抽出加热盘管所需的空地或条件。加热器侧面离墙、柱之净距及加热器之间净距一般不小于0.7m，后端离墙、柱净距不小于0.5m。

三、热水加热器与热水箱的选择计算

热水加热设备的选择计算内容是计算热交换器的传热面积和热水贮存容积，然后参照加热器产品样本和实际，选定合适的加热器型号和数量。而热水箱的计算仅需计算热水的贮存容积就可确定热水箱的大小。

1. 水加热设备的加热面积计算

水加热设备的总加热面积按下式计算：

$$F_{jr} = \frac{C_r \cdot Q_z}{\varepsilon \cdot K \cdot \Delta t_j} \tag{6-13}$$

式中　F_{jr}——水加热器加热面积，m^2；

Q_z——制备热水所需的热量，W；

K——传热系数，W/(m^2·K)；容积式水加热器按表6-15、6-16计算；半容积式水加热器按表6-17计算；半即热式水加热器按表6-18计算；快速式水加热器由设备样本提供或经计算确定；加热水箱的盘管K由表6-19确定；

ε——结垢影响系数，$\varepsilon=0.6\sim0.8$；

C_r——热水系统的热损失系数，$C_r=1.1\sim1.15$；

Δt_j——热媒与被加热水的计算温度，℃，按下列情况计算：

（1）容积式水加热器、半容积式水加热器，热媒与被加热水的温差，采用算术平均温差法计算：

$$\Delta t_j=\frac{t_{mc}+t_{mz}}{2}-\frac{t_L+t_r}{2} \tag{6-14}$$

式中 Δt_j——计算温度差，℃；

t_{mc}、t_{mz}——热媒的初温与终温，℃。热媒为蒸汽时，热媒的初温t_{mc}按表6-20取值，热媒终温t_{mz}反映了水加热器的换热效果，由经热工性能测定的产品样本提供。热媒为热水时，热媒初温应按热源供水的最低温度计算，热媒终温由经热工性能测定的产品样品提供，热媒的初温与被加热水的终温的差值不宜少于20℃。可参照表6-15、6-16、6-17。

t_L、t_r——被加热水的初温与终温，℃。

不同饱和蒸汽压力下的热媒初温　　表6-20

相对压力（MPa）	饱和蒸汽压力下的热媒初温 t_{mc}（℃）
0.06	112.73
0.08	116.33
0.1	119.62
0.15	126.92
0.2	132.88
0.3	142.92
0.4	151.11
0.5	158.08
0.6	164.17
0.7	169.61
0.8	174.53
0.9	179.04
1.0	183.2

（2）半即热式水加热器、快速式水加热器的热媒与被加热水的温差采用平均对数温度差法计算。

$$\Delta t_j=(\Delta t_{max}+\Delta t_{min})/\ln\frac{\Delta t_{max}}{\Delta t_{min}} \tag{6-15}$$

式中　Δt_j——计算温度差，℃；

Δt_{max}——热媒与被加热水在水加热器一端的最大温度差，℃；

Δt_{min}——热媒与被加热水在水加热器另一端的最小温度差，℃。

对于加热水箱的加热盘管，尚需计算加热盘管的总长度，其计算公式如下：

$$L = \frac{F_{jr}}{\pi \cdot D} \tag{6-16}$$

式中　L——盘管总长度，m；

D——盘管外径，m；

F_{jr}——所需盘管的加热面积，m^2。

2. 热水贮水器容积计算

当热水加热器的逐时供热量和热水系统逐时耗热量之间存在差异时，通常采用热水贮水器进行调节。集中热水供应系统中的水加热器贮热量应根据日热水用水小时变化曲线、锅炉加热器的工作制度、供热量及自动温度调节装置等因素经计算确定。但在具体设计时，往往缺乏上述资料，通常可按表6-21计算。

水加热器的贮热量　　**表6-21**

加热设备	以蒸汽和95℃以上的高温水为热媒时		以≤95℃低温水为热媒时	
	工业企业淋浴室	其他建筑物	工业企业淋浴室	其他建筑物
容积式水加热器或加热水箱	≥30minQ_h	≥45minQ_h	≥60minQ_h	≥90minQ_h
导流型容积式水加热器	≥20minQ_h	≥30minQ_h	≥30minQ_h	≥40minQ_h
半容积式水加热器	≥15minQ_h	≥15minQ_h	≥15minQ_h	≥20minQ_h

注：表中Q_h为设计小时耗热量。对于半即热式水加热器与快速式水加热器的贮热容积应根据热媒的供给条件与安全、温控装置的完善程度等因素确定：当热媒可按设计秒流量供应、且有完善可靠的温度自动调节装置和安全装置时，可不考虑贮热容积；当热媒不能保证按设计秒流量供应、或无完善可靠的温度自动调节装置和安全装置时，则应考虑贮热容积，贮热量可参照导流型容积式水加热器计算。

由表6-21可按下式计算得到贮水器的贮水容积。

$$V = \frac{3.6 \cdot T \cdot Q_h}{60 \times 1000(t_r - t_L) \cdot C} \tag{6-17}$$

或：

$$V = \frac{T}{60} Q_r \tag{6-18}$$

式中　V——贮水器的贮水容积，L；

T——表6-21规定的时间，min；

Q_h——设计小时耗热量，W；

Q_r——设计小时热水量，m^3/h；

t_r、t_L、C——同公式（6-6）。

由公式（6-18）计算确定出容积式水加热器或加热水箱的容积后，当冷水从下部进入，热水从上部送出时，其计算容积应附加20%～25%；导流型容积式加热器的计算容积应附加10%～15%；半容积式水加热器和带有强制罐内水循环装置的容积式水加热器的计算容积不需附加。

3. 热水加热器所需的热媒供热量

（1）容积式水加热器或贮热容器与其相当的水加热器，由于已贮存有一定的热量，因此其所需的小时热媒供热量小于设计小时耗热量，可按下式计算：

$$Q_g = Q_h - 1.163 \frac{\eta V_r}{T}(t_r - t_L)\rho_r \tag{6-19}$$

式中 Q_g——容积式水加热器设计小时供热量，W；

Q_h——设计小时耗热量，W；

t_r——热水温度，℃；按设计水加热器出水温度或贮水温度计算；

t_L——设计冷水温度，℃；按表6-1计算；

ρ_r——热水密度，kg/L；

η——有效贮热容积系数：容积式水加热器$\eta = 0.75$；导流型容积式水加热器$\eta = 0.85$；

V_r——总贮水容积，L；

T——设计小时耗热量持续时间，h；$T = 2 \sim 4$h。

（2）半容积式水加热器或贮热容器与其相当的水加热器的供热量，按设计小时耗热量计算；

（3）半即热式水加热器、快速式水加热器及与其相当的无贮水容积的水加热器供热量按设计秒流量计算。

4. 锅炉选择

集中热水供应系统所需热源锅炉和热水加热机组，应根据整幢建筑对热源的需求进行设计选择。

对于供热水供应系统单独使用的锅炉，一般按下式计算：

$$Q_g = (1.1 \sim 1.2)Q_h \tag{6-20}$$

式中 Q_g——锅炉小时供热量，W；

Q_h——设计小计耗热量，W；

1.1 ~1.2——热水系统的热损失附加系数。

计算出Q_g后，从锅炉样本中查出锅炉的发热量Q_k，并使$Q_k \geqslant Q_g$。

第六节 热水管网水力计算

热水管网的水力计算有以下内容：热水配水管网的水力计算，热水循环（回水）管网的水力计算，热媒管网的计算和热水管网所需设备（如循环水泵）的选型计算。水力计算的目的是确定各管道的管径、水头损失、循环流量、循环方式并选定循环水泵等设施。上述计算是在确定集中热水供应方式，完成热水供应系统的布置，绘出系统草图后进行。

一、热水配水管网水力计算

热水配水管网的计算目的是确定管径、计算水头损失。热水配水管网不论有无循环管道，其计算方法和冷水管道的计算方法相同，即热水配水管道的设计秒流量按冷水管道的设计秒流量公式计算，计算所需的卫生器具热水给水定额流量、当量、支管管径和流出水头按表3-8确定，求得计算管段的设计秒流量后，依据允许的管内流速值确定管径并计算水头损失。由于热水温度较高，在热水管网水力计算中也应考虑以下一些不同点：

（1）由于水温和水质的差异，考虑到结垢和腐蚀等因素，水头损失计算公式存在着差异，应选用热水管道水力计算表进行水力计算。

目前在建筑物内常采用薄壁紫铜管和附件作为热水管道，其单位长度水头损失，可参考式（6-21）、式（6-22）计算：

当 $v<0.44\text{m/s}$ 时，

$$i = 10\left(1 + \frac{0.3187}{K_c Q}\right)^{0.3} A_0 Q^2 \tag{6-21}$$

当 $v \geqslant 0.44\text{m/s}$ 时，

$$i = 10AQ^2 \tag{6-22}$$

式中　i——单位长度水头损失，Pa/m；

Q——流量，m^3/s；

K_c——流速系数；

A_0——$v<0.44\text{m/s}$ 时的比阻，$A_0=5.511\times10^{-7}d^{-5.3}$；

A——$v\geqslant0.44\text{m/s}$ 时比阻。

K_c、A_0、A 可参考表6-22选用，表6-22列出了热水紫铜管的水力参数。

热水紫铜管的水力参数　　**表6-22**

DN (mm)	外径 (mm)	壁厚 (mm)	d (mm)	比阻 A_0	流速系数 K_c	$Q_{0.44}$ (L/s)	比阻 A
15	16	1.0	14	3688	6.495	0.06774	4327
20	22	1.5	19	730.9	3.526	0.1248	857.5
25	28	1.5	25	170.7	2.037	0.2160	200.2
32	35	1.5	32	46.12	1.243	0.3540	54.12
40	44	2.0	40	14.14	0.7956	0.5530	16.59
50	55	2.0	51	3.900	0.4894	0.8991	4.576
65	70	2.5	65	1.078	0.3013	1.460	1.265
80	85	2.5	80	0.3588	0.1989	2.212	0.4210
100	105	2.5	100	0.1100	0.1273	3.456	0.1290
125	133	2.5	128	0.02972	0.07770	5.663	0.03487
150	159	3.0	153	0.01154	0.05438	8.091	0.01354

（2）热水管道内的水流速度宜降低，一般当管径在15～20mm时，宜取管内流速≤0.8m/s；当管径在25～40mm时，宜取流速≤1.0m/s；当管径≥50mm时，宜取流速≤1.2m/s。

（3）热水管网的局部水头损失一般可按沿程损失的25%～30%进行估算，也可按局部水头损失计算公式计算后累加。

（4）热水配水管网的管径不宜小于20mm。

(5) 对于热水塑料管和其他管道的水头损失计算，可查相关手册的计算图表。

二、机械循环管网（回水管网）的计算

机械循环管网的计算目的主要是计算总循环流量和循环水泵所需的扬程，以选择循环水泵。要达到上述目的，就要计算配水管网的热损失，确定循环管路与管段的循环流量，并计算循环管网的水头损失。

(一) 全日制热水供应机械循环热水管网的计算

1. 计算配水管网各管段的热损失

(1) 热水管道的热损失按下式计算：

$$q_s = 1.163\pi D \cdot L \cdot K(1-\eta)\left(\frac{t_c + t_z}{2} - t_j\right) \tag{6-23}$$

式中 q_s——计算管段的热损失，W；

K——无保温时管道的传热系数，一般取 2.8W/(m^2·℃)；

η——保温系数，无保温时 $\eta = 0$，简单保温时 $\eta = 0.6$，较好的保温时 $\eta = 0.7 \sim 0.8$；

t_j——计算管段周围空气温度，可按表 6-23 确定，℃；

D——管道的外径，m；

L——计算管段长度，m；

t_c——计算管段的起点水温，℃；

t_z——计算管段的终点水温，℃。

t_j 值（℃） 表 6-23

管道敷设情况	t_j（℃）
采暖房间内明装	18~20
采暖房间内暗装	30
敷设在不采暖房间顶棚内	采用 1 月份室外平均温度
敷设在不采暖的地下室	5~10
敷设在室内地沟内	35

(2) 计算管段的起点水温 t_c 和终点水温 t_z，宜按温降因素法计算：

$$M = \frac{L(1-\eta)}{d} \tag{6-24}$$

$$\Delta t = M\frac{\Delta T}{\sum M_i} \tag{6-25}$$

$$t_z = t_c - \Delta t = t_c - M\frac{\Delta T}{\sum M_i} \tag{6-26}$$

式中 M——计算管段温降因素；

L——计算管段长度，m；

d——计算管段管道内径，可近似取公称直径，mm；

η——保温系数，同公式（6-23）取值；

Δt——计算管段温度降，℃；

ΔT——配水管网起点和终点水温差，一般 $\Delta T=5\sim10$℃；

$\sum M_i$——计算管路温降因素之和；

t_c——计算管段起点水温,℃；

t_z——计算管段终点水温,℃。

2. 计算配水管网总的热损失

配水管网总的热损失按下式计算：

$$Q_s = \sum_{i=1}^{n} q_s \tag{6-27}$$

式中　Q_s——配水管网总的热损失，W；初步设计时，可按设计小时耗热量的 3% ~5% 采用；

q_s——计算管段的热损失，按式（6-23）计算，W。

3. 计算总循环流量

管网总循环流量携带的有效热量，应等于配水管网总的热损失，按下式计算：

$$q_x = \frac{Q_s}{1.163\Delta T \cdot \rho_r} \tag{6-28}$$

式中　q_x——全日制热水供应系统的总循环流量，L/h；

Q_s——配水管网的总热损失，W；

ΔT——配水管网起点和终点水温差，一般 $\Delta T=5\sim10$℃。

ρ_r——热水密度，kg/L。

4. 计算各计算管段通过的循环流量

由公式（6-28）求得总循环流量 q_x后，需将 q_x分配至各循环管段上。分配的原则是根据节点流量守恒原理和循环流量与热损失成正比的规律，从水加热器后的第 1 个节点开始依次进行流量分配，以图 6-18 为例：

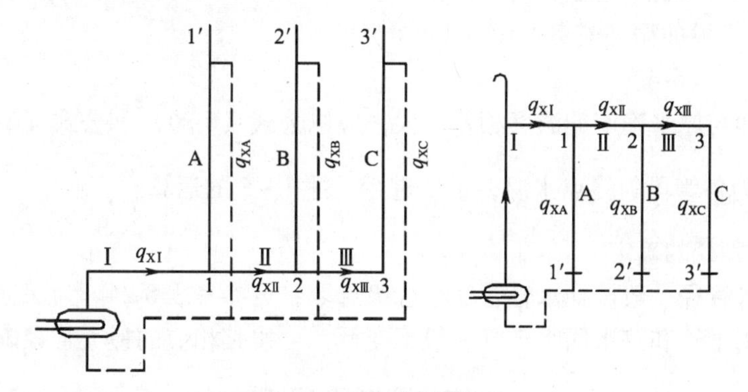

图 6-18　循环流量分配

节点 1：流入节点 1 的循环流量为 q_{xI}，$q_{xI}=q_x$，q_{xI}用于补偿节点 1 后各管段的热损失（$q_{SA}+q_{SB}+q_{SC}+q_{SII}+q_{SIII}$）。在节点 1，$q_{xI}$又分流入 A 管段和Ⅱ管段，其循环流量分别为 q_{xA}和 q_{xII}，则 $q_{xI}=q_{xA}+q_{xII}$。而 q_{xII}用于补偿管段Ⅱ、Ⅲ、B、C 的热损失（$q_{SII}+q_{SIII}+q_{SB}+q_{SC}$），$q_{xA}$用于补偿管段 A 的热损失 q_{SA}。根据循环流量与热损失成正比规律，有：

$$q_{xII} = q_{xI}\,\frac{q_{SB}+q_{SC}+q_{SII}+q_{SIII}}{q_{SA}+q_{SB}+q_{SC}+q_{SII}+q_{SIII}} \tag{6-29a}$$

节点2：流入节点2的循环流量$q_{x\text{II}}$用以补偿2点之后各管段的热损失（$q_{SB}+q_{SC}+q_{S\text{III}}$）。在节点2，$q_{x\text{II}}$分流入B管段和Ⅲ管段，其循环流量分别为$q_{xB}$和$q_{x\text{III}}$，则$q_{x\text{II}}=q_{xB}+q_{x\text{III}}$。而$q_{x\text{III}}$用于补偿管段Ⅲ和管段C的热损失（$q_{S\text{III}}+q_{SC}$），$q_{xB}$用于补偿管段B的热损失$q_{SB}$。

同理可得：

$$q_{x\text{III}} = q_{x\text{II}}\frac{q_{SC}+q_{S\text{III}}}{q_{SB}+q_{SC}+q_{S\text{III}}} \tag{6-29b}$$

节点3：管段Ⅲ的循环流量即为管段C的循环流量，因此有$q_{x\text{III}}=q_{xC}$。

由此可得通用公式：

$$q_{x(n+1)} = q_{xn}\frac{\sum q_{s(n+1)}}{\sum q_{sn}} \tag{6-29}$$

式中 q_{xn}、$q_{x(n+1)}$——为n、$n+1$段所通过的循环流量，L/s；

$\sum q_{s(n+1)}$——为$n+1$段本段及其后各管段的热损失之和，W；

$\sum q_{sn}$——为n段后的各管段的热损失之和，W。

n和$n+1$管段——如图6-19所示。

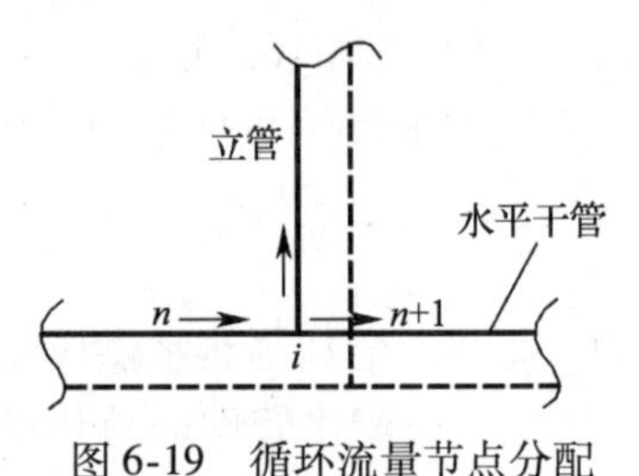

图6-19 循环流量节点分配编码示意图

5. 复核各管段的终点水温

各管段的终点水温按下式计算：

$$t'_z = t_c - \frac{q_s}{Cq_x} \tag{6-30}$$

式中 t'_z——各管段终点水温，℃；

t_c——各管段起点水温，℃；

q_s——各管段的热损失，W；

q_x——各管段的循环流量，L/s；

C——同式（6-4）。

计算结果如与原来确定的温度相差较大，应以公式（6-26）和公式（6-30）的计算结果$t''_z=\frac{t_z+t'_z}{2}$作为各管段的终点水温，重新进行上述1～5的运算。

6. 循环管管径的确定

热水循环管管径一般按配水管管径小二级选取，可参考表6-24。为保证各立管的循环效果，热水供水干管和热水回水干管一般不变径，可按其相应的最大管径确定。

热水回水管管径 **表6-24**

热水供水管管径（mm）	2025	32	40	50	60	80	100	125	150	200
热水回水管管径（mm）	20	20	25	32	40	40	50	65	80	100

7. 计算循环管网的总水头损失

循环管网的总水头损失按下式计算：

$$H = (H_p + H_x) + H_j \tag{6-31}$$

式中　H——循环管网的总水头损失，kPa；

H_p——循环流量通过配水计算管路的沿程和局部水头损失，kPa；

H_x——循环流量通过回水计算管路的沿程和局部水头损失，kPa；

H_j——循环流量通过水加热器的水头损失，kPa。

容积式水加热器和加热水箱的水头损失很小，在热水系统中可忽略不计。对于半容积式水加热器和半即热式水加热器的热水水头损失可按表6-17和表6-18选取，或按所选加热器的产品样本取值。对于快速式水加热器，水头损失应以沿程和局部水头损失之和计算。

管路循环时配水管及回水管的局部水头损失可按沿程水头损失的20%～30%估算。

8. 选择循环水泵

（1）循环水泵的流量为：

$$Q_b \geqslant q_x \tag{6-32}$$

式中　Q_b——循环水泵的出水量，L/s；

q_x——热水供应系统的总循环流量，L/s。

（2）循环水泵的扬程

循环水泵的扬程按下式计算：

$$H_b \geqslant H_p + H_x + H_j \tag{6-33}$$

式中　H_b——循环水泵的扬程，kPa；

H_p、H_x、H_j——同公式（6-31）。

（二）定时热水供应系统热水管网计算

定时热水供应系统在供应热水之前，加热设备提前工作，先用循环水泵将管网中的全部冷水进行循环，直至达到规定的水温，供应热水时用水较集中，可不考虑热水循环。

定时热水供应系统热水循环流量的计算，是按循环管网中的水每小时循环的次数来确定，一般按2～4次计算。

循环水泵的出水量即为热水循环流量：

$$Q_b \geqslant \frac{V}{T} \tag{6-34}$$

式中　Q_b——循环水泵的出水量，L/s；

V——热水循环管道系统的水容积，不包括无回水管的管段和加热设备的容积，L；

T——循环周期，热水循环管道系统中全部容量的水循环1次所需的时间，一般取0.25～0.5h。

循环水泵的扬程为：

$$H_b \geqslant H_p + H_x + H_j \tag{6-35}$$

式中　H_b、H_p、H_x、H_j符号意义同公式（6-31）。

三、自然循环热水管网的计算

自然循环热水管网计算的方法与机械循环方式基本相同，在求出循环管网的总水头损失之后，需先校核一下系统的自然循环压力值是否满足要求。

对于上行下给式，如图6-20（a）所示，自然循环压力应为：

$$H_{zr} = 10 \cdot \Delta h(\rho_3 - \rho_4) \tag{6-36}$$

对于下行上给式，如图6-20（b）所示，自然循环压力为：

$$H_{zr}=10[\Delta h_1(\rho_7-\rho_8)+\Delta h_2(\rho_5-\rho_6)] \tag{6-37}$$

式中 H_{zr}——管网的自然循环压力，kPa；

Δh——水加热器或锅炉中心与上行横干管中心的标高差，m；

Δh_1——水加热器或锅炉中心至水平干管中心平均高差，m；

Δh_2——水平干管中心距立管顶部的标高差，m；

ρ_3——最远立管中热水的平均密度，kg/m^3；

ρ_4——总配水立管中热水的平均密度，kg/m^3；

ρ_5、ρ_6——最远处回水立管、配水立管管段中热水的平均密度，kg/m^3；

ρ_7、ρ_8——水平干管回水管段、配水管段中热水的平均密度，kg/m^3。

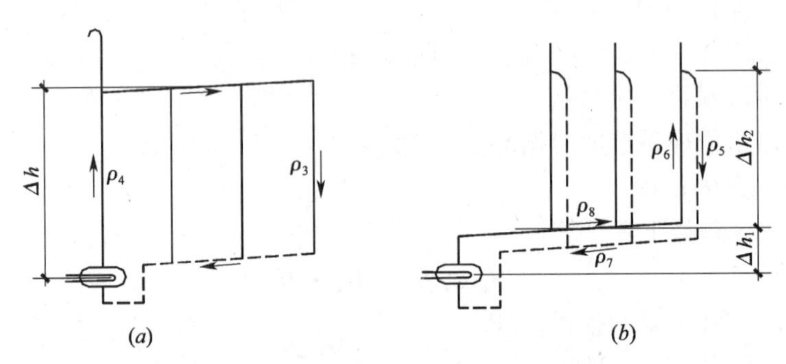

图6-20 热水系统自然循环压力作用水头

当管网循环水压 $H_{zr}\geqslant 1.35H$ 时，管网才能安全可靠自然循环，H 为循环管网的总水头损失，可由公式（6-31）计算确定。否则应采取机械强制循环。

四、热媒管网计算

1. 热媒为热水

热媒循环管路中供水管和回水管的管径是按照式（6-12）所得出的热媒耗量 G，以管中流速不超过1.2m/s，每米管长沿程水头损失控制在50～100Pa/m来选定管径和确定其相应的水头损失。应该采用水温为70～95℃、管道绝对粗糙度 $K=0.2$mm（钢管）的计算表，如表6-25所列。

热媒管网的热水自然循环作用水头如图6-21所示，可按下式计算：

$$H_{zr}=10\Delta h(\rho_1-\rho_2) \tag{6-38}$$

式中 H_{zr}——自然循环作用水头，kPa；

Δh——锅炉中心与热水罐中心或水加热器排管中心的标高差，m；

ρ_1——锅炉出口管中水的平均密度，kg/m^3；

ρ_2——热水罐或水加热器回水管中水的平均密度，kg/m^3。

热媒管网的热水循环水头损失 H_h，为其沿程水头损失和局部水头损失的总和。

当 $H_{zr}>H_h$时，可形成自然循环，为保证系统的运行可靠，必须满足 $H_{zr}\geqslant$（1.1～1.5）H_h。若 H_{zr}略小于 H_h，在条件许可时可以适当调整水加热器和热水贮罐的设置高度来满足。经调整后仍不能满足要求时，则应采用机械循环方式强制循环，循环水泵的出水量和扬程应比理论值略大一些即可。

热媒管道水力计算（水温 $t=70\sim95℃$　$k=0.2mm$）　**表 6-25**

公称直径（mm）		15		20		25		32		40	
内径（mm）		15.75		21.25							
Q（kJ/h）	G（kg/h）	i（Pa/m）	v（m/s）	i	v	i	v	i	v	i	v
1047	10	0.5	0.016								
1570	15	1.1	0.032								
2093	20	1.9	0.030								
2303	22	2.2	0.034								
2512	24	2.6	0.037	0.60	0.020						
2721	26	3.0	0.040	0.70	0.022						
2931	28	3.5	0.043	0.80	0.024						
3140	30	3.9	0.046	0.90	0.025						
3350	32	4.4	0.049	1.00	0.027						
3559	34	4.9	0.052	1.10	0.029						
3768	36	5.5	0.056	1.20	0.031						
3978	38	6.0	0.059	1.30	0.032						
4187	40	6.7	0.062	1.45	0.034						
4396	42	7.3	0.065	1.60	0.035						
4606	44	7.9	0.069	1.75	0.037						
4815	46	8.6	0.071	1.90	0.039						
5024	48	9.3	0.074	2.05	0.040	0.6	0.025				
5234	50	10.0	0.077	2.20	0.042	0.65	0.026				
5443	52	10.8	0.080	2.35	0.044	0.7	0.027				
5652	54	11.6	0.083	2.50	0.046	0.75	0.028				
6071	56	12.4	0.087	2.70	0.047	0.8	0.029				
5280	60	14.0	0.093	3.10	0.051	0.9	0.031				
7536	72	19.6	0.112	4.30	0.061	1.2	0.037				
10467	100	35.9	0.154	7.90	0.084	2.3	0.051	0.55	0.029		
14654	140	66.8	0.216	14.6	0.118	4.2	0.072	1.01	0.041	0.51	0.031

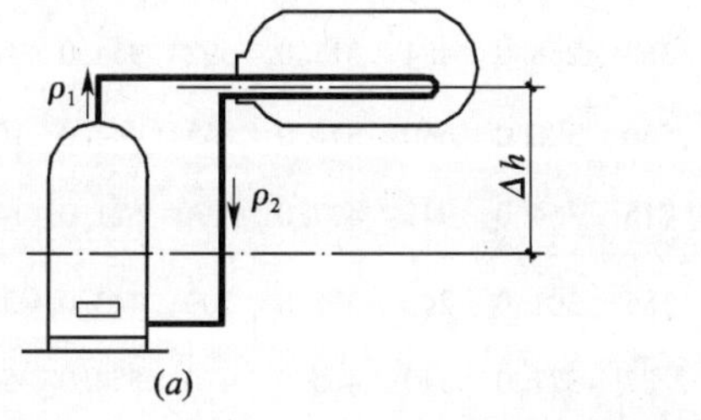

(a)

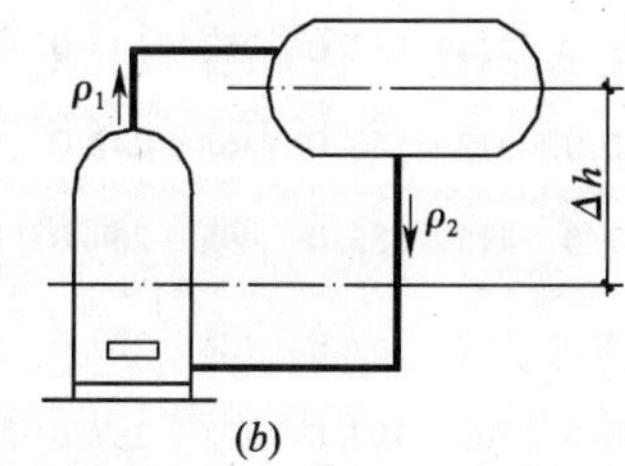

(b)

图 6-21　自然循环压力

（a）热水锅炉与水加热器连接（间接加热）；

（b）热水锅炉与贮水器连接（直接加热）

2．热媒为蒸汽

热媒蒸汽管道的管径和水头损失是按照式（6-11）所得出的热媒耗量 G，以管道的常用允许流速和相应的比压降确定。高压蒸汽管道常用的流速可按表6-26选取，管径和每米管长的压力损失（比压降）可按表6-27查取确定。

高压蒸汽管道常用流速 **表6-26**

管径（mm）	15～20	25～32	40	50～80	100～150	≥200
流速（m/s）	10～15	15～20	20～25	25～30	30～40	40～60

蒸汽管道管径计算表（δ=0.2mm） **表6-27**

DN (mm)	v (m/s)	P（表压）（kPa）													
		6.9		9.8		19.6		29.4		39.2		49		59	
		G（kg/h），i（Pa/m）													
		G	i	G	i	G	i	G	i	G	i	G	i	G	i
15	10	6.7	114	7.8	134	11.3	193	14.9	256	18.4	317	21.8	374	25.3	435
	15	10.0	256	11.7	300	17.0	437	22.4	577	27.6	663	32.4	825	37.6	958
	20	13.4	446	15.0	535	22.7	780	29.8	1020	30.8	1260	43.7	1500	50.5	1730
20	10	12.2	78	41.1	80	20.7	184	27.1	174	33.5	216	39.8	256	46.0	295
	15	18.2	175	21.1	202	31.1	302	38.6	353	50.3	486	57.7	538	69.0	665
	20	24.3	310	28.2	369	41.4	535	54.2	695	67.0	862	79.6	1024	92.0	1180
25	15	29.4	131	34.4	154	50.2	325	65.8	294	81.2	362	96.2	439	111.0	497
	20	39.2	230	45.8	274	66.7	401	87.8	523	108.0	655	128.0	762	149.0	882
	25	49.0	356	57.3	426	83.3	618	110.0	817	136.0	1020	161.0	1190	186.0	1380
32	15	51.6	92	60.2	108	88.0	158	115.0	206	142.0	248	169.0	270	195.0	357
	20	67.7	158	80.2	191	117.0	271	154.0	367	190.0	447	226.0	548	260.0	617
	25	85.6	250	100.0	296	147.0	443	193.0	574	238.0	697	282.0	832	325.0	964
	30	103.0	356	120.0	430	176.0	653	230.0	823	284.0	1030	338.0	1210	390.0	1380
40	20	90.6	138	105.0	160	154.0	233	202.0	308	249.0	359	283.0	415	343.0	524
	25	113.0	214	132.0	252	194.0	368	258.0	484	311.0	592	354.0	647	428.0	816
	30	136.0	312	158.0	361	232.0	530	306.0	680	374.0	855	444.0	1020	514.0	1180
	35	157.0	415	185.0	495	268.0	715	354.0	947	437.0	1170	521.0	1400	594.0	1570
50	20	134.0	107	157.0	128	229.0	185	301.0	242	371.0	300	443.0	358	508.0	405
	25	168.0	169	197.0	197	287.0	287	377.0	370	465.0	470	554.0	561	636.0	637
	30	202.0	241	236.0	286	344.0	414	452.0	538	558.0	676	664.0	805	764.0	920
	35	234.0	327	270.0	390	400.0	565	530.0	939	650.0	930	776.0	1100	885.0	1240

续表

DN (mm)	v (m/s)	P（表压）（kPa）													
		6.9		9.8		19.6		29.4		39.2		49		59	
		G（kg/h），i（Pa/m）													
		G	i	G	i	G	i	G	i	G	i	G	i	G	i
70	20	257.0	71	299.0	85	437.0	123	572.0	162	706.0	196	838.0	236	970	271
	25	317.0	110	374.0	131	542.0	189	715.0	251	880.0	306	1052	370	1200	415
	30	380.0	157	448.0	188	650.0	274	858.0	360	1060.0	446	1262	532	1440	547
	35	445.0	216	525.0	258	762.0	374	1005.0	495	1240.0	607	1478	730	1685	816
80	25	454	91	528	106	773	155	1012	204	1297	270	1480	296	1713	342
	30	556	135	630	152	926	223	1213	291	1498	360	1776	425	2053	484
	35	634	177	738	206	1082	304	1415	396	1749	490	2074	580	2400	671
	40	726	232	844	270	1237	398	1620	520	1978	640	2370	757	2740	865
100	25	673	70	784	82	1149	121	1502	157	1856	185	2201	231	2547	267
	30	808	102	940	118	1377	174	1801	226	2220	280	2640	331	3058	384
	35	944	139	1099	161	1608	237	2108	310	2600	382	3083	452	3568	524
	40	1034	166	1250	208	1832	307	2396	400	2980	500	3514	587	4030	667

蒸汽在水加热器中进行热交换后，由于温度下降而形成凝结水，凝结水从水加热器出口至疏水器的一段（a—b 段），如图 6-22 所示，在此管段中为汽水混合的两相流动，其管径常按通过的设计小时耗热量 Q_h 查表 6-28 确定，Q_h 可按式（6-6）、式（6-7）计算。

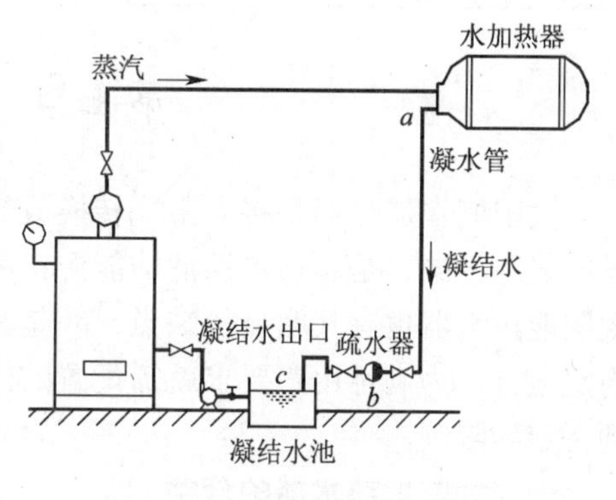

图 6-22　余压凝结水系统图式

凝结水是利用通过疏水器后的余压，输送到凝结水箱，如图中 b—c 段。当余压凝结水箱为开式时，其 b—c 管段通过的热量按下列公式计算：

$$Q_j = 1.25Q_h \tag{6-39}$$

式中　Q_j——余压凝结水管段中的计算热量，kJ/h；

Q_h——设计小时耗热量，kJ/h；

1.25——考虑系统启动时凝结水的增大系数。

由加热器至疏水器间不同管径通过的小时耗热量（kJ/h）　　表 6-28

DN（mm）	15	20	25	32	40	50	70	80	100	125	150
热量（kJ/h）	33494	108857	167472	355300	460548	887602	2101774	3089232	4814820	7871184	17835768

计算出 $b—c$ 管段通过的热量以后，可查表6-29 确定管径，并使 $b—c$ 段的比压降 R 值不超过 150Pa/m 为宜。

余压凝结水管 $b—c$ 管段管径选择 **表 6-29**

P (kPa)（绝对压强）	管径 DN（mm）											
177	15	20	25	32	40	50	70	125	150	159×5	219×6	219×6
196	15	20	25	32	50	70	100	125	159×5	219×6	219×6	219×6
245～294	20	25	32	40	50	70	100	150	159×5	219×6	219×6	219×6
>294	20	25	32	40	50	70	100	150	219×6	219×6	219×6	273×7
i (Pa/m)	按上述管通过热量（kJ/h）											
50	39147	87090	174171	253301	571498	1084381	2369728	3307572	6615144	12895344	13774572	21436416
100	43543	131047	283028	357971	803866	1532369	3257330	4689216	9294696	18212580	19468620	30228696
200	65314	185057	370532	506603	1138810	2168762	4605480	6615144	13146552	25748820	31526604	42705306
300	82899	217714	477295	619640	1394204	2553948	5652180	8122392	16077312	10467000	33703740	52335000
400	108852	251208	544284	715943	1607731	3077298	6531408	9378432	18599392	36425160	39146580	60289920
500	152400	283865	611273	799679	1800324	3416429	7285032	10467000	20766528	39565260	43542720	67826160

第七节　太阳能热水器

太阳能水加热器是将太阳能转换成热能并将水加热的装置。太阳能与石油、天然气、煤等能源不同，是非枯竭性清洁能源，因此太阳能热水器的环保特点是其最大的优点。但太阳能热水器也有其明显的缺点：一是其受天气、季节、地理位置等影响，使其不能连续稳定运行，为满足用户要求就需配置贮热和辅助加热措施；二是其占地面积较大，布置受到一定的限制。

一、太阳能热水器的分类

太阳能热水器按热水循环方式可分为：

（1）自然循环太阳能水加热器：该加热器是靠水温差产生的热虹吸作用进行水的循环加热，运行安全可靠，不需用电和专人管理。但贮热水箱必须装在集热器上面，同时使用的热水会受到时间和天气的影响，见图6-23。

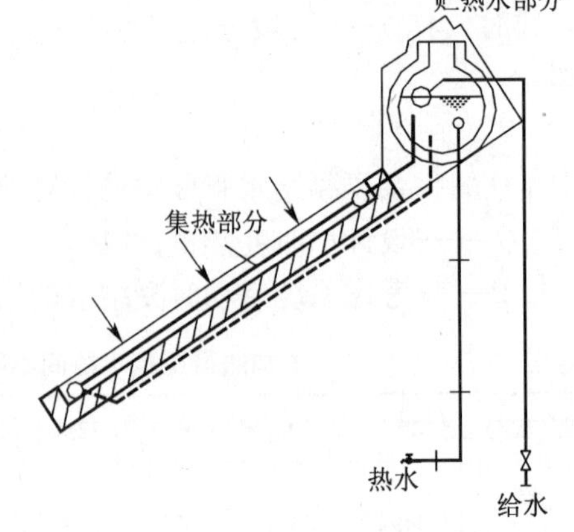

图 6-23　自然循环式太阳能热水器

（2）机械循环太阳能水加热器：该加热器是利用水泵强制水进行循环的系统，贮热水箱和水泵可放置在任何部位。该系统制备热水效率高，产水量大，为克服天气对热水加热器的影响，可增加辅助加热设备，如煤气加热、电加热和蒸汽加热等措施。适用于大面积和集中供应热水场所，见图6-24、6-25。

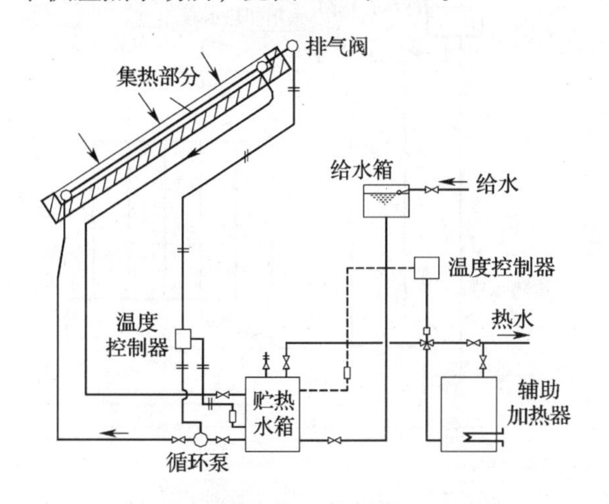

图6-24　直接加热机械循环太阳能加热器

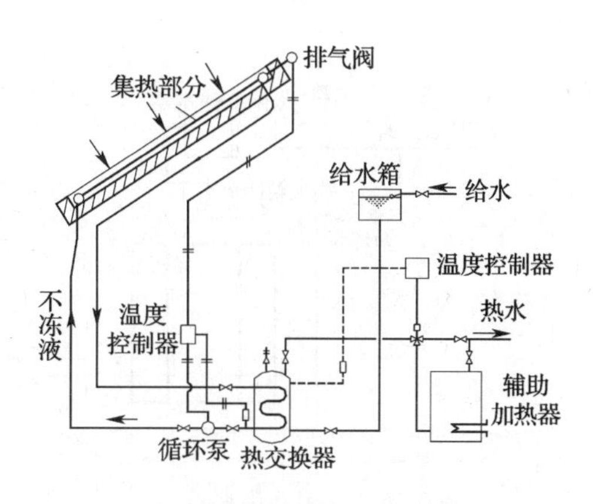

图6-25　间接加热机械循环太阳能加热器

二、太阳能热水器的组成

（1）集热器：集热器是太阳能水加热器的核心部分，它由集热管、集热板、外壳、保温层、透明罩板组成。集热管常用材料有铜管、不锈钢管、塑料管、铜铝复合管及高效的真空管和热管真空管。集热板是主要的集热组件，应有良好的导热性、不易锈蚀，常用材料有不锈钢板、铝板、钢板等。外壳材料常用钢板、铝板、塑料、玻璃钢等。保温材料常用玻璃棉、泡沫塑料、岩棉等。

（2）贮热水箱：贮热水箱是太阳能加热器的重要组件，其构造同热水系统的热水箱，其作用为贮存吸收的热量，便于产生自然循环和稳定水压。

（3）管路与附件：为使太阳能热水器能正常运行和维护，需设置必要的阀门、排气阀、止回阀及自动控制所需感温元件和电磁阀等。对于机械循环系统还应设置循环水泵。

三、太阳能热水器的设计与计算

1. 太阳能热水器的供热方式

（1）一般家用热水器、集热面积 $<30m^2$ 的供热水系统采用自然循环系统，如图6-23。

（2）对于热水要求不高的定时供应热水的小型集中热水供应系统，可采用图6-26的太阳能热水器直接供水方式。

（3）对于不能中断热水供应的中、小型集中热水供应系统，可采用图6-27的以太阳能热水器为主，辅以电热或蒸汽等供热的系统。

2. 系统的计算

（1）热水量计算，详见式（6-8）。

（2）集热器面积的确定：集热器面积应根据集热器产品的性能、当地的气象条件、日照季节、日照时间、热水用量和水温等因素确定。对于真空管集热器，其平均日产40～60℃热水的产水量可按下面两种情况确定：

1）春、夏、秋三季使用者取产水量100～120L/(d·m^2 采光面积)；

2）全年使用者取产水量40～60L/(d·m^2 采光面积)。

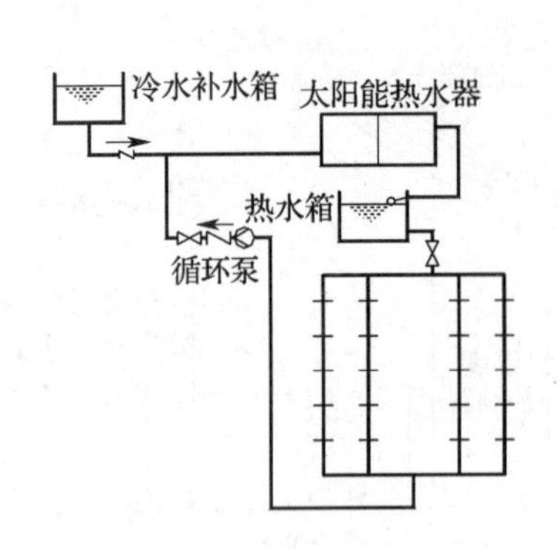

图6-26 太阳能热水器直供热水系统

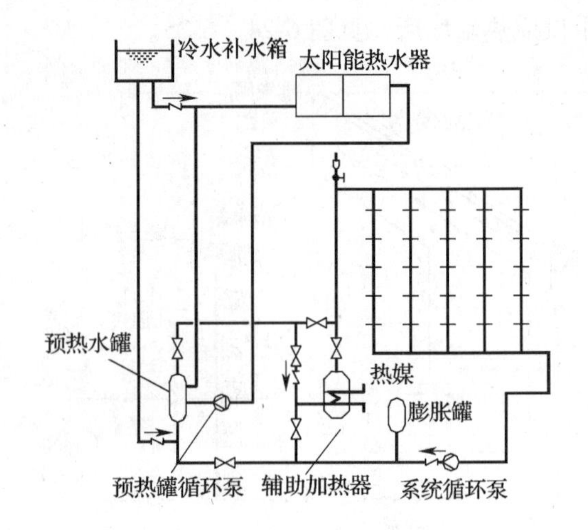

图6-27 太阳能热水器为主辅以电热或蒸汽等供热的系统

注：预热水罐和辅助加热罐亦可合为一体

（3）自然循环太阳能热水器的作用水头，按下式计算：

$$\Delta H = 10\Delta h(\rho_1 - \rho_2) \tag{6-40}$$

式中 ΔH——太阳能热水器的自然循环作用水头，kPa；

Δh——集热器与贮热水箱中心标高差，m；

ρ_1、ρ_2——集热器进水、出水的平均密度，kg/m^3。

因要达到热水温度需要经过多次循环，实际进水、出水温差仅为3～5℃，一般进水、出水的平均容重差可按温差3℃计算。

形成自然循环条件应为$\Delta H \geqslant$（1.10～1.15）H（kPa），H为自然循环总水头损失（kPa）。如不能达到上式的要求，为进行自然循环，应适当加大循环管的管径、减少管路水头损失和抬高贮热水箱高度即增大Δh值。

（4）循环流量，按下式计算：

$$q_x \geqslant 0.015F \tag{6-41}$$

式中 F——集热器的集热面积，m^2；

q_x——循环流量，L/s。

（5）贮热水箱容积，按下式计算：

$$V = (50 \sim 100)F \tag{6-42}$$

式中 V——贮热水箱容积，L；

F——集热器的集热面积，m^2。

（6）强制循环系统的循环水泵的流量可取$Q = 1 \sim 2$L/(min·m^{2}采光面积)，扬程应足以克服管道的摩擦阻力，一般取$H = 20 \sim 50$kPa。

3. 太阳能热水器的布置要求

（1）太阳能热水器的集热器一般设在平屋顶上，其在我国的最佳布置方位是朝向正南，其偏差允许范围在±15°以内。集热器的倾角θ在春夏秋季使用时，$\theta = \phi -$（5～

10°)；全年使用时，$\theta=\phi+(5\sim10°)$；ϕ 为当地的地理纬度。集热器的设置位置应避开其他建筑的阴影。

(2) 太阳能热水器的贮热水箱一般用不锈钢板、塑料、玻璃钢等材料制成；对于自然循环太阳能热水器的贮热水箱其底部须高于集热器顶部0.2～0.5m，且贮热水箱应尽量靠近集热器，以保证一定的虹吸压头和防止夜间反循环。

(3) 机械循环系统的循环水泵应选用热水泵，并宜安装在室内，其扬程除满足热水循环要求外，尚应小于集热器的工作压力。

(4) 太阳能热水器供应系统的水系统管材常用不锈钢管、铜管、塑料管等，水平管道布置时应设置一定的坡度和正确的坡向。

(5) 多台集热器应并联设置，不应串联设置。

第八节　饮 水 供 应

饮水供应可以分为开水供应系统和直饮水供应系统两大类。

一、开水供应系统

1. 开水供应方式

开水供应方式有开水集中制备集中供应方式、统一热源分散制备分散供应方式和集中制备分散供应方式。

开水集中制备集中供应方式如图6-28所示，即在开水间集中制备开水，人们用容器取水饮用的供水方式。这种方式适合于学校、机关、部队等建筑。

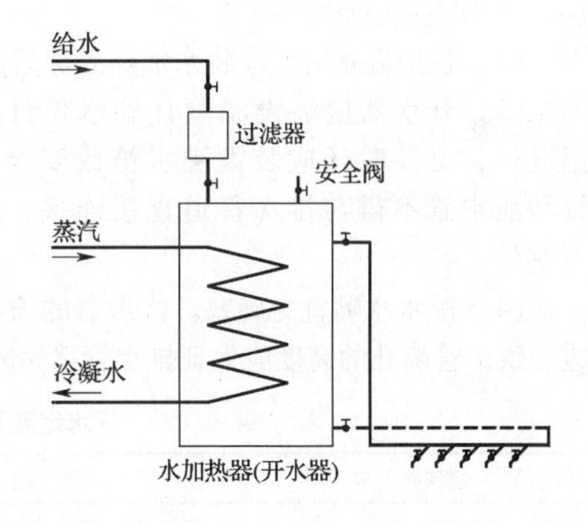

图6-28　集中制备开水

统一热源分散制备分散供应方式如图6-29所示，即在建筑内每层设开水间，用热媒管道将蒸汽送到各层开水间，每层开水间内设间接加热的开水炉供应开水。这种方式适用于医院、疗养院、招待所、旅馆等建筑。目前这种开水供应方式逐渐被每层设电热开水炉的供水方式所取代。

开水集中制备分散供应方式是集中制备开水，然后用管道将开水输送到各开水供应点。这种方式适用于宾馆等建设标准较高的建筑，由于近年管道直饮水的应用，这一开水供应方式已很少采用。

2. 开水标准

(1) 开水定额　开水定额与建筑物的性质和地区的气候条件相关，开水定额和小时变化系数按表6-30确定。

(2) 开水水质　必须符合现行《生活饮用水水质标准》。

(3) 开水温度　应使水温升至100℃后持续3min，计算温度采用100℃计；闭式开水系统水温按105℃计。

3. 开水系统的计算

（1）开水需用量按下式计算：

$$q_h = \frac{N \cdot q \cdot K_h}{T} \quad (6\text{-}43)$$

式中 q_h——开水设计小时耗量，L/h；

q——开水定额，见表6-30；

N——设计饮用水人数，人；

K_h——小时变化系数，见表6-30；

T——开水供应时间，h。

（2）设计小时耗热量按下式计算：

$$Q_h = \frac{\alpha \cdot \Delta t \cdot q_h \cdot C}{3.6} \quad (6\text{-}44)$$

式中 Q_h——设计小时耗热量，W；

q_h——开水小时耗量，L/h；

C——水的比热，$C = 4.187\text{kJ/(kg} \cdot {}^\circ\text{C)}$；

α——热损失系数，取 $\alpha = 1.05 \sim 1.20$。

（3）热媒耗量按公式（6-11）计算。

4. 开水系统设计注意点

（1）开水器的热源可选择电、蒸汽、煤气（含石油气）和煤，设计时应优选电源加热。

（2）供应温水时，应将水加热煮沸后再进行冷却。

（3）开水器应装设温度计和水位计；开水锅炉应装设温度计，必要时还应装设沸水笛或安全阀；开水器的溢流管和泄水管不得与排水管道直接连接；开水器通气管应引至室外。

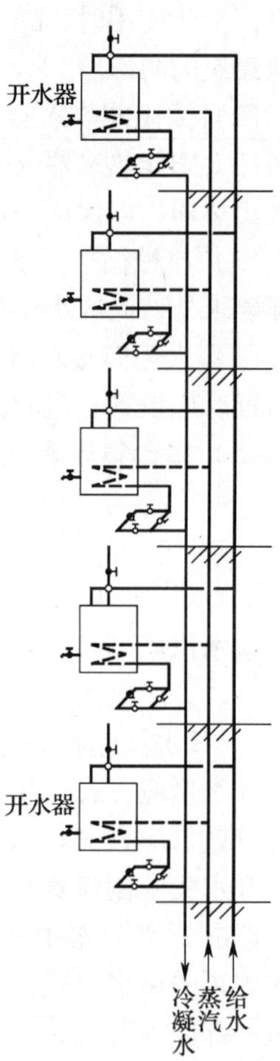

开水器

开水器

冷凝水 蒸汽 给水

图6-29 每层制备开水

（4）配水水嘴宜为旋塞。饮水器的喷嘴应倾斜安装并设有防护装置，同组喷嘴压力应一致，管嘴孔的高度应保证排水管堵塞时不被淹没。

开水定额及小时变化系数 表6-30

建筑物名称	单 位	开水定额（L）	K_h
热车间	每人每班	3～5	1.5
一般车间	每人每班	2～4	1.5
工厂生活间	每人每班	1～2	1.5
办公楼	每人每班	1～2	1.5
集体宿舍	每人每日	1～2	1.5
教学楼	每学生每日	1～2	2.0
医院	每病床每日	2～3	1.5
影剧院（饮水）	每观众每日	0.2	1.0
招待所、旅馆	每客人每日	2～3	1.5
体育馆（场）（饮水）	每观众每日	0.2	1.0

（5）开水器应采用不锈钢、铜镀铬或瓷质制品，其表面应光洁易于清洗；管道、配件、密封件，配水水嘴等选用材质均应耐温、耐压并符合食品级卫生要求。

（6）开水间、饮水处理间应设给水管、排污排水用地漏。给水管管径可按设计小时饮水量计算。开水器、开水炉排污、排水管道不宜采用塑料排水管。

二、直饮水供应系统

直饮水为可直接饮用的水，其供应方式可以分为桶装饮用水供应方式、带有水深度处理功能的饮水机分散式供应方式和管道直饮水供应方式。

桶装饮用水供应方式为将自来水或泉水作深度处理，去除水中的有害物质并进行消毒处理后灌装入桶，而后将桶装水送至用户，供用户直接饮用的供应方式。

带有水深度处理功能的饮水机分散式供应方式是由用户使用购置的带有水深度处理功能的饮水机从给水管上取水，自来水经饮水机水质处理和消毒后直接饮用的供水方式。但该种供应方式存在着饮水机水处理能力会随处理水量的增加而逐渐失效的缺陷。

管道直饮水供应方式是将自来水作集中深度处理和消毒后，用管道将饮用水直接送至用户，用户使用饮水水嘴直接饮用的供水方式，如图 6-30 所示。该供应方式适用于新建住宅小区和宾馆、运动场等建筑标准较高的公共建筑。

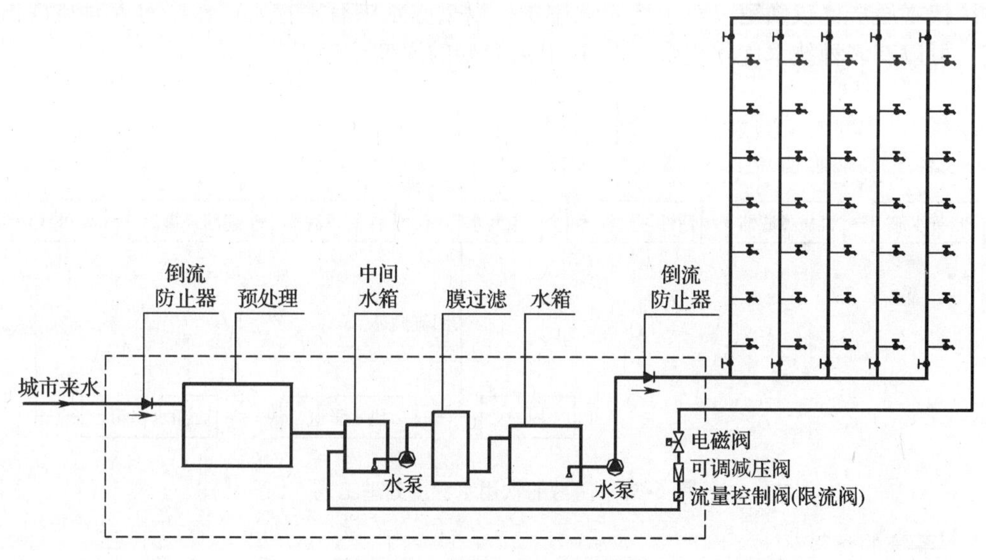

图 6-30　管道直饮水供应系统

1. 直饮水标准

（1）直饮水水质标准

直饮水水质标准应符合《饮用净水水质标准》（CJ 94—1999）的要求，该标准高于现行的《生活饮用水水质标准》。此外，尚应符合卫生部《生活饮用水管道分质直饮水卫生规范》的要求。

（2）水量和水压

直饮水水量一般住宅为 3 ~ 5L/(人 · d)，经济发达地区可适当提高至7 ~ 8L/(人 · d)，办公楼为 2 ~ 3L/(人 · d)。

管道直饮水水龙头额定流量为 0.04 ~ 0.08L/s，流出水头不小于 0.03MPa。

2．优质饮用水的处理

桶装饮用水和管道直饮水是在常规给水处理的基础上进行了水的深度处理，可去除水中的有机污染物、细菌、病毒及部分无机物。水的深度处理工艺可采用膜处理技术。膜处理技术有反渗透 RO、纳滤 NF、超滤 UF 和微滤 MF。

微滤（MF）的膜孔孔径在 2～0.1μm，可去除水中的胶体颗粒；超滤（UF）的膜孔孔径在 0.05～0.01μm，可去除部分大分子有机物，并可截留细菌、病毒；纳滤（NF）的膜孔孔径在 0.01～0.001μm，可去除硬度（Ca^{2+}、Mg^{2+}），截留分子量在 300 以上的有机物；反渗透（RO）的膜孔孔径在 1nm，可有效去除水中的二价、一价无机盐，可使水达到纯净水的要求。

为了有效发挥膜处理技术的效能，在膜处理前应增设预处理。常用的预处理技术有活性炭过滤技术、离子交换法处理技术、聚丙烯纤维滤芯精密过滤（保安过滤）技术及免使有机膜遭受氧化的脱氯预处理技术。此外，在膜处理后尚要进行消毒处理，在直饮水中的消毒处理方法有 O_3 消毒、ClO_2 消毒、紫外线照射消毒或微电解杀菌消毒。

水的深度处理工艺视原水水质、处理后要达到的水质指标和水处理技术的先进性和合理性经技术经济比较确定。对于优质饮用水，以去除水中有害物质、保持对人有益成份为原则，可以有多种技术优化组合，图 6-31 为简易的深度处理工艺。

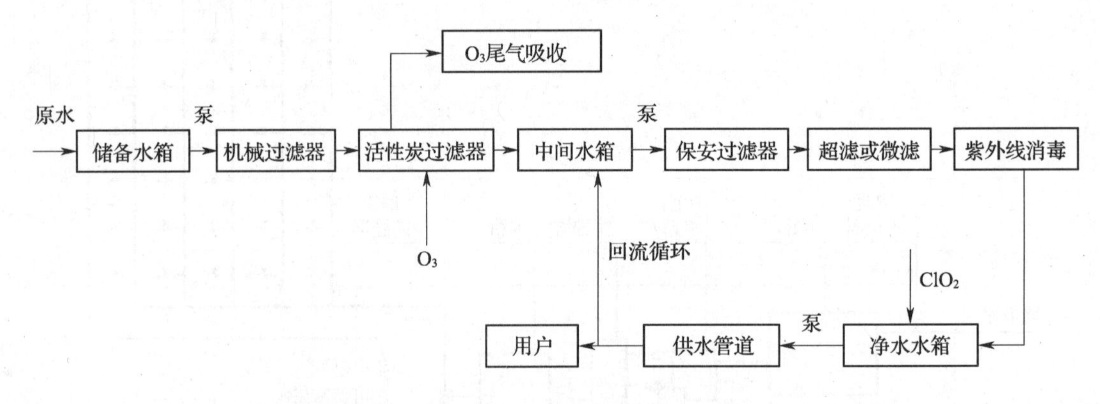

图 6-31 简易的饮用水深度处理工艺

3．系统的计算

（1）系统最高日用水量按下式计算：

$$Q_d = Nq_d \tag{6-45}$$

式中 Q_d——最高日用水量，L/d；

N——系统服务的人数；

q_d——用水定额，L/(d·人)。

（2）系统最大时用水量按下式计算：

$$Q_h = K_h Q_d / T \tag{6-46}$$

式中 Q_h——最大时用水量，L/h；

K_h——时变化系数，按表 6-31 选取；

T——系统中直饮水使用时间，h；见表 6-31。

（3）瞬时高峰用水量按下式计算：

$$q_s = q_o m \qquad (6\text{-}47)$$

式中 q_s——管道的设计流量，L/s；

q_o——龙头额定流量，L/s；取 0.04 ~ 0.08L/s；

m——瞬时高峰用水时龙头使用数量，个；

当水龙头为 4 ~ 8 个时取 $m=3$，水龙头 9 ~ 12 个时取 $m=4$，水龙头大于 12 个时查相关手册。

时变化系数 K_h 及直饮水使用时间 T　表 6-31

用水场所	住宅、公寓	办公楼
K_h	4 ~ 6	2.5 ~ 4.0
T	24	10

（4）循环流量按下式计算：

$$q_x = V/T_1 \qquad (6\text{-}48)$$

式中 q_x——循环流量，L/h；

V——闭式循环回路上供水系统部分的总容积，包括储存设备的容积，L；

T_1——直饮水允许的管网停留时间，h，取 4 ~ 6h。

（5）管道流速 $DN \geqslant 32$mm，$v=1.0 \sim 1.5$m/s；

$DN < 32$mm，$v=0.6 \sim 1.0$m/s。

（6）净水设备产水率：

$$Q_j = Q_d/t + q_x \qquad (6\text{-}49)$$

式中 Q_j——净水设备产水率，L/h；

Q_d——最高日用水量，L/d；

t——最高用水日净水设备工作时间，一般取 8 ~ 12h；

q_x——循环流量，L/h。

（7）变频调速泵流量　$Q_b = q_s \times 3600 + q_x$　（L/h）　(6-50)

变频调速泵扬程　$H_b = 10 \times Z + h_o + \sum h$　（kPa）　(6-51)

式中 Z——最不利水龙头与净水箱的几何高差，m；

h_o——水龙头流出水头，kPa；

$\sum h$——净水箱到最不利龙头管路的水头损失，kPa。

4. 管道直饮水系统设计注意点

（1）管材宜优先选用薄壁不锈钢管，管件应与管材配套，阀门、管件及密封圈应达到卫生食品级要求。

（2）系统应为环状，管路应不产生滞水现象，应达到动态循环和循环消毒，循环管道应设计为同程式。

（3）应保证管道流速以防管内细菌繁殖和微粒沉积，系统内各部分水的停留时间不应超过 4 ~ 6h，管道内应设水质采样口。

（4）必须设置循环运行启闭控制装置；小区集中供水系统中各建筑物内的循环回水管在出户前应设流量控制阀。

（5）系统应有水力强制冲洗、消毒和置换系统内水的可能，以便定期对管网进行水力冲洗。

（6）净水罐（箱）、高位水箱应设置 0.2μm 膜呼吸器，防止进气对处理后水的污染。

第九节　高层建筑热水供应

随着我国经济的快速发展，高层及超高层建筑逐渐增多，而高层和超高层建筑往往是高层建筑标准的公共建筑和高档住宅，因此在高层建筑中很多都设置了热水供应系统。高层建筑的热水供应系统的设计计算方法基本同多层建筑，但由于建筑高度的增加，高层建筑的热水供应也有自己的特点，主要表现在热水供应系统往往须采取分区供水方式，热水供应系统的循环方式也应采用机械循环系统等。

热水供应的分区供水主要有下列两种方式。

1. 集中加热热水供应方式

如图 6-32 所示，各区热水管网自成独立系统，其水加热器集中设置在建筑物的底层或地下室，水加热器的冷水供应来自各区给水水箱，这样可使卫生器具的冷热水水龙头出水均衡。此种方式的管网多采用上行下给方式。当下区冷水供应来自屋面给水水箱时，需在下区水加热器的冷水进水管上装设减压阀，详见图 6-7。当上下区共用水加热器时应在下区各支管上设置减压阀。

集中加热热水供应方式的优点是设备集中，管理维护方便。其缺点是高区的水加热器承受压力大，因此，此种方式适用于建筑高度在 100m 以内的建筑。

2. 分散加热热水供应方式

如图 6-33 所示，水加热器和循环水泵分别设置在各区技术层，根据建筑物具体情况，水加热器可放在本区管网的上部或下部。此种方式的优点是容积式水加热器承压小，制造要求低，造价低。其缺点是设备设置分散，管理维修不便，热媒管道长。此种方式适用于建筑高度在 100m 以上的高层建筑。

对于高层建筑底层的洗衣房、厨房等大用水量设备，由于工作制度与客房有差异应设单独的热水供应系统供水，便于维护管理。

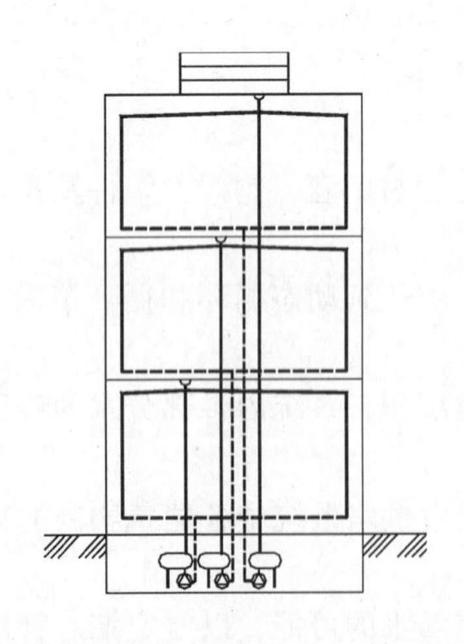

图 6-32　集中加热热水供应方式

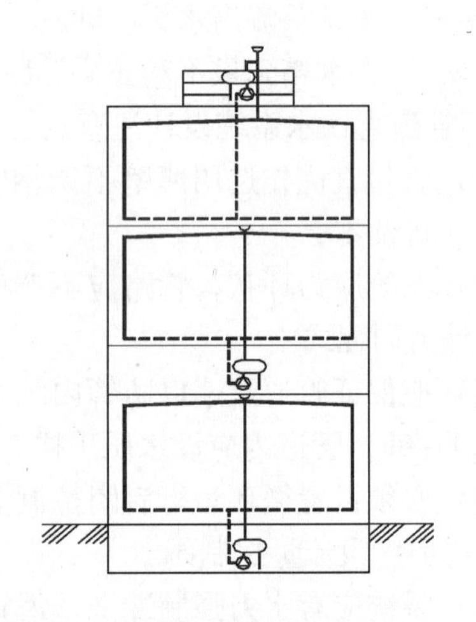

图 6-33　分散加热热水供应方式

思考题与习题

1. 热水供应方式有哪些类型？如何确定热水供应系统的综合图式？

2. 怎样确定热水供应系统的水温？

3. 如何解决热水供应系统管道的热伸缩？

4. 如何解决热水供应系统中水加热时体积的膨胀？

5. 疏水器的作用是什么？

6. 热水管道常用的管材有哪些？试分析这些管材的优缺点。

7. 常用的热水加热设备有哪些？它们各有何特点？

8. 已知被加热水平均流量 $Q_r = 8500L/h$，冷水温度 $t_L = 15℃$，热水水温 $t_r = 60℃$，热媒为蒸汽，压力 $P = 0.2MPa$（表压），全天供热，试选择计算容积式水加热器（传热系数 $K = 860W/(m^2 \cdot ℃)$）。

9. 已知被加热热水平均流量 $Q_r = 14000L/h$，冷水温度 $t_L = 10℃$，热水水温 $t_r = 55℃$，热媒为热网热水，水温 $t_{mc} = 85℃$，终温 $t_{mz} = 65℃$，全天供热。试选择计算浮动盘管式容积式水加热器（传热系数 $K = 1400W/(m^2 \cdot ℃)$）。

10. 某宾馆采用燃油热水机组直接供应热水，出水温度为65℃，冷水水温为10℃，经计算宾馆客房需40℃热水1.0m³/h，洗衣房需50℃热水1.0m³/h，厨房需60℃热水1.0m³/h，试计算热水机组的出水量和耗热量。

11. 试述太阳能热水器的组成。

12. 试述常用饮用净水深度处理工艺。

第七章　小区给排水

居住小区是指含有教育、医疗、文体、经济、商业服务及其他公共建筑的城镇居民住宅建筑区。根据《城市生活居住区规划设计规范》，我国城镇居民居住用地组织的基本构成单元分为三级：

（1）居住区：居住户数10000～15000户，居住人口30000～50000人。

（2）居住小区：居住户数2000～3500户，居住人口7000～13000人。

（3）居住组团：居住户数300～800户，居住人员1000～3000人。

居住小区给排水工程是指城镇中居住小区、居住组团、街坊和庭园范围内的建筑外部给排水工程。

第一节　小 区 给 水

一、小区给水方式与给水系统

1．常见的小区给水方式

（1）直接给水方式　城镇给水管网的水量、水压能满足小区的供水要求，应采用直接给水方式。从能耗、运行管理、供水水质及接管施工等各方面来比较，直接给水方式都是最理想的供水方式。

（2）设有高位水箱的给水方式　城镇给水管网的水量、水压周期性不足时，在小区集中设水塔或者分散设高位水箱的给水方式。该方式具有直接给水的大部分优点，但应注意避免水的二次污染，北方地区要有一定的防冻措施。

（3）小区集中或分散加压的给水方式　城镇给水管网的水量、水压经常性不足时，应采用小区集中或分散加压的方式，该种给水方式有水泵结合水池、水塔、水箱、气压罐等多种组合方式，对不同的组合方式其有不同的优缺点，选择时应根据当地水源条件按安全、卫生、经济原则综合确定。

2．居住小区给水系统的组成

（1）给水管网　指接户管、给水支管和给水干管。接户管布置在建筑物周围，直接与建筑物引入管相接的给水管道，给水支管布置在居住组团内道路下与接户管相接的给水管道，给水干管布置在小区道路或城市道路下与小区支管相接的管道。

（2）贮水，调节增压设备　指贮水池、水箱、水泵、气压罐、水塔等。

（3）室外消火栓　布置在小区道路两侧用来灭火的消防设备。

（4）给水附件　保证给水系统正常工作所设置的各种阀门等。

（5）自备水源系统　对于严重缺水地区或离城镇给水管网较远的地区，可设自备水源系统，一般由取水构筑物水泵、净水构筑物、输水管网等组成。自备水源以地下水为多。

3．常见居住小区给水系统分类

（1）低压统一给水系统。对于多层建筑群体，生活给水和消防给水都不会需要过高的压力，因此采用低压统一给水系统。

（2）分压给水系统。在高层建筑和多层建筑混合的居住小区内，高层建筑和多层建筑显然所需的压力差别较大，为了节能，混合区内宜采用分压给水系统。

（3）分质给水系统。在严重缺水地区或无合格原水地区，为了充分利用当地的水资源，降低成本，将冲洗、绿化、浇洒道路等用水水质要求低的水量从生活用水量中区分出来，设置分质给水系统。

（4）调蓄增压给水系统。在高层和多层建筑混合区内，其中为低层建筑所设的给水系统，也可用于高层建筑的较低楼层供水，但对于高层建筑较高楼层部分，无论是生活给水还是消防给水都必须调蓄增压，即设有水池和水泵进行增压给水。调蓄增压给水系统又分为分散、分片和集中调蓄增压系统。

二、小区给水管道布置与敷设

1. 小区给水干管的布置原则

（1）小区干管应布置成环状或与城镇给水管道连成环状网。小区支管和接户管可布置成枝状。

（2）小区干管宜沿用水量较大的地段布置，以最短距离向大用户供水。

（3）给水管道宜与道路中心线或主要建筑物呈平行敷设，并尽量减少与其他管道的交叉。

（4）当小区有采用管沟敷设的集中供热管，经技术经济比较，给水管可与供热管路共沟敷设。在布置给水管路时，应尽量与供热管沟相一致，使方案更经济、合理，并方便施工与管理。

2. 小区给水管道的敷设

（1）给水管道与其他管道平行或交叉敷设的净距，应根据管道的类型、埋深、施工检修的相互影响、管道上附属构筑物的大小和当地有关规定等条件确定，一般按表7-1采用。

居住小区地下管线（构筑物）间最小净距（m）　　表7-1

种类（净距）/种类	给水管		污水管		雨水管	
	水平	垂直	水平	垂直	水平	垂直
给水管	0.5~1.0	0.1~0.15	0.8~1.5	0.1~0.15	0.8~1.5	0.1~0.15
污水管	0.8~1.5	0.1~0.15	0.8~1.5	0.1~0.15	0.8~1.5	0.1~0.15
雨水管	0.8~1.5	0.1~0.15	0.8~1.5	0.1~0.15	0.8~1.5	0.1~0.15
低压煤气管	0.5~1.0	0.1~0.15	1.0	0.1~0.15	1.0	0.1~0.15
直埋式热水管	1.0	0.1~0.15	1.0	0.1~0.15	1.0	0.1~0.15
热力管沟	0.5~1.0		1.0		1.0	
电力电缆	1.0	直埋0.5 穿管0.25	1.0	直埋0.5 穿管0.25	1.0	直埋0.5 穿管0.25
通讯电缆	1.0	直埋0.5 穿管0.15	1.0	直埋0.5 穿管0.15	1.0	直埋0.5 穿管0.15
通讯及照明电缆	0.5				1.0	
乔木中心	1.0		1.5		1.5	

注：1. 净距指管外壁距离，管道交叉设套时指套管外壁距离，直埋式热力管道指保温管壳外壁距离；

2. 电力电缆在道路的东侧（南北方向的路）或南侧（东西方面的路）；通讯电缆在道路的西侧或北侧。一般均在人行道下。

（2）给水管道与建筑物基础的水平净距：管径为 100～150mm 时，不宜小于 1.5m；管径为 50～75mm 时，不宜小于 1.0m。

（3）生活给水管道与污水管道交叉时，给水管应敷设在污水管道上面，且不应有接口重叠；当给水管道敷设在污水管道下面时，给水管的接口离污水管的水平净距不宜小于 3.0m。

（4）给水管道的埋设深度。

1）对于非冻地区的管道埋深主要由外部荷载、管材强度和其他管道交叉等因素确定。金属管道顶覆土厚度一般不小于 0.7m，非金属管为保证不被外部荷载破坏，管顶覆土厚度不宜小于 1.0～1.2m。布置在住宅组团内的给水支管和接户管如无较大的荷载时，管顶覆土厚度可减少。

2）在冰冻地区应考虑土壤的冰冻影响，小区给水管道管径≤300mm 时，管底埋深应在冰冻线以下（$D+200$）mm。

（5）给水管道的管材。

小区常用给水管材有灰口给水铸铁管、球墨给水铸铁管、镀锌钢管、钢塑复合管、埋地 PVC 和 ABS 塑料管。建设标准高的小区可采用球墨给水铸铁管。

（6）给水管道的基础。

1）给水管道一般敷设在未经扰动的原土层上；对于淤泥和其他承载力达不到要求的地基，应进行基础处理；敷设在基岩上时，应敷设砂垫层。

2）小区内的给水管道一般管径较小，故埋地敷设时可不设置防止水流推力的管道支墩，如确需要设置可按《给水排水标准图集》S345 处理。

3）在与采暖供热管道共沟敷设时，一般给水管敷设在供热管道下方，可用砖或混凝土支墩支起管道，一般距沟底净距离不小于 10cm，以便检查。在水流转弯处应加密固定支架（墩），以抗拒水流的推力。

三、小区用水量的计算

居住小区最高日用水量包括居民生活用水量、公共建筑用水量、消防用水量、浇洒道路和绿化用水量，以及管网漏失水量和未预见水量。

1. 居民最高日生活用水量 Q_1

$$Q_1 = \sum_{i=1}^{n} \frac{q_{1i}N_{1i}}{1000} \tag{7-1}$$

式中 Q_1——居民最高日生活用水量，$\mathrm{m^3/d}$；

q_{1i}——住宅最高日生活用水定额（见表 3-2），L/（人·d）；

N_{1i}——相同住宅类别的居住人数，人。

2. 公共建筑最高日生活用水量 Q_2

$$Q_2 = \sum_{i=1}^{n} \frac{q_{2i}N_{2i}}{1000} \tag{7-2}$$

式中 q_{2i}——某类公共建筑生活用水量定额（见表 3-3）；

N_{1i}——同类建筑物用水单位数。

3. 居住小区浇洒道路和绿地用水量 Q_3

$$Q_3 = \frac{q_3 N_3}{1000} + \frac{q'_3 N'_3}{1000} \tag{7-3}$$

式中 q_3——浇洒道路用水定额（见表7-1），L/(m²·d)

N_3——需浇洒的道路面积，m²；

q'_3——绿化用水定额，L/(m²·d)；

N'_3——需浇洒绿地的面积，m²。

浇洒道路和绿化用水定额 **表7-2**

项　目	用水定额
浇洒道路用水	2.0～3.0L/(m²·d)
绿化用水	1.5～3.0L/(m²·d)

4. 水景娱乐设施用水量 Q_4，见本书第八章

5. 居住小区管网漏失水量与未预见水量 Q_5

居住小区管网漏失水量及未预见水量之和，可按小区最高日用水量的10%～15%计算。

6. 居住小区消防用水量，见本书第四章

7. 居住小日最高日用水量 Q

$$Q = (1.10 \sim 1.15) \times (Q_1 + Q_2 + Q_3 + Q_4) \tag{7-4}$$

居住区日用水量、小时用水量，随气候、生活习惯等因素的不同而不同。为了反映用水量逐日、逐时的变化幅度大小，在给水工程中引入了两个重要的特征系数——日变化系数和时变化系数。

（1）日变化系数：以 K_d 表示，其意义可以用下列公式表示

$$K_d = \frac{Q_d}{\overline{Q}_d} \tag{7-5}$$

式中 Q_d——最高日用水量即设计年限内年用水量最多1日的用水量，m³/d；

$\overline{Q}_d$——平均日用水量，m³/d。

（2）时变化系数：以 K_h 表示，其意义可按下式表达

$$K_h = \frac{Q_h}{\overline{Q}_h} \tag{7-6}$$

式中 Q_h——最高日最大时用水量，m³/h；

$\overline{Q}_h$——最高日平均时用水量，m³/h。

这两个特征系数在一定程度上反映了用水量的变化情况，在实际运用中，经常还应用用水量逐时变化曲线来详细反映用水量的变化。

四、小区给水管网的水力计算

居住小区给水管道水力计算的目的是确定各管段的管径，校核消防时和事故时的流量，选择升压及贮水设备。

1. 设计流量的确定

（1）居住组团（人数3000人以内）范围内的生活给水管道设计流量，按其负担的卫生器具总数，采用建筑内部生活给水设计秒流量公式计算（见第三章）。

（2）当居住小区规模在3000人及以上时，生活给水干管的设计流量按居民生活用水量、公共建筑用水量、浇洒道路和绿化用水量、管网漏失和未预见水量之和的最高日最大小时用水量计算，其中公共建筑用水量以集中流量计入。小区干管管径不得小于支管管径。

2. 居住小区给水管道水力计算

管段设计流量确定后，确定管道直径和压力损失，其方法与建筑给水管道计算基本相同。管内水流速度可取0.9～1.5m/s，消防时可为1.5～2.5m/s。给水管道的局部压力损失除水表和止回阀等需要单独计算外，其他可按沿程压力损失的15%～20%计算。

3. 居住小区给水管校核

当生活给水管道上设有室外消火栓时，管道直径应按生活给水流量和消防给水流量之和进行校核。如果采用低压给水系统，管道的压力应保证灭火时最不利消火栓水压从地面算起不低于0.1MPa。

如给水管网上设有两条及两条以上的管道与城市给水管网连成环状时，应保证一条检修关闭时，其余连接管应能供应70%的生活给水量。

4. 居住小区给水系统水压

居住小区从城镇给水管网直接供水时，给水管道的管径应根据管道的设计流量、城镇给水管网能保证的最低水压和最不利配水点所需水压确定。如果居住小区给水系统设有水泵、贮水池和水塔（高位小箱）时，水泵选取和水塔高度的确定应能保证最不利配水点所需的水压。

五、小区给水加压站

当市政管网供水压力不足时，小区内用户供水需经小区加压泵站加压后供给。小区内给水加压站一般由泵房、蓄水池、水塔和附属构筑物等组成。

小区给水加压站按其功能可分为给水加压站和给水调蓄加压站。给水加压站从城镇给水管网直接抽水或从吸水井中抽水直接供给小区用户；给水调蓄加压站应布置蓄水池和水塔，除加压作用外，还有流量调蓄的作用。小区加压站按加压技术可分为设有水塔的加压站、气压给水加压站和变频调速给水加压站三种。

1. 加压站的设计流量与扬程

（1）流量　加压站服务范围为整个居住小区时，如果无水塔或高位水箱，则应按小区最大小时流量作为设计流量并进行选泵；如果有水塔或高位水箱，应根据调节容积的情况，水泵流量可在最高日平均小时流量和最大小时流量之间确定。

加压站服务范围为居住组团或组团内若干栋建筑时，如果无水塔或高位水箱，则应按服务范围内担负的卫生器具总数计算出生活用水设计秒流量作为设计流量并进行选泵；如果有水塔或高位水箱，应根据调节容积的情况，水泵流量不应小于最大时用水量。

加压站同时负担有消防给水任务时，水泵出流量应以消防工况校核。

（2）扬程　可按下式计算：

$$H_p = H_C + H_Z + \sum H_n + \sum H_S \tag{7-7}$$

式中　H_p——加压站设计扬程，kPa；

H_C——小区内最不利供水点所需自由水头，kPa；

H_Z——小区内最不利供水点至加压站内泵房吸水井最底水位之间所需静水压，kPa；

$\sum H_n$——小区内最不利供水点至加压站之间的给水管网在设计流量时的水头损失之和，kPa；

$\sum H_S$——加压站内水泵吸水管、压水管在设计流量时的水头损失之和，kPa。

2. 泵房

小区内泵房形式一般为地上式、半地下式及自灌式泵房。泵房组成包括水泵机组、动力设备、吸水和压水管路以及附属设备等。

小区内给水泵房的水泵多选用卧式离心泵，为减小泵房面积，可选用立式离心泵。当扬程高时可选用多级离心泵。水泵机组应设备用泵，备用泵的供水能力不应小于最大一台运行水泵的供水能力，并应自动切换交替运行。对于小区加压泵站，当给水管网无调节设施时，宜采用调速泵组或额定转速泵编组运行供水。

3. 水池

水池的有效容积，应根据居住小区生活用水的调蓄贮水量、安全贮水量和消防贮水量确定。

$$V = V_1 + V_2 + V_3 \tag{7-8}$$

式中 V——水池的有效容积，m^3；

V_1——生活用水调蓄贮水量，m^3；按城镇给水管网的供水能力、小区用水曲线和加压站水泵运行规律计算确定；在缺乏资料时，可按居住小区最高日用水量的15%～20%确定；

V_2——安全贮水量，m^3；一般按2h用水量计算（重要建筑按最大小时用水量，一般建筑按平均小时用水量，其中淋浴用水量按15%计算）；

V_3——消防贮水量，m^3。

贮水池应设进水管、出水管、溢流管、泄水管和水位信号装置。溢流管排入排水系统应有防回流污染措施。水池贮有消防水量时，应有消防用水不被挪用的技术措施，如采用吸水管虹吸破坏法、溢流墙法等。贮水池宜分成容积相等的两格。

4. 水塔和高位水箱

水塔和高位水箱的位置应根据总体布置，选择在靠近用水中心、地质条件好、地形较高和便于管理之处。其容积可按下式计算：

$$V = V_d + V_x \tag{7-9}$$

式中 V——水塔的容积，m^3；

V_d——生活用水调节贮水量，m^3；可根据小区用水曲线和加压站水泵运行规律计算确定，如缺乏资料可按表7-3确定；

V_x——消防贮水量，m^3。

水塔和高位水箱生活用水的调蓄贮水量　　表7-3

居住小区最高日用水量（m^3）	<100	101～300	301～500	501～1000	1001～2000	2001～4000
调蓄贮水量占最高日用水量的百分数（%）	30～20	20～15	15～12	12～8	8～6	6～4

第二节　小区污水系统

一、小区排水常用管材及附属构筑物

1．排水常用管材

小区排水管道常用管材有混凝土管、钢筋混凝土管、埋地 PVC 塑料管等。穿越管沟、河流等特殊地段或承压地段可采用钢管和铸铁管。

混凝土管和钢筋混凝土管管口通常有承插、企口、平口三种形式，见图 7-1 所示。

塑料排水管为承插接口。建筑小区排水管道由于管径多在 150～600mm 之间，目前已多采用 UPVC 埋地塑料管。

2．排水管道的接口

排水管道的不渗水性和耐久性，在很大程度上取决于敷设管道时接口的质量，管道接口应具有足够的强度，不透水，能抵抗污水或地下水的侵蚀，并有一定弹性。排水管道的接口应根据管道材料、连接形式、排水性质、地下水位和地质条件等确定。

（1）水泥砂浆抹带接口如图 7-2 所示

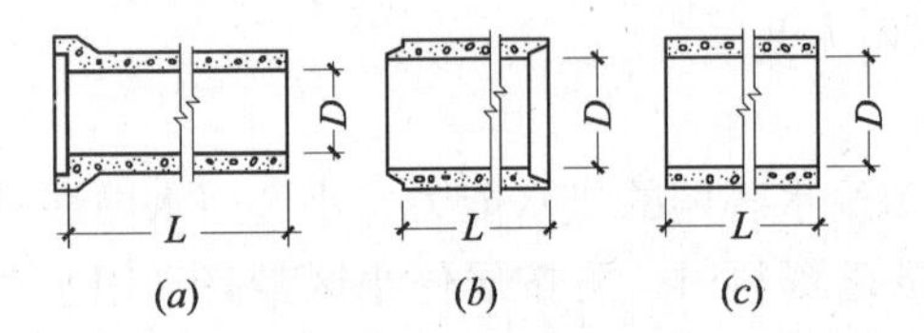

图 7-1　混凝土管和钢筋混凝土管接口形式

（a）承插式；（b）企口式；（c）平口式

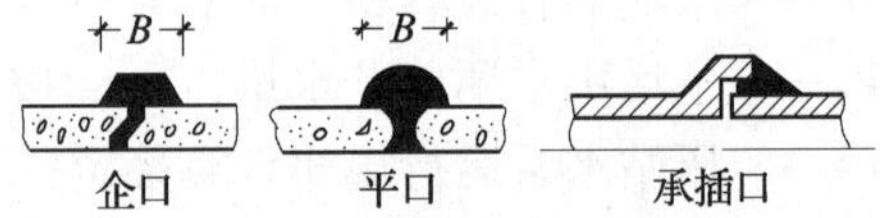

图 7-2　水泥砂浆抹带接口

在管子接口处用 1∶2.5～3 的水泥砂浆抹成半椭圆形或其他形状的砂浆带，带宽 120～150mm，属于刚性接口。一般适用于地基土质较好的混凝土雨水管道，或用于地下水位以上的污水支线上，企口管、平口管、承插管均可采用此种接口。

（2）钢丝网水泥砂浆抹带接口，如图 7-3 所示，属于刚性接口。将抹带范围的管外壁凿毛，抹 1∶2.5 水泥砂浆 1 层，厚 15mm，中间采用 20#10×10 钢丝网 1 层，上面再抹砂浆 1 层，厚 10mm。适用于地基土质较好的具有带形基础的混凝土材质雨水、污水管道上。

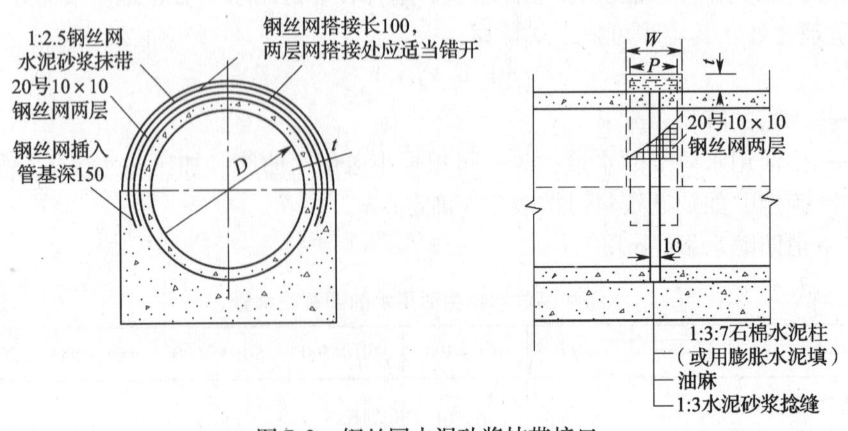

图 7-3　钢丝网水泥砂浆抹带接口

（3）橡胶圈接口，如图 7-4 所示，为柔性接口。目前市政污水管道多采用离心成型的钢企口和承口的混凝土排水管，采用橡胶圈接口。建筑小区中排水管多为小口径管，一般采用橡胶圈接口的承插埋地 UPVC 排水塑料管。

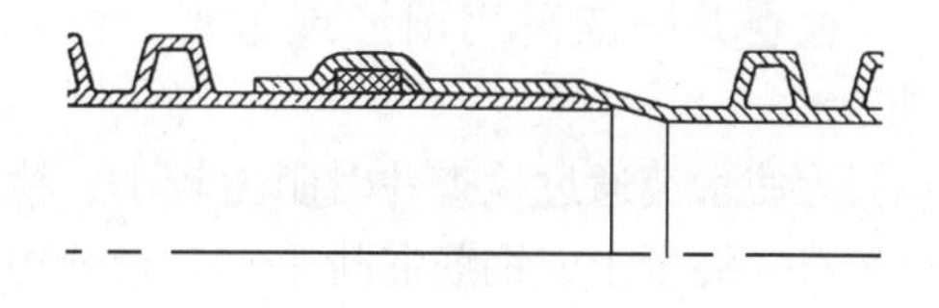

图 7-4　橡胶圈接口埋地塑料排水管

3. 排水管道基础

（1）砂土基础

砂土基础包括素土基础及砂垫层基础，如图 7-5 所示。素土基础适用于无地下水，原土能挖成弧形的干燥土壤，管道直径小于 600mm。砂垫层基础是在挖好的管槽上，用带棱角的粗砂填 10 ~ 15cm 厚的砂垫层。砂垫层基础适用于无地下水、岩石或多石土壤，管道直径小于 600mm。

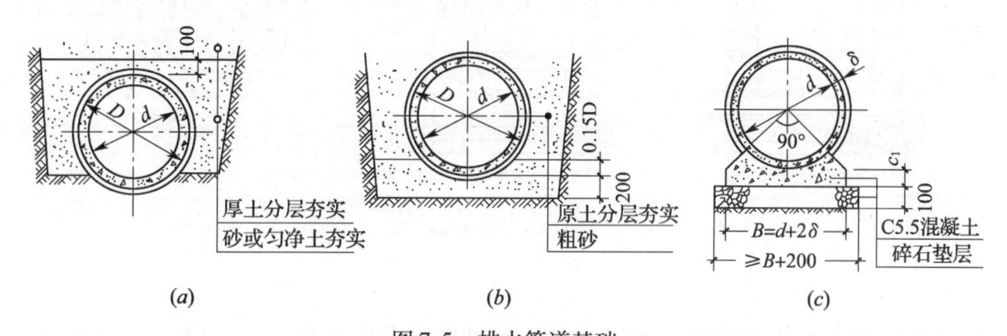

图 7-5　排水管道基础

（a）弧形素土基础；（b）砂垫层基础；（c）90°混凝土带形基础

（2）混凝土枕基

混凝土枕基是只在管道接口处设置 C8 混凝土枕状垫块作为管道的局部基础。

（3）混凝土带形基础

混凝土带形基础是沿管道全长铺设的混凝土基础。按管座包角的中心角不同可分为 90°、135°、180°三种管座基础，如图 7-5 所示。这种基础适用于各种潮湿土壤，以及地基软硬不均匀的场合，管径为 200 ~ 2000mm。

4. 检查井

检查井设置在排水管道的交汇处、转弯处、以及管径、坡度、高程变化处。直线管段上每隔一定距离也需设一处检查井。居住小区内检查井在直线管段上最大间距见表 7-4。

小区检查井的最大间距　　**表 7-4**

管径（mm）	最大间距（m）	
	污水管道	雨水管道和合流管道
150（160）	20	20
200 ~ 300（200 ~ 315）	30	30
400（400）	30	40
≥500（500）	—	50

检查井一般采用圆形或方形，由井底（包括基础）、井身和井盖三部分组成，见图7-6。

为使水流通过检查井时阻力较小，检查井井底宜设半圆形或弧形流槽。井身材料采用砖、石、混凝土或钢筋混凝土。井身的构造与埋深、管径有密切关系，小区检查井管径与埋深一般较小，可为直壁筒形，需要下人的较深检查井在构造上可分为工作室、渐缩部和井筒三部分。

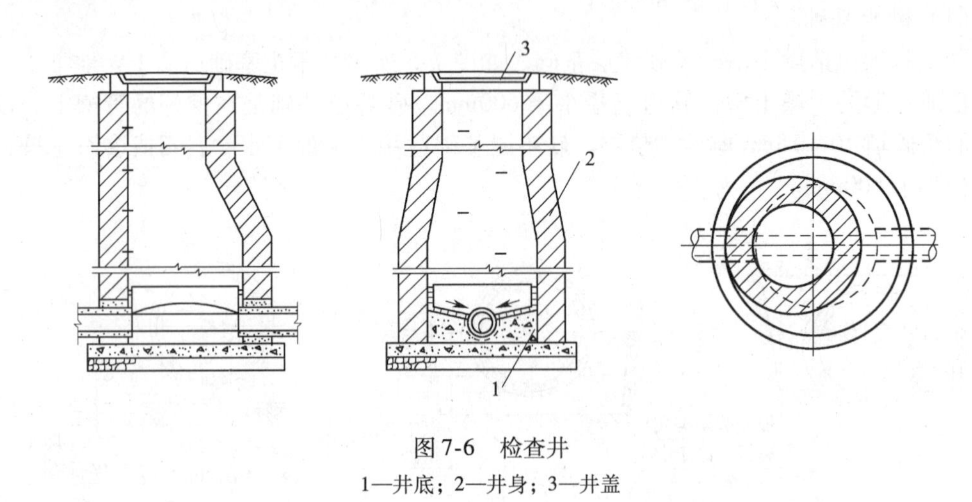

图7-6　检查井

1—井底；2—井身；3—井盖

检查井尺寸的大小，按管道埋深、管径和操作要求来选定，当井深小于或等于1.0m时，井内径可小于0.7m，详见《给水排水标准图集》。

5．跌水井

跌水井是设有消能设施的检查井。其作用是连接两段高程相差较大的管段。目前常用的跌水井有两种，即竖管式和溢流堰式。竖管式用于直径等于或小于400mm的管道；溢流堰式用于直径大于400mm的管道。

竖管式跌水井的构造，见图7-7，这种跌水井一般不做水力计算。管径≤200mm时，一次落差不宜超过6.0m；当管径为300～400mm时，一次落差不宜超过4.0m；管径>400mm时，其一次跌水高度按水力计算确定。

生活排水管道上下游跌水水头大于0.5m，合流管道上下游跌水水头大于等于1.0m时，需设跌水井。

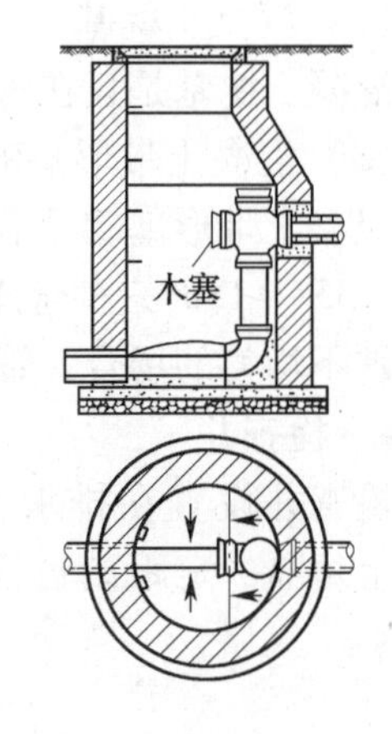

图7-7　竖管式跌水井

6．排水管道的衔接形式

污水管道的管长、坡度、高程、方向发生变化及支管接入的地方都需设检查井。在设计时必须考虑在检查井内上下游管道衔接时的高程关系问题。常用的衔接方法有水面平接和管顶平接两种，如图7-8所示。水面平接是指在水力计算中，使上游管段末端与下游管段起端的水面标高相同；管顶平接是指在水力计算中，使上游管段末端和下游管段起端的管顶标高相同。通常管径相同采用水面平接，管径不同采用管顶平接。

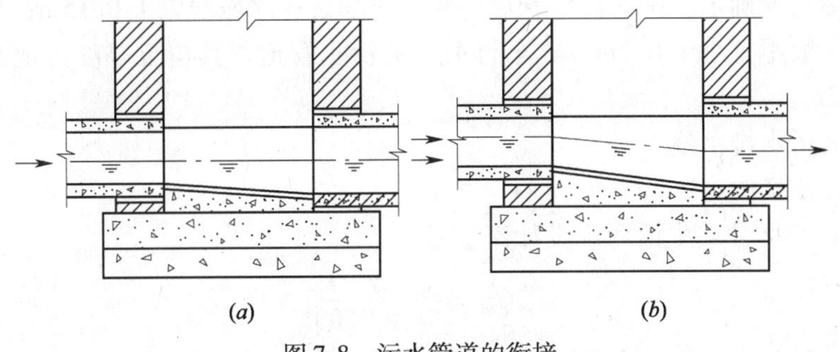

图 7-8　污水管道的衔接

（a）水面平接；（b）管顶平接

二、污水管道的布置与敷设

1. 小区排水管道布置原则

（1）建筑小区排水管道的布置应根据小区总体规划、道路、建筑的分布、地形以及污水和雨水的去向等情况，按管线短、埋深小、尽量自流排出的原则确定。

（2）排水管道宜沿道路、建筑物的周边平行敷设。尽量避免与其他管线交叉。污水管道与给水管道相交时，应敷设在给水管道下面，其相互之间以及与其他管线的垂直净距见表 7-1。

（3）排水管道与建筑物基础的水平净距为：当管道埋深浅于基础时，应不小于 1.5m；当管道埋深深于基础时应不小于 2.5m。排水管道与其他管线的水平净距可按表7-1 采用。

（4）排水管线尽量避免穿越地上和地下构筑物。

（5）管线应布置在建筑物排出管多并且排水量较大的一侧。

（6）当管道在建筑物单侧布置时，可参照图 7-9（a）；管道也可在建筑物两侧排列，见图 7-9（b）。

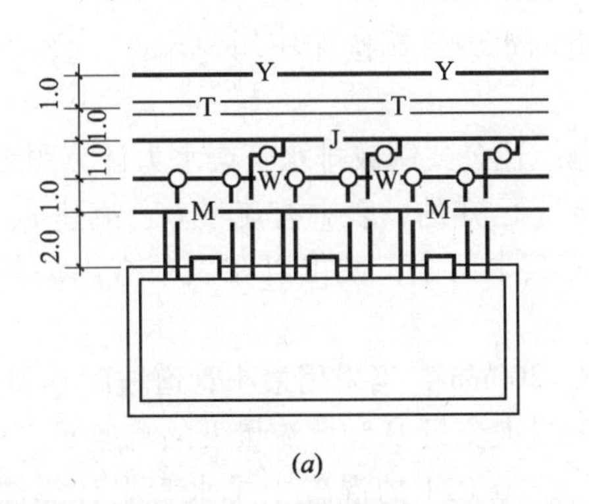

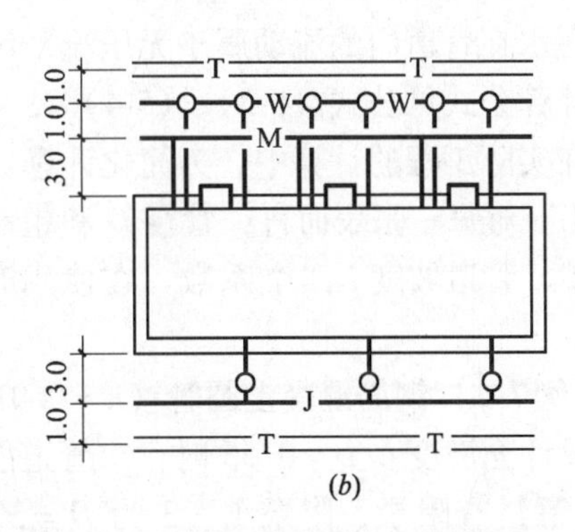

图 7-9　居住小区管道排列

Y—雨水管；T—热力管沟；J—给水管；W—污水管；M—煤气管

2. 小区排水管道敷设

（1）排水管道转弯和交接处，水流转角应不小于 90°，当管径小于 300mm，且跌水水头大于 0.3m 时可不受此限制。

（2）排水管道的的管顶最小覆土厚度应根据外部荷载、管材强度和土壤冰冻因素，结合当地实际情况确定。生活污水管道，管底可埋设在冰冻线以上0.15m；在车行道下管顶覆土厚度一般不宜小于0.7m，非车行道下的污水管道，其覆土厚度可适当减少，一般不宜小于0.3m。

三、小区污水排水量

污水设计流量的确定

（1）居住小区住宅生活污水设计流量 Q_1

$$Q_1 = \frac{q \cdot N \cdot K}{24 \times 3600} \tag{7-10}$$

式中 Q_1——居住小区住宅生活污水设计流量，L/s；

q——居住区住宅最高日生活污水量定额（可按表3-2值的85%～95%选取），L/(人·d)；

N——设计人口数，人；

K——生活污水量时变化系数，见表3-2。

（2）居住小区公共建筑生活污水量

居住小区内公共建筑生活污水量是指医院、中小学校、幼托、浴室、饭店、食堂、影剧院等排水量较大的公共建筑排出的生活污水量。在计算时，常将这些建筑的污水量作为集中流量单独计算。

公共建筑生活污水量 Q_2 的计算方法可参照公式（7-2）。

（3）居住小区内生活污水的设计流量 Q 应按住宅生活排水最大小时流量 Q_1 和公共建筑生活污水最大小时流量 Q_2 之和确定，即 $Q = Q_1 + Q_2$。

四、污水管道的水力计算

污水管道的水力计算任务是在管段所承担的污水设计流量已定的条件下，合理地确定污水管道的断面尺寸（管径）、坡度和埋设深度。

1. 污水管道水力计算基本公式

污水在管道内的流动属于无压流，污水管道的水力计算按无压均匀流计算公式计算，具体计算公式见公式（5-3）、（5-4）。

在实际工程的计算中，为简化计算，已根据上述公式制成排水管渠水力计算图表，见附录E。对每一张表而言，管径 D 和粗糙系数 n 是已知的，表中有流量 Q、流速 v、充满度 h/D、管道坡度 i 四个系数。在使用时，知道其中两个，便可以在表中查出另外两个参数。

【例7-1】钢筋混凝土圆管（$n=0.014$），$D=300$mm，当采用最小管道坡度 $i=0.003$，最大设计充满度 $h/D=0.55$ 时，求管道能通过的最大流量 Q 和此流量下的流速 v。

【解】查附录，附录E-3为 $D=300$mm，$n=0.014$ 的混凝土排水管渠计算图。在图中找到坡度 $i=0.003$ 和充满度 $h/D=0.55$ 的交点，即可得到 $Q=28.8$L/s，$v=0.73$m/s。

2. 污水管道水力计算的规定

为了保证污水管道的正常运行，避免污水在管道内产生淤积和冲刷，在进行水力计算时，对采用的设计充满度、流速、坡度、最小管径和埋深等问题，做了如下规定。

（1）设计充满度是污水在管道中的水深 h 和管径 D 的比值 h/D。当 $h/D=1$ 时称为满流；当 $h/D<1$ 时称为非满流。污水管道按非满流进行设计，其最大设计充满度的规定见表7-5。

居住小区室外生活排水管道最小管径、最小设计坡度和最大设计充满度　　表7-5

管　别	管　材	最小管径（mm）	最小设计坡度	最大设计充满度
接户管	埋地塑料管	160	0.005	0.5
	混凝土管	150	0.007	
支　管	埋地塑料管	160	0.005	0.55
	混凝土管	200	0.004	
干　管	埋地塑料管	200	0.004	
	混凝土管	300	0.003	

污水管道按非满流设计有如下几个原因：1）污水流量时刻变化，难于精确计算，而且雨水或地下水可能渗入污水管道，因此有必要保留一部分管道容积；2）污水管道内沉积的污泥可能分解出一些有毒气体。故需留出适当空间，以利管道通风，排出有害气体。

（2）设计流速。与设计流量、设计充满度相应的水流平均速度称作设计流速。污水在管道内流动，如果流速太小，污水中的部分杂质可能下沉，产生淤积；如果流速太大，可能产生冲刷，甚至冲坏管道。为了防止管道中产生淤积或冲刷，规定污水管道的最小设计流速为0.6m/s，明渠为0.4m/s，最大设计流速为金属管材10m/s，非金属管材5m/s。

（3）最小管径。一般在污水管道的上游部分，设计污水量很小，若根据实际污水设计流量计算，则管径会很小。污水管道的养护管理经验证明，管径过小的污水管道极易堵塞，因此为了污水管道养护管理的方便，规定了污水管道的最小直径。最小管径数值见表7-5。

（4）最小设计坡度。相应于管内流速为最小设计流速时的管道坡度称为最小设计坡度。最小设计坡度见表7-5。

3. 污水管道水力计算的方法

污水管道水力计算时，首先应将管道系统划分出设计管段，确定各设计管段的污水设计流量，再确定各设计管段的管径、坡度和管底埋深。小区内污水管道采用最大小时流量作为设计流量。

在具体进行污水管道水力计算时，对于居住组团和居住小区等建筑小区，由于小区面积不大，小区各建筑排水管接入小区污水管的接入点基本可确定，此时小区污水管设计管段的划分以污水支管接入点为设计管段的节点。在设计管段中，设计流量不变，则管径与坡度不变，在求出设计流量后，就可确定管径和坡度，并确定管道的埋深。

对于居住区或市政污水管，由于区域较大，难以确定各支管接入干管的接入点。为了简化计算，可根据实际假定某两个检查井之间的管段为设计管段，认为其设计流量、管径和坡度相同，然后进行水力计算。计算中一般将从工业企业或其他大型公共建筑物流来的污水量作为集中流量来看待。

4. 水力计算中应注意的问题

（1）在水力计算过程中，随着流量的增加，污水管道的管径一般也沿程增大，但是当管道穿过陡坡地段时，由于管道坡度增加，管径可以由大改小，但缩小范围不能超过两级，并不得小于最小管径。

（2）流量很小且地形平坦的上游管道，通过水力计算确定的管径较小，并且在满足最小允许流速的前提下，管道坡度较大，这样将使下游管道埋深增大。为了提高下游管道标高，这样的管道可不进行水力计算，可按表7-5采用最小管径和最小坡度。如对于以多层住宅建筑为主的居住组团，由于计算所得的流量较小，一般按接户管、支管、干管所对应的最小管径和相应的最小坡度采用，在检查井处管道的衔接方式也可统一采用管顶平接，以简化计算。

第三节　小区雨水系统

小区雨水管渠系统的任务就是及时排除暴雨形成的地面径流，以保障小区人民生命财产的安全。

一、雨水口及雨水管渠的布置与敷设

1. 雨水口

雨水口用于收集地面雨水，然后经过连接管流入雨水管道。雨水口一般设在交叉路口，路侧边沟且地势低洼的地方。雨水口为一矩形井，常用砖砌或混凝土预制，它的构造包括进水箅、井筒和连接管三部分，见图7-10。雨水口按进水箅在街道上的位置可分为侧石进水雨水口、边沟平箅雨水口，以及联合雨水口三种形式。平箅雨水口（750mm×450mm）的泄流量为15～20L/s。

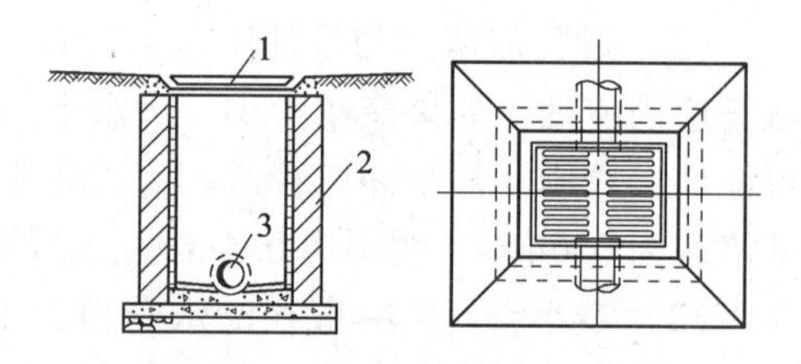

图7-10　平箅雨水口
1—进水箅；2—井筒；3—连接管

2. 雨水管渠布置与敷设

雨水管渠系统是由雨水口、连接管、雨水管道和出水口等部分组成。对雨水管渠系统布置的基本要求是，布局经济合理。能及时通畅地排除降落到地面的雨水。小区雨水管渠布置应遵循以下原则。

（1）雨水管渠的布置应根据小区的总体规划、道路和建筑位置，充分利用地形，使雨水以最短距离靠重力排入城市雨水管渠。

（2）雨水管渠应平行道路敷设，宜布置在人行道或绿地下，而不宜布置在快车道路下。若道路宽度大于40m时，可考虑在道路两侧分别设置雨水管道。

（3）合理布置雨水口。小区雨水口的布置应根据地形、建筑物和道路的位置等因素确定。在道路交汇处，建筑物单元出入口附近，建筑物雨水落水管附近及建筑物前后空地和绿地的低洼点处，宜布置雨水口。雨水口的数量应根据雨水口形式、布置位置、汇集流量和雨水口的泄水能力计算确定。雨水口沿街布置间距一般为20～40m。雨水口连接管最小管径为200mm，坡度一般不小于0.01，每段长度一般不大于25m，且连接管上串接的雨水口不宜超过2个。平箅雨水口的箅口设置宜低于路面30～40mm。

二、雨水量计算

1. 雨水量计算公式

（1）降雨量与暴雨强度。

降雨量是指降雨的绝对量，即降雨深度。用 H 表示，单位以 mm 计。

暴雨强度用单位时间内的平均降雨深度来表示：

$$i = \frac{H}{t} \tag{7-11}$$

式中 i——暴雨强度，mm/min；

H——降雨量，即降雨深度，mm；

t——降雨历时，指连续降雨的时段，min。

在工程上暴雨强度常用单位时间内单位面积上的降雨体积 q 来表示，q 是指在降雨历时为 t，降雨深度为 H 时的降雨量，折算成每 10000m^2（1ha）面积上每秒种的降雨体积，即

$$q = \frac{10000 \times 1000}{1000 \times 60} i = 167i \tag{7-12}$$

（2）雨水设计流量公式　事实上，降落到地面的雨水量，并不是全部汇入雨水管渠，其中总有一部分雨水渗入地下，部分雨水被地面低洼处截流，部分雨水蒸发掉。因此，只有总降雨量的一部分雨水流入管道中去，流入雨水管道的这部分雨水称为径流量。径流量与降雨量的比值称为径流系统，用 ψ 表示，即 ψ = 径流量/降雨量。雨水设计流量公式为：

$$Q = \psi \cdot q \cdot F \tag{7-13}$$

式中 Q——管段设计雨水流量，L/s；

F——设计管段汇水面积，hm^2；

q——雨水管段设计降雨强度，$\text{L/(d} \cdot \text{hm}^2)$；

ψ——径流系数。

2. 设计降雨强度的确定

如要计算雨水设计流量，就必须求出 q、F 和 ψ 的值。下面介绍设计降雨强度 q 的确定方法。

各地区气象站设有自动雨量计，当积累了 10 年以上的降雨资料时可分析出当地的降雨规律，按一定的方法可以推导出暴雨强度公式。暴雨强度公式的一般形式如下：

$$q = \frac{167A_1(1 + C\lg P)}{(t + b)^n} \tag{7-14}$$

式中　q——设计暴雨强度，$\text{L/s} \cdot \text{hm}^2$；

P——设计暴雨重现期，a；

t——设计降雨历时，min；

A，C，b，n——地方性参数。

我国各大中城市的暴雨强度公式可以在《给水排水设计手册》第 5 册中查得，表 7-6 为我国部分城市暴雨强度公式。

从公式（7-14）中可以看出，设计降雨强度 q 随降雨历时和重现期 P 而变化。同一重现期，降雨历时 t 越大，与其对应的 q 值越小；同一降雨历时，降雨重现期愈大，相应的 q 值愈大。

（1）暴雨强度重现期P，是指等于或大于某一暴雨强度的暴雨出现一次的平均时间间隔，单位用年（a）表示。

我国部分城市暴雨强度公式　　表7-6

城市名称	暴雨强度公式［L/(s·hm²)］	城市名称	暴雨强度公式［L/(s·hm²)］
北京	$q=\frac{2001(1+0.811\lg P)}{(t+8)^{0.7111}}$	重庆	$q=\frac{2822(1+0.775\lg P)}{(t+12.8^{0.076})^{0.77}}$
南京	$q=\frac{2989(1+0.671\lg P)}{(t+13.3)^{0.6}}$	哈尔滨	$q=\frac{4800(1+\lg P)}{(t+15)^{0.96}}$
天津	$q=\frac{3833(1+0.85\lg P)}{(t+17)^{0.83}}$	沈阳	$q=\frac{1984(1+0.77\lg P)}{(t+9)^{0.77}}$
南宁	$q=\frac{10500(1+0.707\lg P)}{(t+21.1P)^{0.119}}$	昆明	$q=\frac{700(1+0.775\lg P)}{t^{0.496}}$
成都	$q=\frac{2806(1+0.8031\lg P)}{(t+12.8P^{0.231})^{0.768}}$	银川	$q=\frac{242(1+0.831\lg P)}{t^{0.477}}$
上海	$q=\frac{5544(P^{0.3}-0.42)}{(t+10+7\lg P)^{0.82+0.07\lg P}}$	杭州	$q=\frac{10174(1+0.844\lg P)}{(t+25)^{1.038}}$
宁波	$i=\frac{18.105+13.90\lg P)}{(t+13.265)^{0.778}}$	汉口	$q=\frac{983(1+0.65\lg P)}{(t+4)^{0.56}}$
长沙	$q=\frac{3920(1+0.68\lg P)}{(t+17)^{0.86}}$	广州	$q=\frac{2424.17(1+0.533\lg P)}{(t+11.0)^{0.668}}$
乌鲁木齐	$q=\frac{195(1+0.82\lg P)}{(t+7.8)^{0.63}}$	包头	$q=\frac{1663(1+0.985\lg P)}{(t+5.40)^{0.85}}$

在雨水管渠设计中，若选用较高的重现期，计算所得的设计暴雨强度大，有利排除雨水，但相应增加了工程造价；若选用较小的重现期，虽然造价可以降低，但可能发生排水不畅，地面积水。小区雨水排水管道设计重现期应根据建筑物的重要程度、汇水区域性质、地形特点、气象特征等因素确定，各种汇水区域的设计重现期不宜小于表7-7中的数值。

各种汇水区域的设计重现期　　表7-7

汇水区域名称		设计重现期（a）
屋面	一般性建筑	2～5
	重要公共建筑	10
室外场地	居住小区	1～3
	车站、码头、机场的基地	2～5

注：工业厂房屋面雨水排水设计重现期由生产工艺、重要程度等因素确定。

（2）雨水管渠设计降雨历时t按设计集水时间计算，就是汇水面积上最远点的雨水流到设计断面的时间。对某一管渠的设计断面来说，集水时间t由地面集水时间t_1和管内雨

水流行时间 t_2 两部分组成，可用公式表述如下：

$$t = t_1 + mt_2 \tag{7-15}$$

式中 t——设计降雨历时，min；

t_1——地面集水时间，min；

t_2——雨水在管渠内流行时间，min；

m——折减系数，小区支管和接户管 $m=1$；小区干管 $m=2$；明渠 $m=1.2$。

地面集水时间 t_1 是指雨水从汇水面积上最远点流到管道起端第一个雨水口的时间，可按地面集水距离、地面坡度、地面覆盖、暴雨强度等因素确定。一般采用5～10min。

管渠内雨水流行时间 t_2 指雨水在管渠内的流行时间，可按下式计算。

$$t_2 = \sum \frac{L}{v \cdot 60} \tag{7-16}$$

式中 L——各管段的长度，m；

v——各管段满流时的水流速度，m/s。

雨水管道按满流设计，但并非是一开始就达到设计状态，而是随着降雨逐渐增大到满流。同时，在降雨时，各管段的最大流量（设计流量）不大可能同时发生。这样在管道内就存在一部分富裕空间，使管道内实际流速小于计算流速，所以计算时可采用较大的 t_2 值，即用计算的 t_2 值乘以折减系数 m。

3. 径流系数的确定

径流系数同汇水面积的地面覆盖情况、地面坡度、地貌、建筑密度的分布、路面铺砌等情况有关。小区内各种地面径流系数见表5-17。

通常汇水面积是由各种性质的地面覆盖而组成，随着它们占有的面积比例的变化，ψ 值也各异，所以整个汇水面积上平均径流系数 ψ_{av} 值是按各类地面面积加权利平均法计算而得到的，即

$$\psi_{av} = \frac{\sum F_i \cdot \psi_i}{F} \tag{7-17}$$

式中 ψ_{av}——汇水面积平均径流系数；

F_i——汇水面积上各类地面的面积，hm^2；

ψ_i——相应各类面积的径流系数；

F——全部汇水面积，hm^2。

三、雨水管渠水力计算

1. 雨水管渠水力计算数据

雨水管道水力计算按无压重力流考虑，计算公式见公式（5-3）、（5-4），但 $h/D=1$，即雨水管渠按满流设计，具体计算时可查混凝土排水管道水力计算图（见附录F）。此外，雨水管渠满流时最小设计流速为0.75m/s，明渠内最小设计流速为0.4m/s，金属管最大流速为10m/s，非金属管最大流速为5m/s，雨水管的最小管径及最小设计坡度见表5-18。

2. 雨水管渠水力计算方法与步骤

雨水管渠水力计算方法的步骤如下：

（1）根据地形及管道布置情况，划分设计管段。把两个检查井之间流量没有变化且设计管径和坡度也没有变化的管段定为设计管段，并从管段上游往下游按顺序进行检查井编号。

（2）划分并计算各设计管段的汇水面积。

（3）确定平均径流系数值 ψ_{av}。

（4）确定设计重现期 P、地面集水时间 t_1。

（5）求单位面积径流量 q_0。q_0是暴雨强度 q 与径流系数 ψ 的乘积，称单位面积径流量，即

$$q_0 = q\psi_{av} = \frac{167A_1(1 + C\lg P) \cdot \psi_{av}}{(t + b)^n} = \frac{167A_1(1 + C\lg P)\psi_{av}}{(t_1 + mt_2 + b)^n}$$

显然，对于具体的设计工程来说，式中的 ψ_{av}、t_1、P、m、A_1、b、C、n 均为已知，因此 q_0只是 t_2的函数。只要求得各管段的管内雨水流行时间 t_2，就可求出相应于该管段的 q_0值。

（6）列表进行雨水管渠的水力计算，以求得各管段的设计流量及管径、坡度、流速、管底标高及管道埋深等值。

（7）绘制雨水管道平面图。

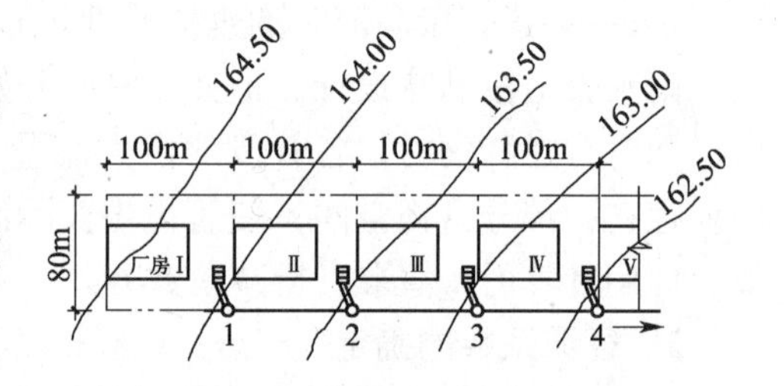

图 7-11　某居住小区部分雨水管道平面图

【例 7-2】图 7-11 为某居住区部分雨水管道平面布置图，该地区的降雨强度公式为 $q = \frac{500\ (1 + 1.38\lg P)}{t^{0.65}}$，径流系数 $\psi = 0.6$，设计重现期 $P = 1\text{a}$，管材采用钢筋混凝土管，管道起点 1 的埋深为 1.2m。要求进行雨水管道的水力计算。

【解】（1）根据地形情况和管道布置，确定各管段汇水面积。将各计算管段的汇水面积结果列入雨水管渠水力计算表 7-8。

雨水管道水力计算表　　　　**表 7-8**

管道编号	管道长度 L(m)	管内雨水流行时间(min)		q_0	汇水面积 F (hm^2)	计算流量 Q (L/s)	管径 D (mm)	坡度 i (‰)	流速 v (m/s)	管底坡度降(m)	设计地面标高 (m)		管底标高 (m)	
		Σt_2	t_2								起点	终点	起点	终点
1	2	3	4	5	6	7	8	9	10	11	12	13	14	15
1 - 2	100	0	1.45	105	0.8	84.2	300	7	1.15	0.7	163.95	163.45	162.75	162.05
2 - 3	100	1.45	1.75	78	1.6	124.5	400	3.2	0.95	0.32	163.45	162.95	161.95	161.63
3 - 4	100	3.20		62	2.4	148.8	400	4.8	1.18	0.48	162.95	162.45	161.63	161.15

本例题的计算管段分为 1 - 2、2 - 3、3 - 4 段。以管段 1 - 2 为例，管段 1 - 2 的汇水面积：

$$F_{1\text{-}2} = \frac{100 \times 80 \times 10^4}{100 \times 100} = 0.8 \times 10^4\text{m}^2 = 0.8\text{hm}^2$$

同理，管段 2 - 3 的汇水面积 F_{2-3}为 1.6hm^2，管段 3 - 4 的汇水面积 F_{3-4}为 2.4hm^2，列表于第 6 列。

（2）设计重现期为1年，将 $P = 1$ 代入暴雨强度公式有：

$$q = \frac{500(1 + 1.38\lg P)}{t^{0.65}} = \frac{500}{t^{0.65}}$$

（3）由于该区管段汇水面积小，取地面集水时间 $t_1=5\text{min}$，所以集水时间 $t=t_1+t_2=5+2t_2$；

（4）单位面积径流量 q_0：

$$q_0=q\times\psi_{\text{av}}=\frac{500}{t^{0.65}}\times0.6=\frac{300}{(5+2t_2)^{0.65}}$$

（5）雨水设计流量 Q：对于管段 1-2，管长 $L_{1-2}=100\text{m}$，汇水面积 $F_{1-2}=0.8\text{hm}^2$，其起始管段管内雨水流行时间 $t_2=0$。有 $q_0=\frac{300}{(5+2t_2)^{0.65}}=\frac{300}{5^{0.65}}=105.3\text{L/(s}\cdot\text{hm}^2)$，所以计算流量 $Q=q_0\cdot F=105.3\times0.8=84.2\text{L/s}$，并将计算值列表于第 7 列。

（6）从平面图可见，该排水区域地面坡度约为 0.005。查排水管渠水力计算图（见附录 F），当选管径 $D=300\text{mm}$ 时，设计流量为 $Q=86.2\text{L/s}$，流速 $v=1.15\text{m/s}$，管道坡度 $i=7‰$，并将计算值列表于第 8、9、10 列。

（7）管段起点 1 与管段终点 2 的地面标高分别是 163.95 和 163.45，所以 1 点的管底标高是 $163.95-1.2=162.75$。管段坡度降 $\Delta h_{1-2}=i\cdot l=0.007\times100=0.7\text{m}$，则 2 点的管底标为 $162.75-0.7=162.05$，列表于第 15 列。因此，管段终点 2 的埋深为 $163.45-162.05=1.4\text{m}$。

（8）管道在检查井处的衔接方法采用管顶平接。如 2-3 管段 2 点的管内底标高为 1-2 管段 2 点的管内底标高 162.05 - 管径差（0.4-0.3）=161.95，并列表于第 14 列。

（9）管段 1-2 管内流动时间 $t_2=L/(v\times60)=100/(1.15\times60)=1.45$，列表于第 4 列。

四、雨水的利用

如果将雨水收集起来，经过处理后用于浇灌绿地、冲洗厕所、景观用水等，不仅增加可用水资源量，同时还可减少城市防洪排水压力，实现生态系统的平衡发展。

1. 雨水利用的方法

（1）间接利用：对于一些干旱地区，由于地表、地下水资源匮乏，可利用雨水渗透回灌，满足植被和农作物生长的需要，同时可补充地下水。

（2）直接利用：将雨水收集处理后直接利用，主要用于城市的绿地浇灌、路面喷洒、景观补水等，可有效地缓解城市供水压力。

2. 常用的雨水渗透装置

目前常用的雨水渗透装置有以下几种：渗透浅沟、渗透渠、渗透池、渗管管沟、渗透路面等，每种渗透装置可单独使用也可联合使用。

（1）渗透浅沟为用植被覆盖的低洼地，如图 7-12 所示（浅沟部分），较适用于建筑庭院内。

（2）渗透渠（管）为用不同的渗透材料建成的渠（管），如图 7-12 所示（渗透渠部分），常布置于道路、高速公路两旁或停车场附近。图 7-12 为雨水渗透浅沟、渗透渠联合使用示意图。

（3）渗透池为雨水滞留并进行渗透的池子。在良好天然池塘地区，可直接利用池塘；也可人工挖掘一个池子，池中填满砂砾和碎石，再覆以回填土，碎石间空隙可储存雨水，被储存的雨水可在一段时间内慢慢入渗，比较适合小区使用。

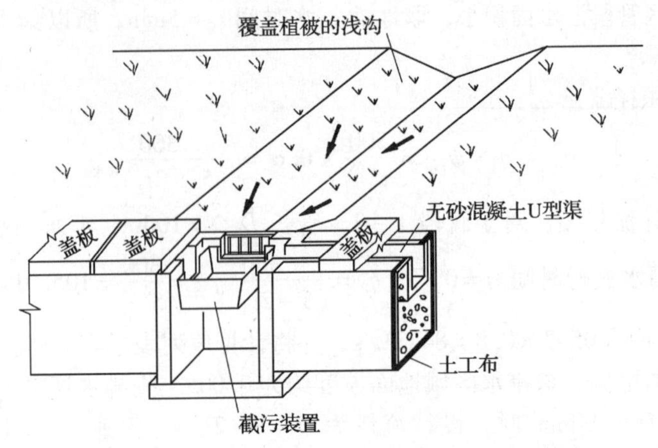

图 7-12 雨水渗透浅沟、渗透渠联合使用示意图

（4）渗透路面有三种形式，一种是渗透性柏油路面，一种是渗透性混凝土路面，另一种是框格状镂空地砖铺砌的地面。小区等的停车场地和广场多采用后一种路面。

3. 初期弃流装置

雨水初期弃流装置有很多形式，雨水初期弃流装置见图 7-13 所示。

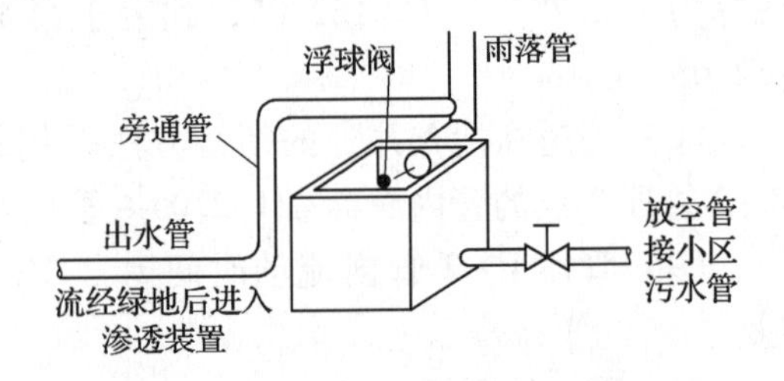

图 7-13 雨水初期弃流装置示意图

4. 雨水收集装置

如果雨水用作绿地浇灌或中水补充水源，需要设贮水池，该池收集雨水并调节水量。

5. 其他处理装置

其他雨水处理装置如混凝、沉淀、过滤、消毒等设施，这些设施的原理、构造和设计计算可参考《给水排水设计手册》。

思 考 题 与 习 题

1. 居住小区给水范围是什么？居住小区给水系统有哪几部分组成？
2. 居住小区给水管道如何布置？布置形式有哪些？各有何优缺点？
3. 居住小区给水系统设计流量如何计算？如何进行管道水力计算？
4. 污水管道布置有哪些要求？
5. 污水管道设计流量包括哪几方面？如何进行计算？
6. 如何确定污水管道覆土厚度？
7. 污水管道在检查井处的两种衔接方法各有什么特点？
8. 试述污水管道水力计算的方法和步骤。
9. 如何进行雨水管道及雨水口的布置？基本要求是什么？
10. 雨水管道设计流量如何计算？
11. 如何确定暴雨强度重现期 P 和平均径流系数 ψ？
12. 如何进行雨水管渠水力计算？

第八章 水景、绿化喷灌及游泳池给排水

第一节 水景给排水系统概述

水景工程指人工制造水的各种有观赏性的景观，包含人工喷泉、瀑布、珠泉、溪流和镜池等，广泛应用于公园、广场、中庭等场所。

一、常用水景的形态

（1）瀑布：瀑布为水从高处跌流的景观。当水的落差较小并多次跌落时称为叠流；当水的落差和水量均较大的跌流时称为瀑布；水的落差较大，但呈膜状或线状跌流时称为水帘；当水的落差较大并附壁跌流时称为壁流；当水从高处的孔口或管嘴流出的跌流称为孔流。

（2）喷泉：水在压力作用下自特制的各种喷头中喷出而形成的景观。由喷头的不同，可形成射流形喷泉、透明膜状水流的膜流喷泉，气水混合形掺气流喷泉和水雾状喷泉等。

（3）珠泉和涌流：珠泉为水自水面下泳起的串串汽泡流，涌流为自水面或地面下自上渗出的非掺气水流。

此外，还有人工溪流等。作为水景，可以是某一水流形态，也可以是多种形态的组合。

二、水景给排水系统的组成

水景的基本组成包括各种喷头、配水管道、循环水泵、补水管道、溢流泄流排水管道、控制设备、照明设备、水池及其他附属设备。

1. 常用的喷头

（1）直流式喷头：直流式喷头的构造如图 8-1（*a*）所示，它在大的水压下能产生高的射流水柱，是最常用的射流水景喷头。倾斜直流式喷头并进行组合，可形成各种水柱组合的造型。

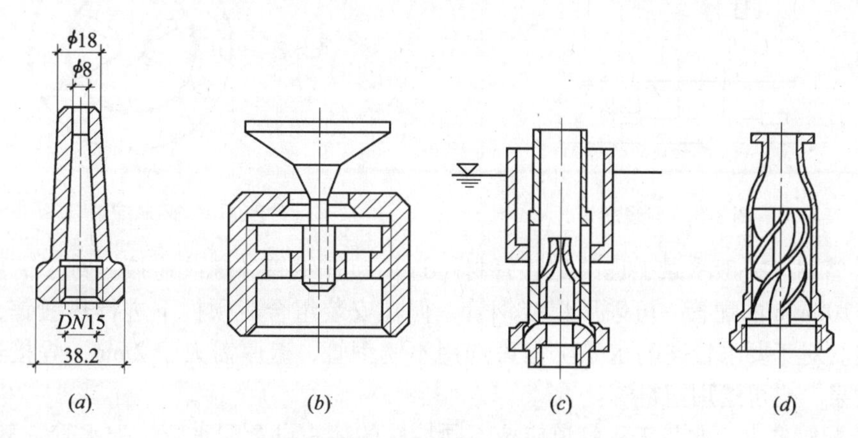

图 8-1 部分单立式喷泉喷头

（*a*）直流式喷头；（*b*）折射式喷头；（*c*）吸气（水）式喷头；（*d*）旋流式喷头

（2）折射式喷头：折射式喷头构造如图 8-1（*b*）所示，水流在喷嘴外经折射形成水膜，可喷出各种水膜形态，如牵牛花形，马蹄莲形等。

（3）吸气式喷头：吸气式喷头构造如图 8-1（*c*）所示，在高压水的作用产生喷射并吸气形成水气混合流态，形如冰塔。

（4）旋流式喷头：旋流式喷头内部加工成螺旋流槽如图 8-1（*d*）所示，高压水进入旋流式喷头后能产生旋流和水雾形态。

（5）组合式喷头：将若干个同一形式或者不同形式的喷头组装在一起就构成了组合式喷头，可喷成固定的形态，或者经过适当调节喷出不同的形态。组合式喷头如图 8-2 所示。

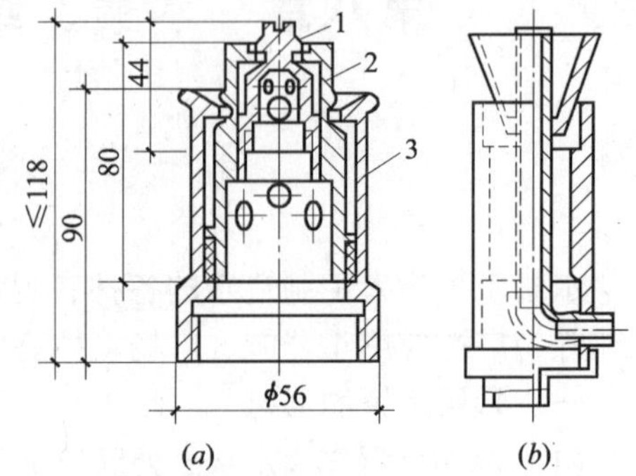

图 8-2　组合式喷头

（*a*）双层环隙式；（*b*）直流折射式

1—内芯；2—中芯；3—外壳

由于艺术创新和加工工艺的技术进步，目前各种新型喷头不断涌现，并形成了如水雷喷头、水幕电影以及水火结合的喷火喷泉等新颖的水景造型。

一般喷头采用不易锈蚀的铜或不锈钢加工。水景工程应根据水景造型分组布置喷头。

2. 喷泉的配管

（1）喷泉的配管形式　喷泉的基本配管方式有：直线或弧形配管方式，它是将在一直线或一弧线上的喷头组成一组，并由一台或多台水泵供水，如图 8-3 所示；环形配管方式，即将呈环形布置的喷头组合成一组，并由一台或多台水泵供水，如图 8-4 所示；分支配管方式，即由一台或多台水泵供给由配水支管连接的多组喷头；单喷头方式，即一台泵供给单个喷头。实际喷泉工程的配管往往是基本配管方式的综合。

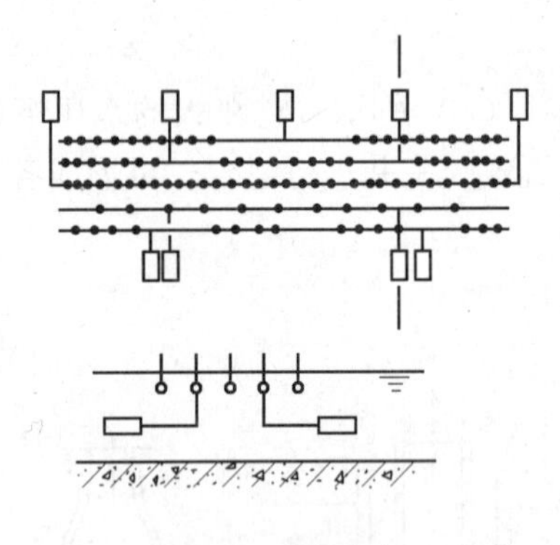

图 8-3　直线配管

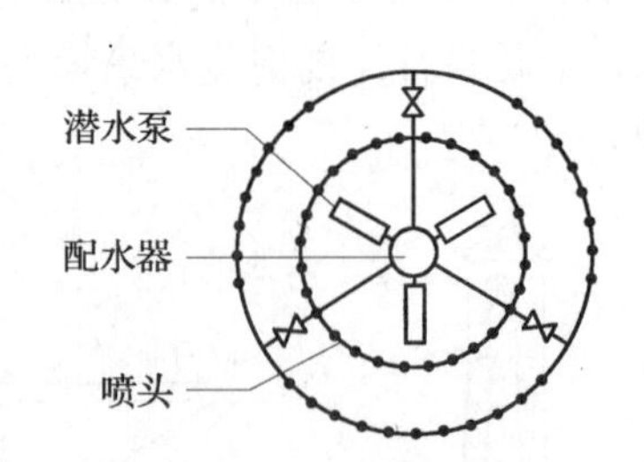

图 8-4　环形配管

（2）管材　一般水景工程的配管管材可选用镀锌钢管，螺纹连接。对于需要煨弯的或管径≥100mm 的配管，可采用焊接钢管，但在安装组合后须拆下进行热镀锌，并进行二次安装。对于要求较高的水景工程可选用不锈钢管，壁厚需大于 2mm，焊接连接。对于室内喷泉，也可选用塑料管。

（3）配管要求　水景工程管道应按不同特性的喷头设置配水管，配水管宜环状布置，在管道改变方向处宜采用直管煨弯，不宜采用弯头、三通配件；管道变径处应采用异经管；喷嘴前应有不小于 20 倍喷嘴口直径的直线管段。

3. 循环水泵

水景工程的循环水泵宜采用潜水泵，直接设置于水池底。循环水泵宜按不同特性的喷头、喷水系统分开设置。若所选喷头的喷嘴口径或缝隙小于潜水泵进水滤网孔径时，应在水泵进水口外增设不锈钢细滤网。水景工程若采用专用泵房（陆用泵）时，可选用普通的清水离心泵。

4. 阀门

（1）喷泉的每组射流应设调节阀。连接喷头的支管上的调节阀，对于热镀锌钢管可选用铜球阀，对于不锈钢管可选用不锈钢球阀。

（2）两台以上水泵并联时，每台水泵出水管上应装止回阀，一般选用与管道材料相当的蝶式止回阀，不宜选用旋启式止回阀。

（3）对于程控喷泉、音乐喷泉、跑泉、跳泉、戏水泉等，在采用阀门控制时，应选用水下电磁阀、数控阀或液压阀。

5. 补水设施

（1）补水量　水景工程的水量损失包括喷水风吹损失、蒸发损失、溢流排污损失、水处理设备反冲洗损失和水池渗漏损失。一般室内工程宜取循环水流量的1%～3%，室外工程取循环流量的3%～10%。

水景水质应符合现行的《景观娱乐用水水质标准》中的规定，有条件时补充水应优先选用合格的井水、河湖水、中水或回收雨水。除海上水景工程外，不得直接利用海水作为补充水。

（2）补水装置　为向水池充水和运行时不断补充损失水量。大、中型水景工程应设有自动补水的给水口，以便维持水池中的水位稳定。常用自动补水给水口形式见图8-5。对于小型和特小型水景工程可设手动补水的给水口，间断式补水。

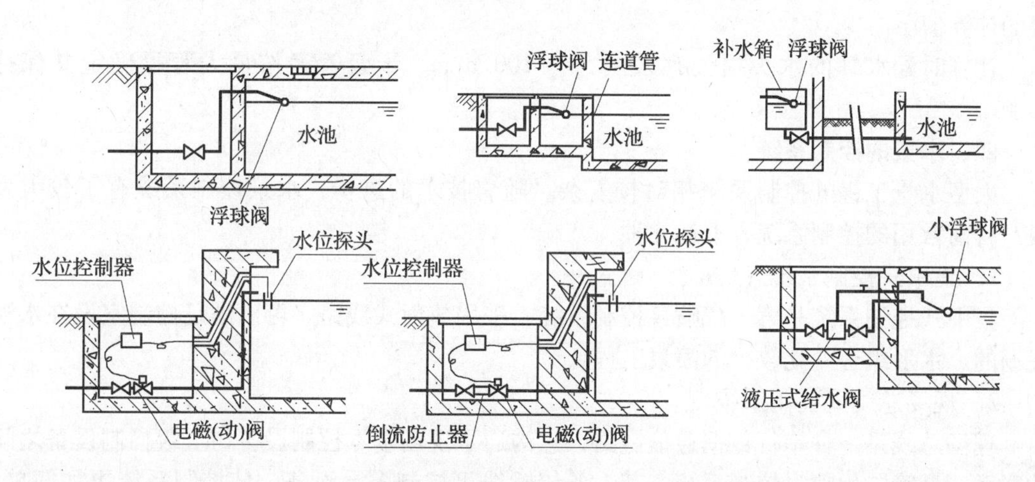

图8-5　常见自动补水给水口形式

当利用自来水作为补给水水源时，给水口应设有防止回流污染给水管网的措施，如设置浮球阀、倒流防止器等。空气隔断距离应小于2.5倍给水口直径。补水阀宜隐蔽设置。

补水给水口管径确定时，除满足补水量要求外，一般也应满足水景水池充水时间的要求，一般充满水时间按12～48h计算。

6. 排水设施

(1) 溢水口：为稳定水位和实现水面排污、保持池水水质，一般水池应设溢水口，溢水口上宜设格栅。

(2) 泄水口：为排空维修、冬季防冻和池底清淤，水池应设泄水设施。应尽可能设置重力泄水方式的泄水口，不可能时也可设置专用排水泵或利用喷水泵强制排水。重力流泄水管管径按泄空时间计算确定，一般泄空时间为12～48h。喷水池排水一般至雨水管道或天然水体。

7. 水池

喷水池的平面形状和尺寸一般由总体设计确定，但对于水泉水池、池内水柱距水池边缘或收水线边缘的距离，应根据水滴漂散距离进行核算，且不得小于喷水高度的一半。

三、水景的水力计算

1. 喷头水力计算

各种型号规格喷头前的水压与出流量、喷水高度和射程等之间的关系，均由试验获得，可参照各专业公司提供的资料选用。

2. 瀑布、叠流、水帘、水盘等构筑物的表面溢流计算

可按堰口形式选择类似堰形进行计算。

3. 管网水力计算

枝状管网的水力计算方法是选择最不利点，确定计算管路，计算各管段流量和水头损失，计算总流量和总水头损失，以总流量作为选泵流量，以总水头损失及水泵吸水口至最不利点喷头标高差再加上最不利点喷头入口处水压之和作为水泵的扬程。

环状管网的水力计算方法是把环切成相同的两半，再把其中一半按枝状管网的水力计算方法进行计算，所得流量的2倍作为循环水泵的流量，扬程仍为按枝状管网计算方法所得的计算值。

计算时配水管的水头损失宜采用50～100Pa/m，干管管径按最大管径确定并保持不变。

四、水景的控制系统

大型水景工程的控制系统相对较复杂。随着技术的进步，水景控制系统有了较大发展，目前常用的控制系统有下述几种：

1. 集中式控制系统（CNC）

集中式控制系统是第一代喷泉控制系统，采用放射式线路，可以满足控制室设在水池现场的、水形组合变化较少的喷泉工程。

2. 现场总线式控制系统

现场总线是一种串行数据通信链路，它沟通了现场基本控制设备与上级控制设备之间的联系，是第二代喷泉控制系统。其1条传输线可控制多台设备，使控制系统更加简单，并提高了电控系统的可靠性和灵活性。

3. 现场网络总线式控制系统

为第三代喷泉控制系统。现场网络总线可以有两个以上主控制机，它们之间用网络链接，是最彻底的分布式控制系统。它使系统运行速度更快，以满足音乐喷泉实时控制要求，且稳定性也更好。调试维护比其他计算机控制系统更加方便。

第二节　绿地喷灌给水工程概述

一、绿化的喷灌水源和用水量

绿化喷灌水源一般有市政给水水源，建筑中水水源以及自备水源三种。中水作为喷灌水源，在缺水地区应积极倡导应用。作为喷灌自备水源，一般多为小区附近的天然地面水源。

小区绿化浇洒用水量，可按浇洒面积1.0~3.0L/(m^2·d) 计算，干旱地区可酌情增加。

二、绿化喷灌给水方式

1. 漫灌方式

用软管与绿地喷灌取水阀相连，另一端由人工调整放在绿地的适当位置自由出流，利用地形高差，达到浇洒目的，或专用水泵取自备水源用软管漫灌绿地。该方式浪费水量大，在缺水地区不宜采用这种方式。

2. 喷灌方式

用管道把水从地面下埋设的管道中引出并与一个或几个活动或固定喷头相连，进行喷灌。对于活动喷头是利用动量守恒原理，在水的反作用下不停旋转，形成一个喷洒圆弧；固定喷头在其周边缝隙可喷出圆形面积水面。该方式节水显著，约为漫灌用水的40%~50%。

3. 微灌方式

微灌是根据小区园林绿化中种植的花草、树木所需水量，通过埋设有压管道，并在分支管中设置微灌水器，将水直接送到临近作物根部土壤中或土壤表面，具有节水、节能和灌水均匀等优点，比喷灌系统还可节水约15%~20%。

三、绿地喷灌系统的基本构成

喷灌系统通常由喷头、管道、控制设备、过滤设备、加压设备及水源组成。

1. 喷头

(1) 喷头类型

1) 按喷头的安装方式划分，可将喷头划分为外露喷头和地藏式喷头。外露喷头指在不工作的状态下完全暴露在地表以上的喷头。城市绿地和运动场地喷灌系统不宜采用外露式喷头。地藏式喷头指在不工作的状态下隐藏在地表以下的喷头，如图8-6所示。工作时，中间的伸缩部分在水压的作用下伸出地面，并按照一定的方式喷水；关闭水源时，其又缩到地表以下。对于新建绿地的喷灌系统应优先选用地藏式喷头。

2) 按喷洒方式划分，可将喷头划分为固定式喷头和旋转式喷头。固定式喷头指在工作状态下喷水孔口部分保持静止状态的喷头。固定式喷头是小面积庭院绿地、狭长绿化带喷灌系统的首选喷头。旋转式喷头指在工作状态下喷水孔口部位按照一定规律旋转的喷头，是大面积园林绿地或运动场草坪喷灌系统的理想产品。

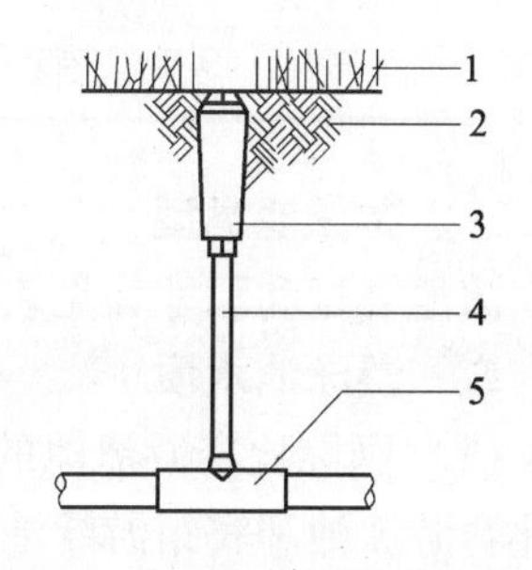

图8-6　地藏式喷头的安装
1—草坪；2—回填土；3—地藏式喷头；4—PVC立管；5—异径三通；

3）按射程划分，可将喷头划分为近射程喷头（射程小于8m）、中射程喷头（射程为8～16m）和远射程喷头（射程大于16m）。

（2）喷头的布置形式　基本形式有矩形和菱形两种，菱形布置方式可获得较高的喷灌均匀度。喷头间相邻的组合间距须考虑风的影响。

2. 输配水管道

（1）管材和管件　喷灌系统一般采用PVC或PE管材和管件。如果选用的喷头对水质无严格要求，也可采用热镀锌管。

（2）管网布置　应力求管道长度最短，减少折点，避免锐角相交。在同一个轮灌区里，任意两个喷头之间的设计工作压差应小于20%；存在地面坡度时，干管应尽量顺坡布置，支管最好与等高线平行；当存在主风向时，干管应尽量与主风向平行；应充分考虑地块形状，力争使支管长度一致，规格统一。应尽量减少控制井和泄水井的数量并尽量将阀门井、泄水井布置在绿地周边；干、支管均向泄水井或阀门井找坡。

3. 加压设备

绿地喷灌系统常用的加压设备有离心泵、潜水泵和深井泵。水泵的设计出水量应满足最大轮灌区的设计供水量，水泵的设计扬程应满足最不利点喷头的工作压力。

4. 过滤设备

如果喷灌水源含有较多的砂粒、悬浮物或藻类等物质，应使用过滤设备。常用的过滤器有离心过滤器、砂石过滤网、网式过滤器和叠片式过滤器。

5. 控制设备

常用的喷灌系统控制设备对于手动控制的采用球阀、闸阀或蝶阀，对于自动控制的多采用电磁阀和自动控制器，控制器的作用是自动控制喷灌系统的运行。

6. 其他设备

（1）取水阀：是一种取水阀门，可直接埋地也可安装在阀门中，其作用就是喷灌系统的取水口。如图8-7所示。

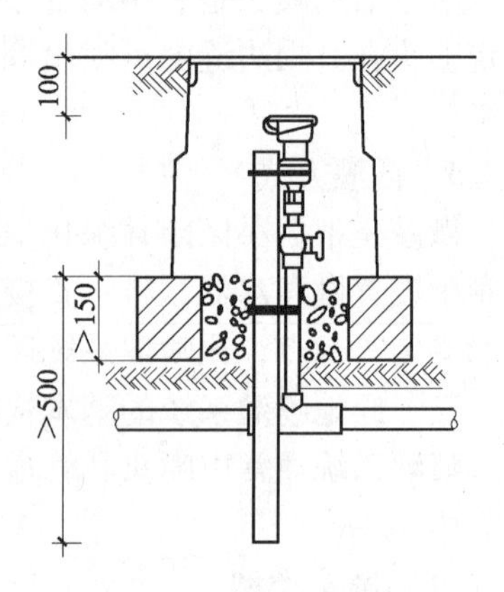

图8-7　绿地浇灌取水阀

（2）泄水阀：泄水的目的是冬季防冻，有自动泄水阀或采用手动球阀作为泄水阀。

第三节　游泳池给排水系统概述

一、游泳池类型

泳池类型和尺寸详见表8-1。

二、游泳池水质

（1）国际比赛游泳池的水质卫生标准应符合国际游泳协会（FINA）的水质标准，国内比赛游泳池和宾馆游泳池可参照确定。

（2）公共泳池的水质标准详见表8-2。

（3）游泳池和水上游乐池的初次充水和使用过程中的补充水水质应符合现行的《生活饮用水卫生标准》的要求。

游泳池类型及平面尺寸和水深 **表 8-1**

游泳池类别	水深（m）		池长度（m）	池宽度（m）	备　注
	最浅端	最深端			
比赛游泳池	≮2.5①	≮2.5①	50	26①，21.25	
水球游泳池	≮2.0	≮2.0	≥34	≥20	
花样游泳池	≮3.0	≮3.0		21.25	
跳水游泳池（10m 跳台）		≥5.0	25	21.25①	
训练游泳池					
运动员用	1.4～1.6	1.6～1.8	50	21.25	
成人用	12～1.4	1.4～1.6	50，33.3	21.25	含大学生
中学生用	≤1.2	≤1.4	50，33.3	21.25	
公共游泳池	1.8～2.0	2.0～2.2	50.25	25，21，12.5，10	
儿童游泳池	0.6～0.8	1.0～1.2	平面形状和尺寸视具体情况由设计定		含小学生
幼儿嬉水池	0.3 ～0.4	0.4～0.6			

① 为国际比赛标准。

人工游泳池水质卫生标准 **表 8-2**

序　号	项　目	标　准	序　号	项　目	标　准
1	水温	22～26℃	5	游离性余氯	0.3～0.5mg/L
2	pH 值	6.5～8.5	6	细菌总数	≤1000 个 mg/L
3	浑浊度	≤5 度（NTU）	7	大肠菌数	≤18 个/L
4	尿素	≤3.5mg/L	8	有毒物质	参照《工业企业设计卫生标准》(GB Z1—2002) 中的地面水水质卫生标准执行

注：当地卫生防疫部门有规定时，应按当地卫生防疫部门规定执行。

三、池水循环系统

游泳池和水上游乐池水宜循环使用。

1. 池水循环方式

（1）顺流式循环方式：指池内水循环为池的上部进水，池的下部回水，详见图 8-8。该循环方式适用于公共露天游泳池；

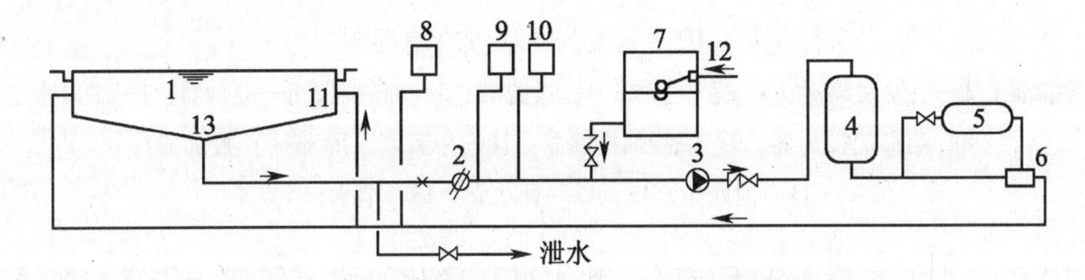

图 8-8　顺流式循环方式原理图

1—游泳池；2—毛发聚集器；3—循环水泵；4—过滤器；5—加热器；6—混合器；7—补水箱；8—消毒剂投加器；9—混凝剂投加器；10—中和剂（除藻剂）投加器；11—池壁布水口；12—补水管；13—回水口

（2）逆流式循环方式：指全部循环水量由池底送入池内，再由池的周边上缘逆流回水。底部的给水口沿池底的泳道标志线均匀布置，详见图8-9所示。竞赛、训练和宾馆等游泳池应采用该循环方式。

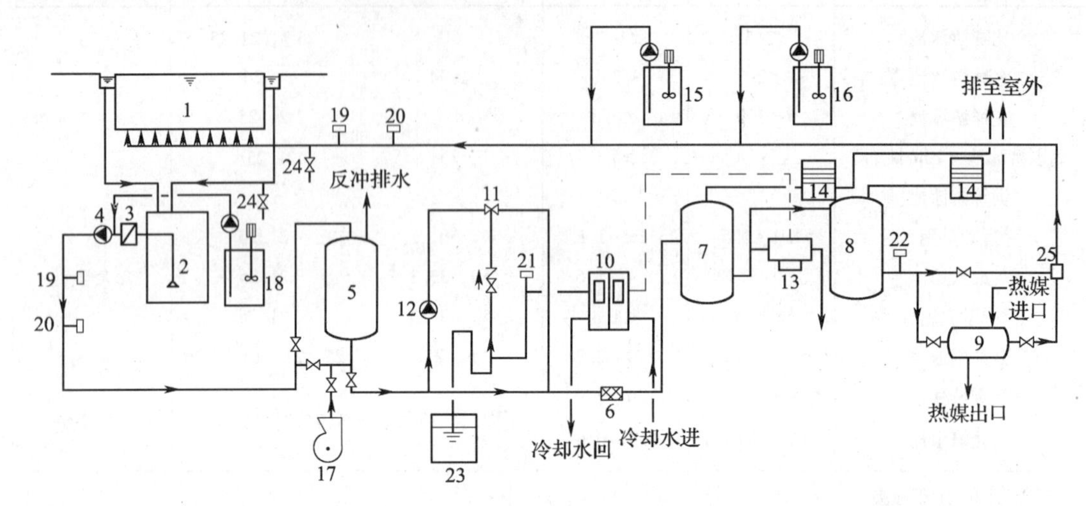

图8-9　逆流式循环方式（全流量臭氧消毒）工艺流程图

1—游泳池；2—均衡水池；3—毛发聚集器；4—循环水泵；5—过滤器；6—静态臭氧混合器；7—反应罐；8—臭氧吸附过滤器；9—加热器；10—臭氧发生器；11—负压臭氧投加器；12—加压泵；13—臭氧控制器；14—残余臭氧吸附器；15—氯消毒剂投加器；16—pH调整投加器；17—空气泵；18—混凝剂投加器；19—pH探测器；20—氯探测器；21—臭氧取样点；22—臭氧监测器；23—水封；24—水质监测取样口

（3）混合式循环方式：它是顺流式和逆流式两种循环方式的组合，详见图8-10所示。水上游乐池池水宜采用该循环方式。对于混合式循环，池水表面溢流水量不应小于循环流量的60%，池底回水口的回水量不应大于循环流量的40%。

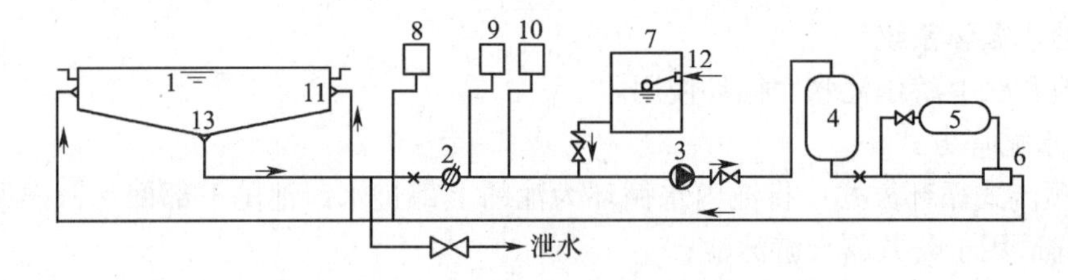

图8-10　混流式循环方式原理图

1—游泳池；2—毛发聚集器；3—循环水泵；4—过滤器；5—加热器；6—混合器；7—平衡水池；8—消毒剂投加器；9—混凝剂投加器；10—中和剂（除藻剂）投加器；11—池底布水口；12—补水管；13—泄水口

在泳池因水质、水温等要求不同时，池水循环净化给水系统应分别各自独立设置。

2. 循环周期

游泳池和水上游乐池的池水循环周期应根据池的类型、用途、池水容积、水深、使用人数等因素确定，一般可按表8-3采用。

游泳池和水上游乐池的池水循环周期 **表 8-3**

序号	池的类型		循环周期（h）	循环次数（次/d）
1	比赛池、训练池		4～6	6～4
2	跳水池		8～10	3～2
3	俱乐部、宾馆内游泳池		6～8	4～3
4	公共游泳池		4～6	6～4
5	儿童池		2～4	12～6
6	幼儿戏水池		1～2	24～12
7	造浪池		2	12
8	按摩池	公用	0.3～0.5	80～48
		专用	0.5～1.0	48～24
9	滑道池、探险池		6	4
10	家庭游泳池		8～10	2～2.4

注：池水的循环次数可按每日使用时间与循环周期的比值确定。

3. 循环水量

（1）池水净化循环流量，应按下式计算：

$$q_x = \frac{a_f \cdot V}{T_x} \tag{8-1}$$

式中 q_x——游泳池或水上游乐池的池水净化循环流量，m^3/h；

a_f——管道和过滤净化设备的水容积附加系数，一般 $a_f = 1.05 \sim 1.1$；

V——游泳池或水上游乐池的池水容积，m^3；

T_x——池水循环周期，按表 8-3 的规定选定。

（2）滑道的润滑水流量应由专业公司提供

4. 池水补充水量和补水方式

（1）游泳池和水上游乐池的补充水量按表 8-4 确定。

游泳池和水上游乐池的补充水量 **表 8-4**

序号	池的类型和特征		每日补充水量占池水容积的百分数（%）
1	比赛池、训练池、跳水池	室内	3～5
		室外	5～10
2	公共游泳池、游乐池	室内	5～10
		室外	10～15
3	儿童池、幼儿戏水池	室内	不小于 15
		室外	不小于 20
4	按摩池	专用	8～10
		公用	10～15
5	家庭游泳池	室内	3
		室外	5

注：游泳池和水上游乐池的最小补充水量应保证一个月内池水全部更新一次。

（2）补水方式　大型游泳池和水上游乐池应采用平衡水池或补充水箱间接补水，家庭游泳池等小型泳池如采用直接补水，补充水管应采取有效的防止回流污染措施。

（3）初次充水时间　游泳池和水上游乐池的初次充水时间，应根据使用性质、城市给水条件等确定，宜小于24h，最长不得超过48h。

5. 循环水泵

（1）循环水泵的选择。

1）水泵流量不得小于按公式（8-1）计算所得的循环流量；

2）水泵扬程不得小于用水设施的几何高度和管道（管件、阀门、毛发聚集器等）、设备（过滤器、臭氧反应罐、活性炭吸附器、加热器等）、附配件（给水口、回水口）等水头损失和流出水头之和，流出水头无资料时，可按0.02～0.05MPa确定。

3）循环水泵宜按不少于2台水泵同时工作确定其数量；滑道润滑水系统，必须设置备用水泵；

4）循环水泵一般选用耐腐蚀性能好的低转数水泵。

（2）循环水泵的设置要求。

1）不同使用要求的游泳池，其池水循环水泵应各自独立设置；

2）循环水泵应设计成自灌式，水泵吸水管内的水流速度宜采用1.0～1.2m/s，水泵出水管内的水流速度宜采用1.5～2.0m/s，水泵吸水管和出水管上应分别装设压力真空表及压力表。

6. 循环水管道

循环给水管内的最大水流速度为2.0m/s，回水管内的水流速度一般为0.7～1.0m/s。循环水管道的材质应选用给水PVC塑料管或ABS塑料管。

7. 平衡水池和均衡水池

顺流式、混合式循环给水方式的游泳池和水上游乐池宜设置平衡水位的平衡水池。该池的作用除水面平衡作用外，还可避免循环水泵从池底直接吸水，由于吸水管过长而影响水泵的吸水高度。

对于逆流式循环给水方式的游泳池和水上游乐池应设置平衡水量的均衡池，其作用是回收溢流回水，以均衡泳池的水量浮动，并贮存过滤器反冲洗用水，同时可起间接补水的作用。

8. 进水口和回水口

游泳池进水口和回水口的数量应满足循环流量的要求，设置位置应使游泳池内水流均匀、不产生涡流和短流，进水口格栅孔隙的水流速度不宜大于1.0m/s，回水口格栅孔隙的水流速度不应大于0.2m/s。

四、池水净化系统

1. 毛发聚集器

池水在进行过滤净化之前，应先将池水中的毛发、树叶及其他杂物颗粒经毛发聚集器进行阻隔收集。毛发聚集器构造如图8-11所示。毛发聚集器应装设在循环水泵的吸水管上，过滤筒（网）应方便经常清洗或更换，过滤筒（网）采用铜、不锈钢及塑料等耐腐蚀材料制造。

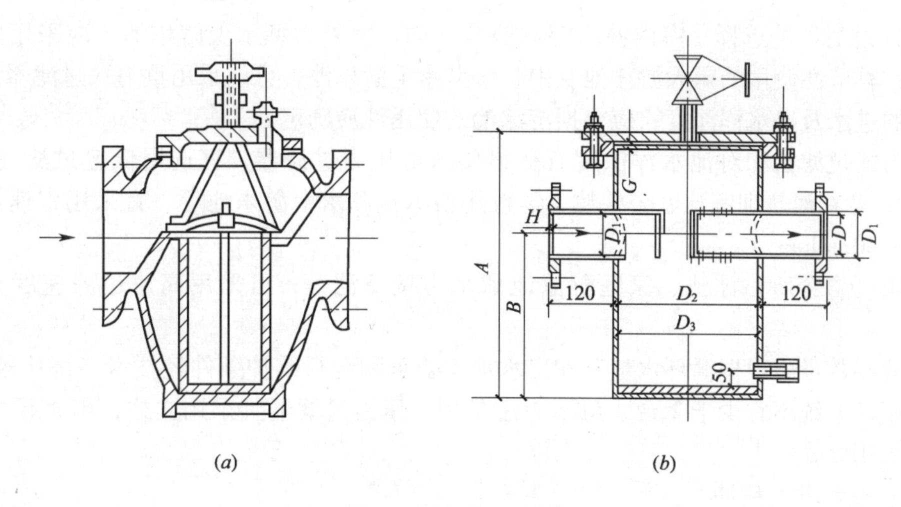

图 8-11 毛发过滤器

(*a*) 筒网式毛发过滤器；(*b*) 管孔式毛发过滤器

2. 过滤器

过滤器是池水净化系统中保证池水浑浊度符合卫生标准的关键设备。

(1) 过滤器的类型与参数 游泳池循环水净化处理过滤器常用类型和参数见表 8-5。

常用过滤设备的主要参数 表 8-5

名称	过滤速度（m/h）	反冲洗强度[L/(s·m²)]	反冲洗时间（min）	最大运行阻力（kPa）	滤料级配		备注
					粒径（mm）	厚度（mm）	
石英砂滤料压力过滤器(包括立式、卧式)	8~15	单独水洗：12~15 气水混洗：风量 20~30 水量 8~15	单独水洗：5 气水混洗：风洗 10 水洗 6~10	30~50	0.5~1.2	600~700	效果好,运行可靠,管理简单,布置灵活,不会溢流； 第二、三年要翻洗或更换一次滤料,阀门较多操作较麻烦,滤速不够均匀,过滤周期较短
双层滤料(石英砂无烟煤)压力过滤器	14~18	单独水洗：13~16	单独水洗：5	30~50	无烟煤 0.8~1.8 石英砂 0.5~1.2	300~400	效果好,反洗耗水量小,设备体积较小滤料成本较高
聚苯乙烯塑料珠滤料压力过滤器	20~25	4~10	3~5	10~30	1.2~2.0	700~800	效果较好,设备体积小,安装方便,投资较省,滤料装卸容易,过滤阻力小 滤料强度较低,因比重小,不易筛分和保证级配要求,容易流失,易产生偏流
水力自动跂气滤器	35~50	32	3	22	0.5~1.8		全自动运行,运行可靠、管理简单、占地面积小、价格低

（2）过滤器的选择　室内温水游泳池及室内、室外大型水上游乐池，应采用压力式过滤器；季节性使用的露天游泳池及中、小型水上游乐池，可以采用重力式过滤器。所用过滤器的进水及出水浑浊度，应根据游泳池的使用性质确定。

重力式过滤器和对池水浑浊度有严格要求的压力过滤器，宜选用低速过滤（7.5～10m/h）；竞赛池、训练池、公共池、学校用游泳池和水上游乐池等，宜采用中速过滤速度（11～30m/h）；

宾馆（含会所）泳池、家庭游泳池和水力按摩池等，可采用高速过滤速度（31～40m/h）。

过滤器数量应根据循环水量、和出水水质要求和运行维护条件经技术经济比较确定，但每个循环系统不宜少于2台，可不考虑备用；压力过滤器宜采用立式，但直径≥2.6m时，应采用卧式。

（3）过滤器的反冲洗。

过滤器宜采用气—水反冲洗方式。如有困难时，可采用水反冲洗的方式。用水冲洗时宜采用池水进行反冲洗，它可增加补充水量，稀释池水盐类浓度，有利水质平衡；

过滤器反冲洗水泵宜采用循环水系统的主泵和备用泵并联工作方式进行设计，即应按反冲洗所需流量和扬程校核循环水泵和备用泵。

过滤器的反冲洗周期控制为：1）滤料为石英砂、无烟煤及沸石的压力过滤器，滤前滤后的水头压差为0.06MPa时；2）滤前滤后的水头压差未超过规定，但使用时间超过5d时。

压力过滤器，应逐一单台进行反冲洗，不得2台或2台以上过滤器同时反冲洗。

压力过滤器的反冲洗排水管，不得与其他排水管直接连接。如有困难时，应设置防止污水或雨水倒流污染的装置。

3．混凝剂

在对池水进行循环过滤处理过程中，在进入过滤器前应向循环水投加混凝剂。常用的混凝剂有氯化铝、精制硫酸铝、明矾等。对于硅藻土过滤器，可以不投加混凝剂。

4．除藻剂与水质平衡

除藻剂宜选用硫酸铜。当池水的pH值、总碱度、钙硬度、总溶解固体等水质参数不符合要求时，应投加水质平衡药剂。

5．池水消毒杀菌处理

泳池和游乐池必须进行消毒杀菌处理。

（1）池水消毒杀菌方式　常用的消毒杀菌方式有臭氧消毒、氯化消毒和紫外线消毒等。泳池的消毒方式应根据泳池的使用性质和要求确定：一般国际竞赛用游泳池，应采用臭氧并辅以氯消毒；国内竞赛和训练泳池、宾馆游泳池及有特殊要求的游泳池和水上游乐池，宜采用臭氧并辅以氯消毒；公共游泳池、滑道池、造浪池、环流池、气泡休闲池、公共水力按摩池等，宜采用氯消毒。家庭游泳池和家庭及宾馆客房水力按摩池，宜采用氯片消毒。露天游泳池和水上游乐池，宜采用二氯异氰尿酸钠、三氯异氰尿酸钠或溴化物等进行消毒。

（2）杀菌消毒要求　采用臭氧消毒时，应采用负压投加。臭氧投加系统应设剩余臭氧活性炭吸附装置，投加系统应设臭氧尾气处理装置。

使用瓶装氯气消毒时氯气必须采用负压投加方式，严禁将氯直接注入游泳池水中的投加方式。加氯间应设置防毒、防火和防爆装置。

五、池水加热

泳池的设计温度详见表8-6。水加热方式一般采用间接加热方式。

游泳池和水上游乐池的池水设计温度 **表8-6**

序　号	池的类型		池水设计温度（℃）
1	室内池	比赛池	25～27
2		训练池、跳水池	26～28
3		俱乐部、宾馆内游泳池	26～28
4		公共游泳池	26～28
5		儿童池、幼儿戏水池	28～30
6		滑道池	28～29
7		按摩池	不高于40
8	室外池	有加热设备	26～28
9		无加热设备	22～23

思考题与习题

1. 水景工程有哪几种类型？其主要特点是什么？
2. 常用的喷泉喷头有哪几种？其主要特点是什么？
3. 喷泉的配管形式有几种基本类型？其特点是什么？
4. 水景工程常用的管材有哪些？宜采用哪些类型的水泵？
5. 水景工程的补水方式有哪些要求？
6. 绿化喷灌给水方式有哪些？其特点是什么？
7. 游泳池的循环方式有哪些？其特点是什么？分别适合哪些类型的游泳池和水上游乐池？
8. 游泳池消毒方式有哪些？其特点是什么？

附　　录

附录A　住宅建筑给水管段设计秒流量计算表

U_0	1.0		1.5		2.0		2.5		3.0		3.5	
N_g	U (%)	q (L/s)	U (%)	q (L/s)	U (%)	q (L/s)	U (%)	q (L/s)	U (%)	q (L/s)	U (%)	q (L/s)
1	100	0.20	100	0.20	100	0.20	100k	0.20	100	0.20	100	0.20
2	70.94	0.28	71.20	0.28	71.49	0.29	71.78	0.29	72.08	0.29	72.39	0.29
3	58.00	0.35	58.30	0.35	58.62	0.35	58.96	0.35	59.31	0.36	59.66	0.36
4	50.28	0.40	50.60	0.40	50.94	0.41	51.30	0.41	51.66	0.41	52.03	0.42
5	45.01	0.45	45.34	0.45	45.69	0.46	46.06	0.46	46.43	0.46	46.82	0.47
6	41.12	0.49	41.45	0.50	41.81	0.50	42.18	0.51	42.57	0.51	42.96	0.52
7	38.09	0.53	38.43	0.54	38.79	0.54	39.17	0.55	39.56	0.55	39.96	0.56
8	35.65	0.57	35.99	0.58	36.36	0.58	36.74	0.59	37.13	0.59	37.53	0.60
9	33.63	0.61	33.98	0.61	34.35	0.62	34.73	0.63	35.12	0.63	35.53	0.64
10	31.92	0.64	32.27	0.65	32.64	0.65	33.03	0.66	33.42	0.67	33.83	0.68
11	30.45	0.67	30.80	0.68	31.17	0.69	31.56	0.69	31.96	0.70	32.36	0.71
12	29.17	0.70	29.52	0.71	29.89	0.72	30.28	0.73	30.68	0.74	31.09	0.75
13	28.04	0.73	28.39	0.74	28.76	0.75	29.15	0.76	29.55	0.77	29.96	0.78
14	27.03	0.76	27.38	0.77	27.76	0.78	28.15	0.79	28.55	0.80	28.96	0.81
15	26.12	0.78	26.48	0.79	26.85	0.81	27.24	0.82	27.64	0.83	28.05	0.84
16	25.30	0.81	25.66	0.82	26.03	0.83	26.42	0.85	26.83	0.86	27.24	0.87
17	24.56	0.83	24.91	0.85	25.29	0.86	25.68	0.87	26.08	0.89	26.49	0.90
18	23.88	0.86	24.23	0.87	24.61	0.89	25.00	0.90	25.40	0.91	25.81	0.93
19	23.25	0.88	23.60	0.90	23.98	0.91	24.37	0.93	24.77	0.94	25.19	0.96
20	22.67	0.91	23.02	0.92	23.40	0.94	23.79	0.95	24.20	0.97	24.61	0.98
22	21.63	0.95	21.98	0.97	22.36	0.98	22.75	1.00	23.16	1.02	23.57	1.04
24	20.72	0.99	21.07	1.01	21.45	1.03	21.85	1.05	22.25	1.07	22.66	1.09
26	19.92	1.04	20.27	1.05	20.65	1.07	21.05	1.09	21.45	1.12	21.87	1.14
28	19.21	1.08	19.56	1.10	19.94	1.12	20.33	1.14	20.74	1.16	21.15	1.18
30	18.56	1.11	18.92	1.14	19.30	1.16	19.69	1.18	20.10	1.21	20.51	1.23
32	17.99	1.15	18.34	1.17	18.72	1.20	19.12	1.22	19.52	1.25	19.94	1.28
34	17.46	1.19	17.81	1.21	18.19	1.24	18.59	1.26	18.99	1.29	19.41	1.32
36	16.97	1.22	17.33	1.25	17.71	1.28	18.11	1.30	18.51	1.33	18.93	1.36

续表

U_0	1.0		1.5		2.0		2.5		3.0		3.5	
N_g	U（%）	q（L/s）	U（%）	q（L/s）	U（%）	q（L/s）	U（%）	q（L/s）	U（%）	q（L/s）	U（%）	q（L/s）
38	16.53	1.26	16.89	1.28	17.27	1.31	17.66	1.34	18.07	1.37	18.48	1.40
40	16.12	1.29	16.48	1.32	16.86	1.35	17.25	1.38	17.66	1.41	18.07	1.45
42	15.74	1.32	16.09	1.35	16.47	1.38	16.87	1.42	17.28	1.45	17.69	1.49
44	15.38	1.35	15.74	1.39	16.12	1.42	16.52	1.45	16.92	1.49	17.34	1.53
46	15.05	1.38	15.41	1.42	15.79	1.45	16.18	1.49	16.59	1.53	17.00	1.56
48	14.74	1.42	15.10	1.45	15.48	1.49	15.87	1.52	16.28	1.56	16.69	1.60
50	14.45	1.45	14.81	1.48	15.19	1.52	15.58	1.56	15.99	1.60	16.40	1.64
55	13.79	1.52	14.15	1.56	14.53	1.60	14.92	1.64	15.33	1.69	15.74	1.73
60	13.22	1.59	13.57	1.63	13.95	1.67	14.35	1.72	14.76	1.77	15.17	1.82
65	12.71	1.65	13.07	1.70	13.45	1.75	13.84	1.80	14.25	1.85	14.66	1.91
70	12.26	1.72	12.62	1.77	13.00	1.82	13.39	1.87	13.80	1.93	14.21	1.99
75	11.85	1.78	12.21	1.83	12.59	1.89	12.99	1.95	13.39	2.01	13.81	2.07
80	11.49	1.84	11.84	1.89	12.22	1.96	12.62	2.02	13.02	2.08	13.44	2.15
85	11.15	1.90	11.51	1.96	11.89	2.02	12.28	2.09	12.69	2.16	13.10	2.23
90	10.85	1.95	11.20	2.02	11.58	2.09	11.98	2.16	12.38	2.23	12.80	2.30
95	10.57	2.01	10.92	2.08	11.30	2.15	11.70	2.22	12.10	2.30	12.52	2.38
100	10.31	2.06	10.66	2.13	11.04	2.21	11.44	2.29	11.84	2.37	12.26	2.45
110	9.84	2.17	10.20	2.24	10.58	2.33	10.97	2.41	11.38	2.50	11.79	2.59
120	9.44	2.26	9.79	2.35	10.17	2.44	10.56	2.54	10.97	2.63	11.38	2.73
130	9.08	2.36	9.43	2.45	9.81	2.55	10.21	2.65	10.61	2.76	11.02	2.87
140	8.76	2.45	9.11	2.55	9.49	2.66	9.89	2.77	10.29	2.88	10.70	3.00
150	8.47	2.54	8.83	2.65	9.20	2.76	9.60	2.88	10.00	3.00	10.42	3.12
160	8.21	2.63	8.57	2.74	8.94	2.86	9.34	2.99	9.74	3.12	10.16	3.25
170	7.98	2.71	8.33	2.83	8.71	2.96	9.10	3.09	9.51	3.23	9.92	3.37
180	7.76	2.79	8.11	2.92	8.49	3.06	8.89	3.20	9.29	3.34	9.70	3.49
190	7.56	2.87	7.91	3.01	8.29	3.15	8.69	3.30	9.09	3.45	9.50	3.61
200	7.38	2.95	7.73	3.09	8.11	3.24	8.50	3.40	8.91	3.56	9.32	3.73
220	7.05	3.10	7.40	3.26	7.78	3.42	8.17	3.60	8.57	3.77	8.99	3.95
240	6.76	3.25	7.11	3.41	7.49	3.60	7.88	3.78	8.29	3.98	8.70	4.17
260	6.51	3.28	6.86	3.57	7.24	3.76	7.63	3.97	8.03	4.18	8.44	4.39
280	6.28	3.52	6.63	3.72	7.01	3.93	7.40	4.15	7.81	4.37	8.22	4.60
300	6.08	3.65	6.43	3.86	6.81	4.08	7.20	4.32	7.60	4.56	8.01	4.81
320	5.89	3.77	6.25	4.00	6.62	4.24	7.02	4.49	7.42	4.75	7.83	5.01
340	5.73	3.89	6.08	4.13	6.46	4.39	6.85	4.66	7.25	4.93	7.66	5.21
360	5.57	4.01	5.93	4.27	6.30	4.54	6.69	4.82	7.10	5.11	7.51	5.40

续表

U_0	1.0		1.5		2.0		2.5		3.0		3.5	
N_g	U (%)	q (L/s)	U (%)	q (L/s)	U (%)	q (L/s)	U (%)	q (L/s)	U (%)	q (L/s)	U (%)	q (L/s)
380	5.43	4.13	5.79	4.40	6.16	4.68	6.55	4.98	6.95	5.29	7.36	5.60
400	5.30	4.24	5.66	4.52	6.03	4.83	6.42	5.14	6.82	5.46	7.23	5.79
420	5.18	4.35	5.54	4.65	5.91	4.96	6.30	5.29	6.70	5.63	7.11	5.97
440	5.07	4.46	5.42	4.77	5.80	5.10	6.19	5.45	6.59	5.80	7.00	6.16
460	4.97	4.57	5.32	4.89	5.69	5.24	6.08	5.60	6.48	5.97	6.89	6.34
480	4.87	4.67	5.22	5.01	5.59	5.37	5.98	5.75	6.39	6.13	6.79	6.52
500	4.78	4.78	5.13	5.13	5.50	5.50	5.89	5.89	6.29	6.29	6.70	6.70
550	4.57	5.02	4.92	5.41	5.29	5.82	5.68	6.25	6.08	6.69	6.49	7.14
600	4.39	5.26	4.74	5.68	5.11	6.13	5.50	6.60	5.90	7.08	6.31	7.57
650	4.23	5.49	4.58	5.95	4.95	6.43	5.34	6.94	5.74	7.46	6.15	7.99
700	4.08	5.72	4.43	6.20	4.81	6.73	5.19	7.27	5.59	7.83	6.00	8.40
750	3.95	5.93	4.30	6.46	4.68	7.02	5.07	7.60	5.46	8.20	5.87	8.81
800	3.84	6.14	4.19	6.70	4.56	7.30	4.95	7.92	5.35	8.56	5.75	9.21
850	3.73	6.34	4.08	6.94	4.45	7.57	4.84	8.23	5.24	8.91	5.65	9.60
900	3.64	6.54	3.98	7.17	4.36	7.84	4.75	8.54	5.14	9.26	5.55	9.99
950	3.55	6.74	3.90	7.40	4.27	8.11	4.66	8.85	5.05	9.60	5.46	10.37
1000	3.46	6.93	3.81	7.63	4.19	8.37	4.57	9.15	4.97	9.94	5.38	10.75

附录B 建筑给水钢塑复合管水力计算表

附表 B－1 建筑给水用衬塑钢管水力计算表

流量 Q		$DN15$		$DN20$		$DN25$		$DN32$	
		$d_j=0.0128$		$d_j=0.0183$		$d_j=0.0240$		$d_j=0.0328$	
(m^3/h)	(L/s)	v	i	v	i	v	i	v	i
0.234	0.065	0.51	0.345						
0.252	0.070	0.54	0.393						
0.270	0.075	0.58	0.444						
0.288	0.080	0.62	0.498						
0.306	0.085	0.66	0.554						
0.324	0.090	0.70	0.614						
0.342	0.095	0.74	0.675						
0.360	0.100	0.78	0.740						
0.396	0.11	0.85	0.876						
0.432	0.12	0.93	1.022						
0.468	0.13	1.01	1.178	0.49	0.214				
0.504	0.14	1.09	1.344	0.53	0.224				
0.540	0.15	1.17	1.519	0.57	0.276				
0.576	0.16	1.24	1.703	0.61	0.309				
0.612	0.17	1.32	1.896	0.65	0.344				
0.648	0.18	1.40	2.099	0.68	0.381				
0.684	0.19	1.48	2.310	0.72	0.419				
0.720	0.20	1.55	2.530	0.76	0.459				
0.90	0.25	1.94	3.759	0.95	0.682	0.55	0.187		
1.08	0.30	2.33	5.194	1.14	0.943	0.66	0.258		
1.26	0.35	2.72	6.828	1.33	1.239	0.77	0.340		
1.44	0.40	3.11	8.653	1.52	1.570	0.88	0.430		
1.62	0.45			1.71	1.935	0.99	0.530	0.53	0.119
1.80	0.50			1.90	2.333	1.11	0.639	0.59	0.144
1.98	0.55			2.09	2.763	1.22	0.757	0.65	0.170
2.16	0.60			2.28	3.224	1.33	0.884	0.71	0.199
2.34	0.65			2.47	3.716	1.44	1.018	0.77	0.229
2.52	0.70			2.66	4.238	1.55	1.161	0.83	0.261
2.70	0.75			2.85	4.790	1.66	1.313	0.89	0.295
2.88	0.80			3.04	5.371	1.77	1.472	0.95	0.331
3.06	0.85					1.88	1.639	1.01	0.369
3.24	0.90					1.99	1.814	1.07	0.408
3.42	0.95					2.10	1.996	1.12	0.449
3.60	1.00					2.21	2.187	1.18	0.492
3.78	1.05					2.32	2.384	1.24	0.537

续表

流量Q		DN15		DN20		DN25		DN32	
		$d_j=0.0128$		$d_j=0.0183$		$d_j=0.0240$		$d_j=0.0328$	
(m^3/h)	(L/s)	v	i	v	i	v	i	v	i
3.96	1.10					2.43	2.589	1.30	0.583
4.14	1.15					2.54	2.802	1.36	0.631
4.32	1.20					2.65	3.022	1.42	0.680
4.50	1.25					2.76	3.249	1.48	0.731
4.68	1.30					2.87	3.483	1.54	0.784
4.86	1.35					2.98	3.724	1.60	0.838
5.04	1.40					3.09	30972	1.66	0.894
5.22	1.45							1.72	0.951
5.40	1.50							1.78	1.010
5.58	1.55							1.83	1.071
5.76	1.60							1.89	1.133
5.94	1.65							1.95	1.197
6.12	1.70							2.01	1.262

流量Q		DN32		DN40		DN50		DN65	
		$d_j=0.0328$		$d_j=0.0380$		$d_j=0.0500$		$d_j=0.0650$	
(m^3/h)	(L/s)	v	i	v	i	v	i	v	i
2.16	0.60	0.71	0.199	0.53	0.099				
2.34	0.65	0.77	0.229	0.57	0.114				
2.52	0.70	0.83	0.261	0.62	0.129				
2.70	0.75	0.89	0.295	0.66	0.146				
2.88	0.80	0.95	0.331	0.71	0.164				
3.06	0.85	1.01	0.369	0.75	0.183				
3.24	0.90	1.07	0.408	0.79	0.202				
3.42	0.95	1.12	0.449	0.84	0.223				
3.60	1.00	1.18	0.492	0.88	0.244	0.51	0.066		
3.78	1.05	1.24	0.537	0.93	0.266	0.53	0.072		
3.96	1.10	1.30	0.583	0.97	0.289	0.56	0.078		
4..14	1.15	1.36	0.631	1.01	0.312	0.59	0.084		
4.32	1.20	1.42	0.680	1.06	0.337	0.61	0.091		
4.50	1.25	1.48	0.731	1.10	0.362	0.64	0.098		
4.68	1.30	1.54	0.784	1.15	0.388	0.66	0.105		
4.86	1.35	1.60	0.838	1.19	0.415	0.69	0.112		
5.04	1.40	1.66	0.894	1.23	0.443	0.71	0.119		
5.22	1.45	1.72	0.951	1.28	0.471	0.74	0.127		
5.40	1.50	1.78	1.010	1.32	0.501	0.76	0.135		
5.58	1.55	1.83	1.071	1.37	0.530	0.79	0.143		
5.76	1.60	1.89	1.133	1.41	0.561	0.81	0.151		

续表

流量 Q		DN32		DN40		DN50		DN65	
		d_j = 0.0328		d_j = 0.0380		d_j = 0.0500		d_j = 0.0650	
(m^3/h)	(L/s)	v	i	v	i	v	i	v	i
5.94	1.65	1.95	1.197	1.45	0.593	0.84	0.160	0.50	0.046
6.12	1.70	2.01	1.262	1.50	0.625	0.87	0.169	0.51	0.048
6.30	1.75	2.07	1.328	1.54	0.658	0.89	0.177	0.53	0.051
6.48	1.80	2.13	1.396	1.59	0.692	0.92	0.187	0.54	0.053
6.66	1.85	2.19	1.466	1.63	0.726	0.94	0.196	0.56	0.056
6.84	1.90	2.25	1.537	1.68	0.761	0.97	0.205	0.57	0.059
7.02	1.95	2.31	1.609	1.72	0.797	0.99	0.215	0.59	0.061
7.20	2.00	2.37	1.683	1.76	0.834	1.02	0.225	0.60	0.064
7.56	2.10	2.49	1.835	1.85	0.909	1.07	0.245	0.63	0.070
7.92	2.20	2.60	1.993	1.94	0.987	1.12	0.266	0.66	0.076
8.28	2.30	2.72	2.157	2.03	1.068	1.17	0.288	0.69	0.082
8.64	2.40	2.84	2.326	2.12	1.152	1.22	0.311	0.72	0.089
9.00	2.50	2.96	2.501	2.20	1.239	1.27	0.334	0.75	0.096
9.36	2.60	3.08	2.681	2.29	1.328	1.32	0.358	0.78	0.102
9.72	2.70			2.38	1.420	1.38	0.383	0.81	0.109
10.08	2.80			2.47	1.515	1.43	0.409	0.84	0.117
10.44	2.90			2.56	1.612	1.48	0.435	0.87	0.124
10.80	3.00			2.65	1.712	1.53	0.462	0.90	0.132
11.16	3.10			2.73	1.814	1.58	0.489	0.93	0.140
11.52	3.20			2.82	1.919	1.63	0.518	0.96	0.148
11.88	3.30			2.91	2.027	1.68	0.547	0.99	0.156
12.24	3.40			3.00	2.137	1.73	0.577	1.02	0.165
12.60	3.50					1.78	0.607	1.05	0.173
12.96	3.60					1.83	0.638	1.08	0.182
13.32	3.70					1.88	0.670	1.12	0.191
13.68	3.80					1.94	0.702	1.15	0.201
14.04	3.90					1.99	0.735	1.18	0.210
14.40	4.00					2.04	0.769	1.21	0.220
14.76	4.10					2.09	0.804	1.24	0.230

流量 Q		DN50		DN65		DN80		DN100	
		d_j = 0.0500		d_j = 0.0650		d_j = 0.0765		d_j = 0.1020	
(m^3/h)	(L/s)	v	i	v	i	v	i	v	i
14.76	4.10	2.09	0.804	1.24	0.230	0.89	0.106	0.50	0.027
15.12	4.20	2.14	0.839	1.27	0.240	0.91	0.110	0.51	0.028
15.48	4.30	2.19	0.875	1.30	0.250	0.94	0.115	0.53	0.029
15.84	4.40	2.24	0.911	1.33	0.260	0.96	0.120	0.54	0.030

续表

流量 Q		$DN50$		$DN65$		$DN80$		$DN100$	
		$d_j=0.0500$		$d_j=0.0650$		$d_j=0.0765$		$d_j=0.1020$	
(m^3/h)	(L/s)	v	i	v	i	v	i	v	i
16.20	4.50	2.29	0.948	1.36	0.271	0.98	0.124	0.55	0.032
16.56	4.60	2.34	0.986	1.39	0.282	1.00	0.129	0.56	0.033
16.92	4.70	2.39	1.024	1.42	0.293	1.02	0.134	0.58	0.034
17.28	4.80	2.44	1.063	1.45	0.304	1.04	0.140	0.59	0.035
17.64	4.90	2.50	1.103	1.48	0.315	1.07	0.145	0.60	0.037
18.00	5.00	2.55	1.143	1.51	0.327	1.09	0.150	0.61	0.038
18.36	5.10	2.60	1.184	1.54	0.338	1.11	0.155	0.62	0.039
18.72	5.20	2.65	1.225	1.57	0.350	1.13	0.161	0.64	1.041
19.08	5.30	2.70	1.267	1.60	0.362	1.15	0.166	0.65	0.042
19.44	5.40	2.75	1.310	1.63	0.374	1.17	0.172	0.66	0.044
19.80	5.50	2.80	1.353	1.66	0.387	1.20	0.178	0.67	0.045
20.16	5.60	2.85	1.397	1.69	0.399	1.22	0.183	0.69	0.046
20.52	5.70	2.90	1.442	1.72	0.412	1.24	0.189	0.70	0.048
20.88	5.80	2.95	1.487	1.75	0.425	1.26	0.195	0.71	0.049
21.24	5.90	3.00	1.533	1.78	0.438	1.28	0.201	0.72	0.051
21.60	6.00			1.81	0.451	1.31	0.207	0.73	0.053
21.96	6.10			1.84	0.465	1.33	0.214	0.75	0.054
22.32	6.20			1.87	0.478	1.35	0.220	0.76	0.056
22.68	6.30			1.90	0.492	1.37	0.226	0.77	0.057
23.04	6.40			1.93	0.506	1.39	0.233	0.78	0.059
23.40	6.50			1.96	0.520	1.41	0.239	0.80	0.061
23.76	6.60			1.99	0.534	1.44	0.246	0.81	0.062
24.12	6.70			2.02	0.549	1.46	0.252	0.82	0.064
24.48	6.80			2.05	0.564	1.48	0.259	0.83	0.066
24.84	6.90			2.08	0.578	1.50	0.266	0.84	0.067
25.20	7.00			2.11	0.593	1.52	0.273	0.86	0.069
25.56	7.10			2.14	0.608	1.54	0.280	0.87	0.071
25.92	7.20			0.17	0.624	1.57	0.287	0.88	0.073
26.28	7.30			2.20	0.639	1.59	0.294	0.89	0.074
26.64	7.40			2.23	0.655	1.61	0.301	0.91	0.076
27.00	7.50			0.26	0.671	1.63	0.308	0.92	0.078
27.36	7.60			2.29	0.686	1.65	0.315	0.93	0.080
27.72	7.70			2.32	0.703	1.68	0.323	0.94	0.082
28.08	7.80			2.35	0.719	1.70	0.330	0.95	0.084
28.44	7.90			2.38	0.735	1.72	0.338	0.97	0.086

续表

流量Q		*DN*50		*DN*65		*DN*80		*DN*100	
		d_j =0.0500		d_j =0.0650		d_j =0.0765		d_j =0.1020	
(m^3/h)	(L/s)	*v*	*i*	*v*	*i*	*v*	*i*	*v*	*i*
28.80	8.00			2.41	0.752	1.74	0.345	0.98	0.087
29.16	8.10			2.44	0.769	1.76	0.353	0.99	0.089
29.52	8.20			2.47	0.786	1.78	0.361	1.00	0.091
29.88	8.30			2.50	0.803	1.81	0.369	1.02	0.093
30.24	8.40			2.53	0.820	1.83	0.377	1.03	0.095
30.60	8.50			2.56	0.837	1.85	0.385	1.04	0.097
30.96	8.60			2.59	0.855	1.87	0.393	1.05	0.099
31.32	8.70			2.62	0.873	1.89	0.401	1.06	0.102
31.68	8.80			2.65	0.890	1.91	0.409	1.08	0.104
32.04	8.90			2.68	0.908	1.94	0.417	1.09	0.106
32.40	9.00			2.71	0.927	1.96	0.426	1.10	0.108

流量Q		*DN*65		*DN*80		*DN*100		*DN*125	
		d_j =0.0650		d_j =0.0765		d_j =0.1020		d_j =0.1280	
(m^3/h)	(L/s)	*v*	*i*	*v*	*i*	*v*	*i*	*v*	*i*
23.04	6.40	1.93	0.506	1.39	0.233	0.78	0.059	0.50	0.020
23.40	6.50	1.96	0.520	1.41	0.239	0.80	0.061	0.51	0.020
23.76	6.60	1.99	0.534	1.44	0.246	0.81	0.062	0.51	0.021
24.12	6.70	2.02	0.549	1.46	0.252	0.82	0.064	0.52	0.022
24.48	6.80	2.05	0.564	1.48	0.259	0.83	0.066	0.53	0.022
24.84	6.90	2.08	0.578	1.50	0.266	0.84	0.067	0.54	0.023
25.20	7.00	2.11	0.593	1.52	0.273	0.86	0.069	0.54	0.023
25.56	7.10	2.14	0.608	1.54	0.280	0.87	0.071	0.55	0.024
25.92	7.20	2.17	0.624	1.57	0.287	0.88	0.073	0.56	0.025
26.28	7.30	2.20	0.639	1.59	0.294	0.89	0.074	0.57	0.025
26.64	7.40	2.23	0.655	1.61	0.301	0.91	0.076	0.58	0.026
27.00	7.50	2.26	0.671	1.63	0.308	0.92	0.087	0.58	0.026
27.36	7.60	2.29	0.686	1.65	0.315	0.93	0.080	0.59	0.027
27.72	7.70	2.32	0.703	1.68	0.323	0.94	0.082	0.60	0.028
28.08	7.80	2.35	0.719	1.70	0.330	0.95	0.084	0.61	0.028
28.44	7.90	2.35	0.735	1.72	0.338	0.97	0.086	0.61	0.029
28.80	8.00	2.41	0.752	1.74	0.345	0.98	0.087	0.62	0.030
29.16	8.10	2.44	0.769	1.76	0.353	0.99	0.089	0.63	0.030
29.52	8.20	2.47	0.786	1.78	0.361	1.00	0.091	0.64	0.031
29.88	8.30	2.50	0.803	1.81	0.369	1.02	0.093	0.65	0.032

续表

流量 Q		DN65		DN80		DN100		DN125	
		d_j =0.0650		d_j =0.0765		d_j =0.1020		d_j =0.1280	
(m^3/h)	(L/s)	v	i	v	i	v	i	v	i
30.24	8.40	2.53	0.820	1.83	0.377	1.03	0.095	0.65	0.032
30.60	8.50	2.56	0.837	1.85	0.358	1.04	0.097	0.66	0.033
30.96	8.60	2.59	0.855	1.87	0.393	1.05	0.099	0.67	0.034
31.32	8.70	2.62	0.873	1.89	0.401	1.06	0.102	0.68	0.034
31.68	8.80	2.65	0.890	1.91	0.409	1.08	0.104	0.68	0.035
32.04	8.90	2.68	0.908	1.94	0.417	1.09	0.106	0.69	0.036
32.40	9.00	2.71	0.927	1.96	0.426	1.10	0.108	0.70	0.036
32.76	9.10	2.74	0.945	1.98	0.434	1.11	0.110	0.71	0.037
33.12	9.20	2.77	0.963	2.00	0.443	1.13	0.112	0.71	0.038
33.48	9.30	2.80	0.982	2.02	0.451	1.14	0.114	0.72	0.039
33.84	9.40	2.83	1.001	2.05	0.460	1.15	0.116	0.73	0.039
34.20	9.50	2.86	1.020	2.07	0.469	1.16	0.119	0.74	0.040
34.56	9.60	2.89	1.039	2.09	0.477	1.17	0.121	0.75	0.041
34.92	9.70	2.92	1.058	2.11	0.486	1.19	0.123	0.75	0.042
35.28	9.80	2.95	1.078	2.13	0.495	1.20	0.125	0.76	0.042
35.64	9.90	2.98	1.097	2.15	0.504	1.21	0.128	0.77	0.043
36.00	10.00	3.01	1.117	2.18	0.513	1.22	0.130	0.78	0.044
36.90	10.25			2.23	0.536	1.25	0.136	0.80	0.046
37.80	10.50			2.28	0.560	1.28	0.142	0.82	0.048
38.70	10.75			2.34	0.583	1.32	0.148	0.84	0.050
39.60	11.00			2.39	0.608	1.35	0.154	0.85	0.052
40.50	11.25			2.45	0.632	1.38	0.160	0.87	0.054
41.40	11.50			2.50	0.658	1.41	0.167	0.89	0.056
42.30	11.75			2.56	0.683	1.44	0.173	0.91	0.059
43.20	12.00			2.61	0.709	1.47	0.180	0.93	0.061
44.10	12.25			2.67	0.736	1.50	0.186	0.95	0.063
45.00	12.50			2.72	0.762	1.53	0.193	0.97	0.065
45.90	12.75			2.77	0.790	1.56	0.200	0.99	0.068
46.80	13.00			2.83	0.817	1.59	0.207	1.01	0.070
47.70	13.25			2.88	0.846	1.62	0.214	1.03	0.072

附表 B－2　水头损失温度修正系数

水温（℃）	10	20	30	40	50	60	70	80	90	95
修正系数	1.0	0.94	0.90	0.86	0.82	0.79	0.77	0.75	0.73	0.72

附录C　给水钢管（水煤气管）水力计算表

q_g	*DN*15		*DN*20		*DN*25		*DN*32		*DN*40		*DB*50		*DN*70		*DN*80		*DN*100	
	v	*i*	*v*	*i*	*v*	*i*	*v*	*i*	*v*	*i*	*v*	*i*	*v*	*i*	*v*	*i*	*v*	*i*
$L \cdot s^{-1}$	m/s	kPa/m	m/s	kPa/s	m/s	kPa/s	m/s	kPa/s	m/s	kPa/s	m/s	kPa/m	m/s	kPa/s	m/s	kPa/s	m/s	kPa/m
0.05	0.29	0.284																
0.07	0.41	0.518	0.22	0.111														
0.1	0.58	0.985	0.31	0.208														
0.12	0.7	1.37	0.37	0.288	0.23	0.086												
0.14	0.82	1.82	0.43	0.38	0.26	0.113												
0.16	0.94	2.34	0.5	0.485	0.3	0.143												
0.18	1.05	2.91	0.56	0.601	0.34	0.176												
0.2	1.17	3.54	0.62	0.727	0.38	0.213	0.21	0.052										
0.25	1.46	5.51	0.78	1.09	0.47	0.318	0.26	0.077	0.2	0.039								
0.3	1.76	7.93	0.93	1.53	0.56	0.442	0.32	0.107	0.24	0.054								
0.35			1.09	2.04	0.66	0.586	0.37	0.141	0.28	0.08								
0.4			1.24	2.63	0.75	0.748	0.42	0.179	0.32	0.089								
0.45			1.4	3.33	0.85	0.932	0.47	0.221	0.36	0.111	0.21	0.0312						
0.5			1.55	4.11	0.94	1.13	0.53	0.267	0.4	0.134	0.23	0.0374						
0.55			1.71	1.97	1.04	1.35	0.58	0.318	0.44	0.159	0.26	0.0444						
0.6			1.86	5.91	1.13	1.59	0.63	0.373	0.48	0.184	0.28	0.052						
0.65			2.02	6.94	1.22	1.85	0.68	0.431	0.52	0.215	0.31	0.06						
0.7					1.32	2.14	0.74	0.495	0.56	0.246	0.33	0.0683	0.2	0.02				
0.75					1.41	2.46	0.79	0.562	0.6	0.283	0.35	0.077	0.21	0.023				
0.8					1.51	2.79	0.84	0.632	0.64	0.314	0.38	0.0852	0.23	0.025				
0.85					1.6	3.16	0.9	0.707	0.68	0.351	0.40	0.0963	0.24	0.028				
0.9					1.69	3.54	0.95	0.787	0.71	0.39	0.42	0.107	0.25	0.0311				
0.95					1.79	3.94	1	0.869	0.76	0.431	0.45	0.118	0.27	0.0342				
1					1.88	4.37	1.05	0.957	0.8	0.473	0.47	0.129	0.28	0.0386	0.2	0.0164		
1.1					2.07	5.28	1.16	1.14	0.87	0.564	0.52	0.153	0.31	0.0444	0.22	0.02		
1.2							1.27	1.35	0.95	0.663	0.56	0.18	0.34	0.0518	0.24	0.023		

续表

q_g	DN15		DN20		DN25		DN32		DN40		DB50		DN70		DN80		DN100	
	v	i	v	i	v	i	v	i	v	i	v	i	v	i	v	i	v	i
$L \cdot s^{-1}$	m/s	kPa/m	m/s	kPa/s	m/s	kPa/s	m/s	kPa/s	m/s	kPa/s	m/s	kPa/m	m/s	kPa/s	m/s	kPa/s	m/s	kPa/m
1.3							1.37	1.59	1.03	0.769	0.61	0.208	0.37	0.06	0.26	0.0261		
1.4							1.48	1.84	1.11	0.884	0.66	0.237	0.4	0.685	0.28	0.03		
1.5							1.58	2.11	1.19	1.01	0.71	0.27	0.42	0.772	0.3	0.034		
1.6							1.69	2.4	1.27	1.14	0.75	0.304	0.45	0.087	0.32	0.038		
1.7							1.79	2.71	1.35	1.29	0.8	0.34	0.48	0.097	0.34	0.042		
1.8							1.9	3.04	1.43	1.44	0.85	0.378	0.51	0.107	0.36	0.047		
1.9							2	3.39	1.51	1.61	0.89	0.418	0.54	0.119	0.38	0.0513		
2									1.59	1.78	0.94	0.46	0.57	0.13	0.4	0.0562	0.23	0.0156
2.2									1.75	2.16	1.04	0.549	0.62	0.155	0.44	0.067	0.25	0.0172
2.4									1.91	2.56	1.13	0.645	0.68	0.182	0.48	0.078	0.28	0.02
2.6									2.07	3.01	1.22	0.749	0.74	0.21	0.52	0.0903	0.3	0.0231
2.8											1.32	0.869	0.79	0.241	0.56	0.103	0.32	0.0263
3											1.41	0.998	0.85	0.274	0.6	0.117	0.35	0.03
3.5											1.65	1.36	0.99	0.365	0.7	0.155	0.4	0.0393
4											1.88	1.77	1.13	0.468	0.81	0.198	0.46	0.0501
4.5											2.12	2.24	1.28	0.586	0.91	0.246	0.52	0.062
5											2.35	2.77	1.42	0.723	1.01	0.3	0.58	0.075
5.5											2.59	3.35	1.56	0.875	1.11	0.358	0.63	0.0892
6													1.7	1.04	1.21	0.421	0.69	0.105
6.5													1.84	1.22	1.31	0.494	0.75	1.121
7													1.99	1.42	1.41	0.573	0.81	0.139
7.5													2.13	1.63	1.51	0.657	0.87	0.158
8													2.41	1.85	1.61	0.748	0.92	0.178
8.5													2.55	2.09	1.71	0.844	0.98	0.199
9														2.34	1.81	0.946	1.04	0.221
9.5															1.91	1.05	1.1	0.245
10															2.01	1.17	1.15	0.269

注：DN100mm 以上的给水管道水力计算，可参见《给水排水设计手册》第 1 册和有关《建筑给水排水设计手册》。

附表D　塑料排水管横管水力计算表（$n=0.009$）

坡度	$h/D=0.5$										$h/D=0.6$	
	D_e50		D_e75		D_e90		D_e110		D_e125		D_e160	
	Q	u	Q	u	Q	u	Q	u	Q	u	Q	u
0.001											4.84	0.43
0.0015											5.93	0.52
0.002									2.63	0.48	6.85	0.60
0.0025							2.05	0.49	2.94	0.53	7.65	0.67
0.003					1.27	0.46	2.25	0.53	3.22	0.58	8.39	0.74
0.0035					1.37	0.50	2.43	0.58	3.48	0.63	9.06	0.80
0.004					1.46	0.53	2.59	0.61	3.72	0.67	9.68	0.85
0.0045					1.55	0.56	2.75	0.65	3.94	0.71	10.27	0.90
0.005			1.03	0.53	1.64	0.60	2.90	0.69	4.16	0.75	10.82	0.95
0.006			1.13	0.58	1.79	0.65	3.18	0.75	4.55	0.82	11.86	1.04
0.007	0.039	0.47	1.22	0.63	1.94	0.71	3.43	0.81	4.92	0.89	12.81	1.13
0.008	0.42	0.51	1.31	0.67	2.07	0.75	3.67	0.87	5.26	0.95	13.69	1.20
0.009	0.45	0.54	1.39	0.71	2.19	0.80	3.89	0.92	5.58	1.01	14.52	1.28
0.010	0.47	0.57	1.46	0.75	2.31	0.84	4.10	0.97	5.88	1.06	15.31	1.35
0.012	0.52	0.63	1.60	0.82	2.53	0.92	4.49	1.07	6.44	1.17	16.77	1.48
0.015	0.58	0.70	1.79	0.92	2.83	1.03	5.02	1.19	7.20	1.30	18.75	1.65
0.020	0.67	0.81	2.07	1.06	3.27	1.19	5.80	1.38	8.31	1.50	21.65	1.90
0.025	0.74	0.89	2.31	1.19	3.66	1.33	6.48	1.54	9.30	1.68	24.21	2.13
0.026	0.76	0.91	2.35	1.21	3.74	1.36	6.56	1.56	9.47	1.71	24.66	2.17
0.030	0.81	0.97	2.53	1.30	4.01	1.46	7.10	1.68	10.18	1.84	26.52	2.33
0.035	0.88	1.06	2.74	1.41	4.33	1.59	7.67	1.82	11.00	1.99	28.64	2.52
0.040	0.94	1.13	2.93	1.51	4.63	1.69	8.20	1.95	11.76	2.13	30.62	2.69
0.045	1.00	1.20	3.10	1.59	4.91	1.79	8.70	2.06	12.47	2.26	32.47	2.86
0.050	1.05	1.26	3.27	1.68	5.17	1.88	9.17	2.18	13.15	2.38	34.23	3.01
0.060	1.15	1.38	3.58	1.84	5.67	2.07	10.04	2.38	14.40	2.61	37.50	3.30

附录E 混凝土排水管横管水力计算图

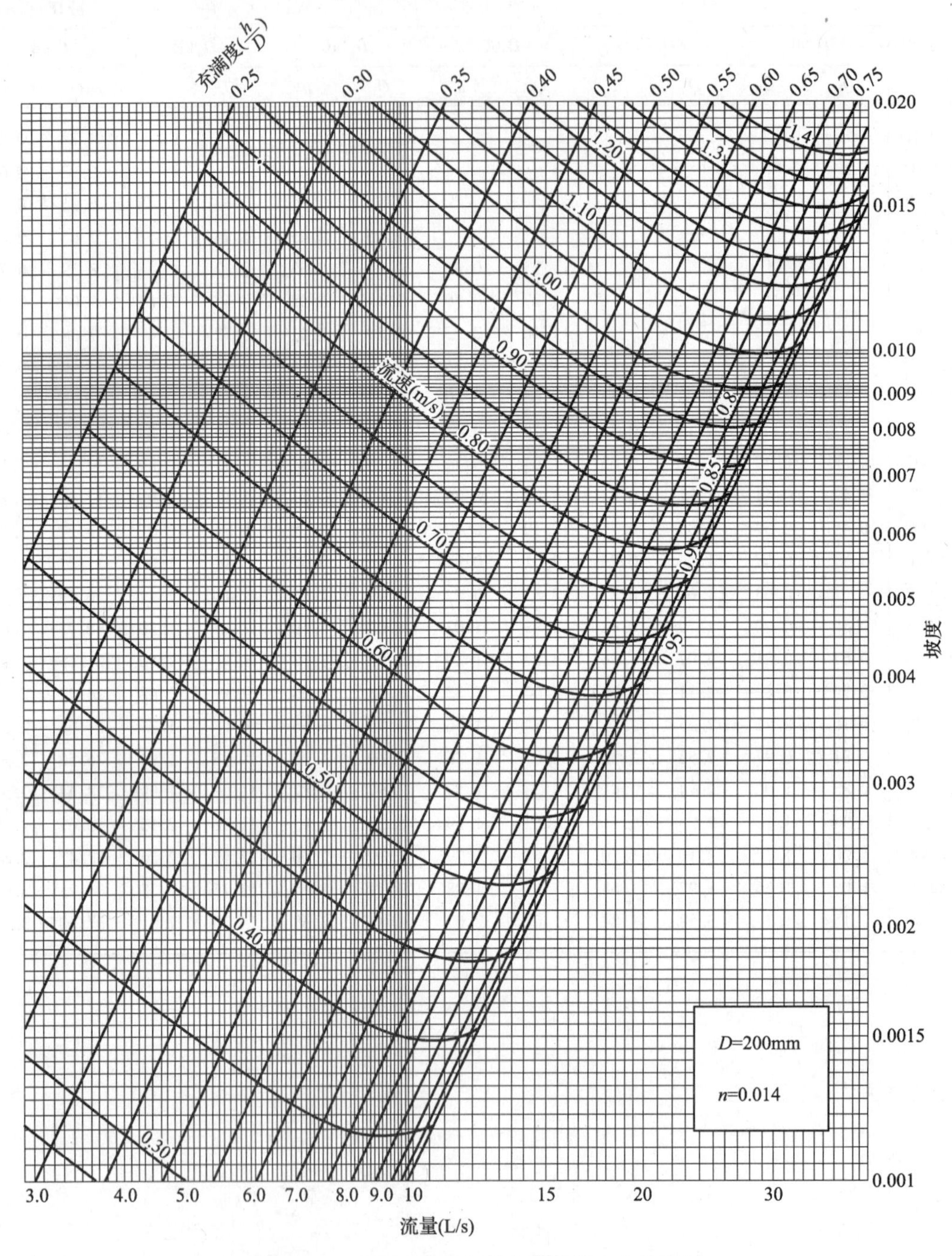

附图 E-1 *DN*200 混凝土排水管横管水力计算图

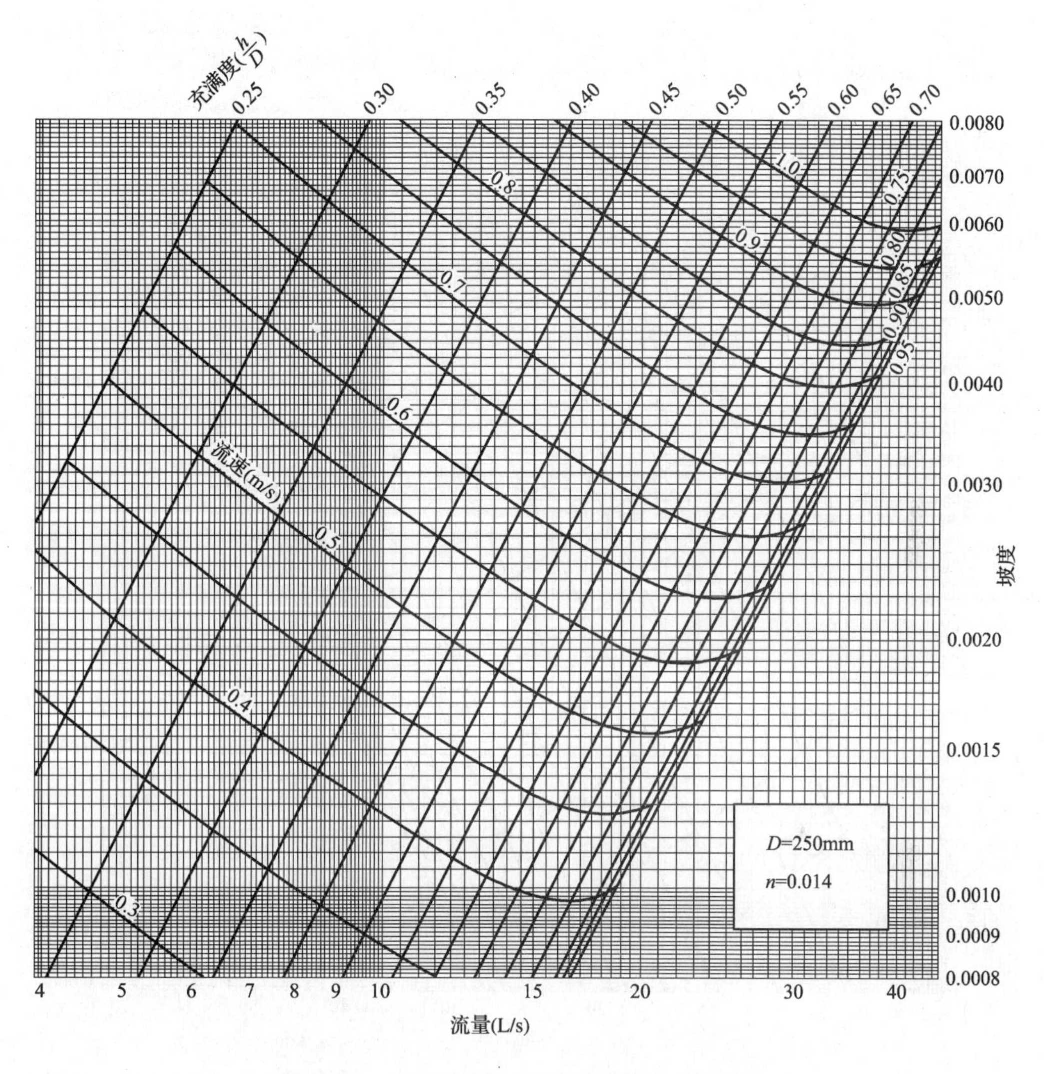

附图 E-2　*DN*250 混凝土排水管横管水力计算图

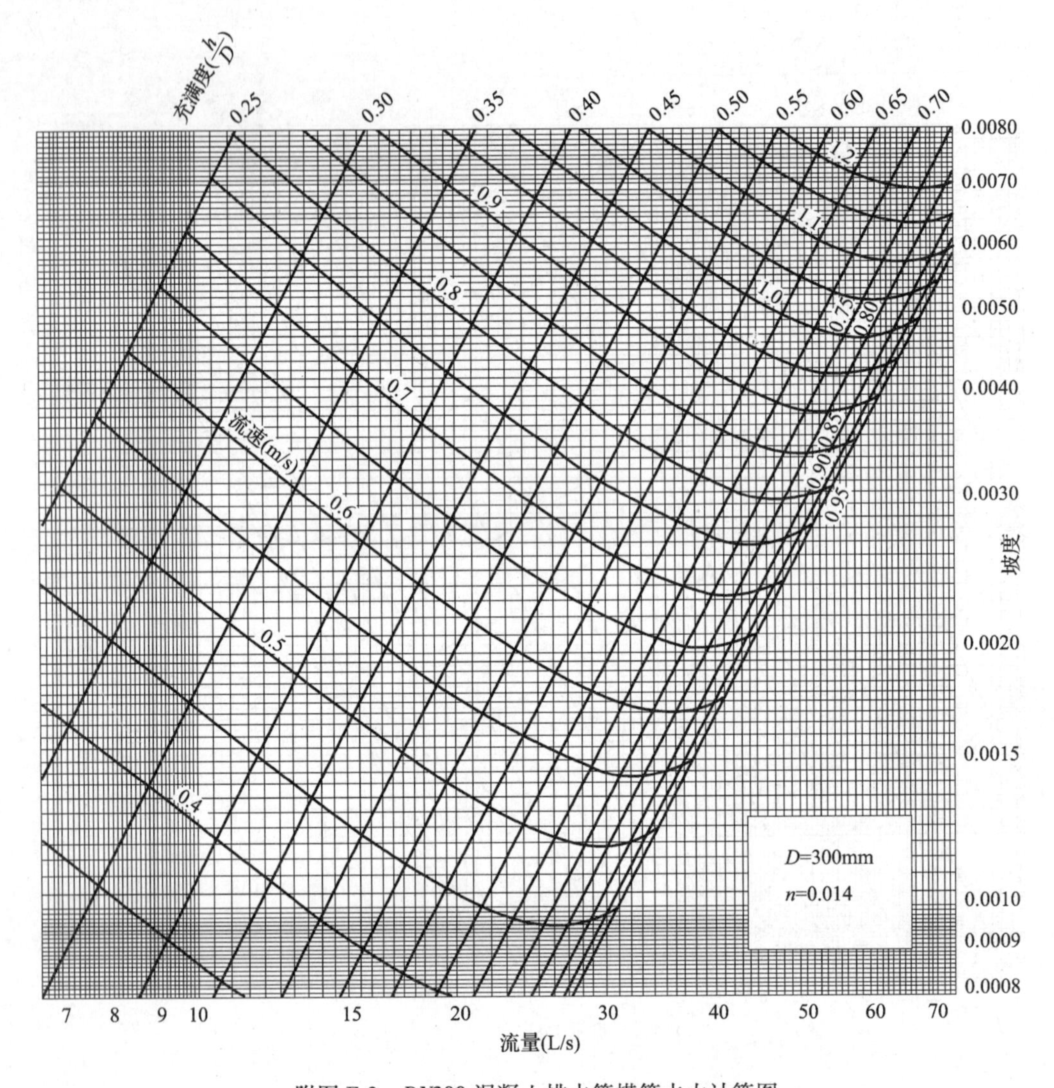

附图 E-3 *DN*300 混凝土排水管横管水力计算图

附录F 混凝土排水管横管水力计算图

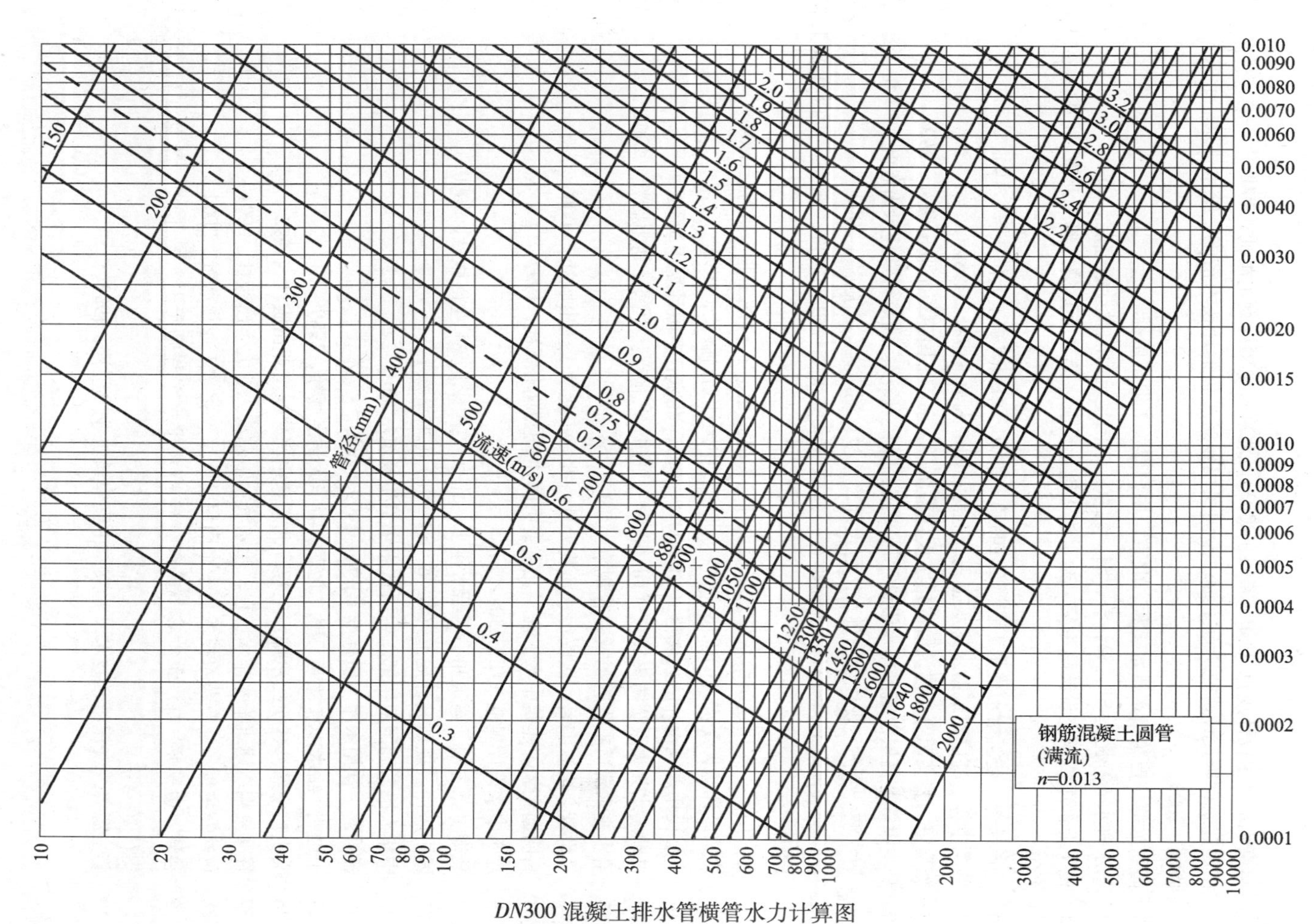

DN300 混凝土排水管横管水力计算图

参 考 文 献

1. 建筑给水排水设计规范（GB 50015－2003）．北京：中国计划出版社，2003
2. 中国建筑标准设计研究所等主编．全国民用建筑工程设计技术措施—给水排水．北京：中国计划出版社，2003
3. 高明远等．建筑给水排水工程．北京：中国建筑工业出版社
4. 给水排水标准图集 S1，S2，S3，S4．北京：中国建筑标准设计研究院，2004
5. 核工业部第二研究设计院主编．给水排水设计手册（第二版）第二册．北京：中国建筑工业出版社，2001
6. 王增长等．建筑给水排水工程（第四版）．北京：中国建筑工业出版社，1998
7. 钱维生等．高层建筑给水排水工程．上海：同济大学出版社，1989
8. 陈耀宗，姜文源等．建筑给水排水设计手册．北京：中国建筑工业出版社，1994
9. 陈主肃等．高层建筑给排水设计手册（第二版）．长沙：湖南科学技术出版社，2000
10. 谢水波，余健．现代给水排水工程设计．长沙：湖南大学出版社，2000
11. 建筑给水排水工程设计实例编委员．建筑给水排水工程设计实例，北京：中国建筑工业出版社，2001
12. 姜湘山等．实用建筑给水排水工程设计与 CAD．北京：机械工业出版社，2004
13. 建筑设计防火规范（GBJ 16—87）．北京：中国计划出版社，1993
14. 高层民用建筑设计防火规范（GB 50045—95）．北京：中国计划出版社
15. 自动喷水灭火系统防火规范（GB 50084—2001）．北京：中国计划出版社，2001
16. 给水排水管道工程施工及验收规范（GB 50268—97）
17. 马世豪，凌波编著．医院污水污物处理．北京：化学工业出版社，2000
18. 高明远主编．建筑中水工程．北京：中国建筑工业出版社，1992
19. 建筑中水设计规范（CECS30：91）
20. 聂梅生总主编．建筑和小区给水排水．北京：中国建筑工业出版社，2000
21. 城市居住区规划设计规范（GB 50180—93）（2002 版）
23. 中华人民共和国卫生部．生活饮用水卫生规范．2001
24. 建设部．饮用水净水质标准 GJ 94—1999．2000
25. 王继明．给水排水管道工程．北京：清华大学出版社，1989
26. 文少佑主编．建筑给水排水工程．北京：中国建筑工业出版社，1992
27. 谷峡主编．建筑给水排水工程．哈尔滨：哈尔滨工业大学出版社，2001
28. 付婉霞主编．建筑节水技术与中水回用．北京：化学工业出版社，2004
29. 谷峡，边喜龙，韩洪军主编．新编建筑给水排水工程师手册．哈尔滨：黑龙江科学技术出版社，2001
30. 姜文源等．气压给水技术．北京：中国建筑工业出版社，1993